本科规划教材

基于FPGA的数字逻辑系统实验教程

覃昊洁　林水生　阎　波　编著

U0341679

电子科技大学出版社
University of Electronic Science and Technology of China Press

·成都·

图书在版编目（CIP）数据

基于FPGA的数字逻辑系统实验教程/覃昊洁，林水生，阎波编著.— 成都：电子科技大学出版社，2023.12

ISBN 978-7-5770-0432-7

Ⅰ.①基… Ⅱ.①覃… ②林… ③阎… Ⅲ.①数字逻辑—实验—教材②数字系统—实验—教材 Ⅳ.①TP302.2-33

中国国家版本馆CIP数据核字（2023）第138716号

基于FPGA的数字逻辑系统实验教程
JIYU FPGA DE SHUZI LUOJI XITONG SHIYAN JIAOCHENG

覃昊洁　　林水生　　阎　波　编著

策划编辑　　谢晓辉　　陈松明
责任编辑　　黄杨杨

出版发行　电子科技大学出版社
　　　　　成都市一环路东一段159号电子信息产业大厦九楼　邮编　610051
主　　页　www.uestcp.com.cn
服务电话　028-83203399
邮购电话　028-83201495

印　　刷　成都市金雅迪彩色印刷有限公司
成品尺寸　185mm×260mm
印　　张　23.25
字　　数　506千字
版　　次　2023年12月第1版
印　　次　2023年12月第1次印刷
书　　号　ISBN 978-7-5770-0432-7
定　　价　88.00元

前　　言

　　集成电路是工业的"粮食"，也是实现中国制造的重要技术和产业支撑，其技术水平和发展规模已成为衡量一个国家产业竞争力和综合国力的重要标志之一。近年来，我国集成电路产业在结构和规模两方面都得到了较大提升，正处于高速发展阶段。随着数字集成电路产业的变革和越来越复杂的应用需求驱动，集成电路的设计技术和制造工艺水平都在持续发生变化。基于传统中小规模集成电路芯片的数字设计已被基于现场可编程门阵列（field programmable gate array，FPGA）的数字系统设计取代。随着教学改革的深入，相关的实践教程也在不断地更新和优化，以满足新的教学需求和适应数字集成电路产业的应用发展，肩负起培养更多的新时代"芯"青年的社会责任担当。

　　对于初学者而言，基于FPGA的数字系统设计技术门槛较高。首先，电路设计、仿真和优化都基于电子自动化（electronic design automation，EDA）软件，初学者既要兼顾数字逻辑电路设计理论和方法，又要兼顾EDA工具的复杂操作。其次，EDA工具和硬件描述语言的引入提升了设计效率，但大部分工作都在EDA工具上完成容易导致初学者在建模时"软硬"概念模糊。最后，由于缺乏开发和调试经验，初学者面对复杂电路的设计、调试和优化时常常束手无策。本书是作者针对初学者的需求，结合自己的实际教学经验编写而成，具有如下特点：（1）实验内容的"系统化"。本书由一系列循序渐进、从简到繁、环环相扣的实验项目构成，以数字钟和简化CPU作为数字系统设计案例，便于读者逐步掌握现代数字逻辑电路的设计理论和应用。（2）实验设计的"实用化"。每个实验项目都基于FPGA的设计流程进行组织，涵盖电路建模设计、功能仿真设计、仿真结果分析和下板验证四个板块，便于读者将数字逻辑电路设计与EDA工具的操作步骤联系起来，更好地掌握基于FPGA的数字系统设计方法。（3）实验组织的"平衡化"。实验的组织不仅仅停留在讲解设计思路和建模方法，还强调电路的仿真设计、综合、调试技巧和下板验证，便于读者积累开发经验。

　　本书以业内使用较广泛的FPGA芯片作为目标器件，以Verilog硬件描述语言作为设计语言，选取Intel-FPGA的DE1-SoC作为实验下板验证平台。全书共8章。第1章为概述，介绍了EDA工具，并且对基于可编程逻辑器件的EDA设计方法、流程及意义进行详细介绍。第2章为实验硬件开发平台，介绍了FPGA和本书的实验硬件开发平台DE1-SoC。第3章为开发环境，详细介绍本书所使用的EDA开发环境Quartus Prime 22.1的界面和应用。以3-8译码器为例讲解应用Quartus Prime开发环境进行数字逻辑电路的设计、功能仿真和下板验证的详细流程。此外，还介绍了仿真工具ModelSim和嵌入式逻辑分析仪Signal Tap Logic Analyzer的界面、基本操作和调试技巧。第4章为Verilog HDL设计的抽象级别与层次，主要通过门级结构描述建模和行为级建模两种方法，介绍基础的组合逻辑电路设计、分析和验证方法。第5章为Verilog HDL有限状态机设计，介绍时序逻辑电路设计、分析和验证方法。第6章为Verilog HDL的I/O外设与总线设计实例，介绍常用I/O外设和总线的设计、分析和验证方法。第7章为Verilog HDL的运算类设计实例，介绍常用运算电路的设计、分析和验证方法。第8章为Verilog HDL的数字系统设计实例，以两个案例介绍数字系统的设计、分析、调试和验证方法。

本书的编写得到了电子科技大学教务处，以及Intel-FPGA的大力支持。本书参考了大量著作及文献，得到了国内外许多专家和教授无私的帮助和支持。电子科技大学罗凤武、肖卓凌、郭志勇、周亮、祝崇今、贾蓉及"数字逻辑电路"课程组的所有老师、电子科技大学"物联网智能芯片与系统"科研团队的老师和同学也为本书的编写提供了很多帮助。本书的出版还得到了电子科技大学出版社的大力支持与帮助。在此一并表示诚挚的感谢。由于作者水平有限，书中难免存在疏漏或不妥之处，敬请各位专家、同行和读者批评指正。作者邮箱：qinhaojie@uestc.edu.cn。

目　　录

第1章 概 述

1.1 EDA 技术

EDA（electronic design automation）又称为电子设计自动化，是以计算机为设计载体，在专用的软件平台上采用原理图或硬件描述语言对电路进行设计，然后自动完成逻辑编译、化简、分割、综合、优化、布局和仿真，以及对目标芯片的适配编译、逻辑映射和编程下载等工作，最终形成电子系统或专用集成芯片的一门新技术。现阶段，各类 EDA 软件已成为工程师们日常工作的必备工具，大幅提高了工作效率。

EDA 技术的兴起得益于计算机科学、电子信息技术和微电子技术的发展。20 世纪后半期，随着集成电路制作工艺的不断提升，基于手工的传统电子设计技术已无法匹配日益增长的电路规模和复杂度要求。同时，现代电子技术和电子产品都呈现快速更新换代的趋势。设计者急需一套高效的设计方法和配套的设计工具，EDA技术应运而生。EDA 技术经历了三个发展阶段：计算机辅助设计（computer assist design，CAD）阶段、计算机辅助工程（computer assist engineering，CAE）阶段和电子设计自动化（EDA）阶段。

CAD 出现于 20 世纪 70 年代，是 EDA 技术发展的初级阶段。CAD 阶段的工程师主要在计算机的辅助下，对 IC 版图进行编辑，用 PCB 进行布线布局。工程师利用计算机的编辑、分析和存储等功能代替以往的一些烦琐的手工重复劳动，例如电子线路设计后期修改局部细节时的编辑整理工作。CAD 出现后，电路设计工程师们用效率更高的计算机替代了效率低下的手工劳动，迈出了以机器代替双手的重要的一步。但是，该阶段的自动化程度较低，许多工序仍然需要工程师手工完成。

随着产业发展和技术进步，EDA 技术于 20 世纪 80 年代中期完成了从 CAD 阶段到 CAE 阶段的过渡。相较于 CAD 阶段，CAE 阶段的自动化程度更高，涉及的工序更多，该阶段实现了自动布局布线、计算机辅助电路仿真、电路分析和验证等电路设计和检测的核心功能，能帮助工程师预测和分析产品性能。在这个阶段，计算机不仅仅是简单的辅助工具，而是可以替代工程师智能地完成部分工作，尤其是它的电路的定时检测和分析功能，可以避免大规模返工的情况，大大提升了设计效率，缩短了产品设计周期。但 CAE 在复杂的系统设计中仍需较多的人工优化，自动化和智能化的程度并不理想。此外，该阶段的设计工具相对独立，兼容性较差，软件界面和操作程序也各不相同，增大了设计者的学习和使用难度。

EDA 阶段的电子设计自动化技术贯穿了现代数字逻辑系统开发的各个层级，通过硬件描述语言、综合、仿真等技术，协助工程师将设计迅速转换为产品，大大缩短了产品的开发周期。EDA 设计工具具备系统级的设计能力，覆盖现代电子系统开发的各个领域，如低频电路、高频电路、混合电路、数字电路、模拟电路等。经过30 多年的研究与突破，EDA 技术已从自动化程度较低的 CAD 阶段蜕变成如今可进行自主设计的热门技术，以保障电子产品更新换代的速度。因此，掌握 EDA 技术和EDA 工具是每一位电子工程师的必修课。

EDA 技术在如今的电子产品设计中扮演着越来越重要的角色。经过几十年的发展，EDA 工具的种类和性能分别得到了很好的扩充和提升，EDA 技术也已融入电子工程的各个阶段。在产品研发前期，EDA 工具应用于电路的设计、仿真和调试，甚至可以直接调用 IP 核（intellectual property core），应用现场可编辑门阵列（field pro-grammable gate array，FPGA）验证设计。在产品研发过程中，EDA 技术促使自顶向下的设计方法得以实施，这有利于大规模项目的协同开发与管理，提升复杂电子系统的开发效率。在验证阶段，系统级、行为验证级硬件描述语言的应用在 EDA 技术的支持下得以普及，从而提升了大型复杂电子系统设计的验证效率，提高了电路设计及实现的成功率。EDA 技术打破了计算机软件与硬件间的壁垒，使计算机的软件技术与硬件实现、设计效率和产品性能合二为一，指明了数字电子设计技术和应用技术的发展方向。

集成电路设计相关的 EDA 工具包括设计输入工具、设计仿真验证工具、综合工具、布局布线工具、物理验证工具等。不同的 FPGA 厂家也都提供了集成设计输入至器件编程全部功能的集成开发环境，例如 Altera （现 Intel FPGA）的 Quartus Ⅱ 和Quartus Prime，Xilinx 的 Vivado。下面介绍常见的 EDA 厂商和工具。

Mentor Graphics（现 Siemens EDA）提供 IC 设计软件组合，涵盖从基于 C 的设计输入物理 IC 验证的所有流程，在满足性能、功率和面积要求的同时，兼顾 IC 创新需求。对于 FPGA 开发，应用最广泛的是 Siemens EDA 旗下的 ModelSim。ModelSim 能够仿真行为级、RTL 级和门级设计，通过独立于平台的编译提高设计质量和调试效率。ModelSim 的特点是仿真速度快、精度高、图形界面交互性能好，能够为用户提供高效的设计调试、设计分析、项目管理和文件管理功能。

Synopsys 为设计、验证复杂芯片以及制造芯片所需的先进工艺设计，提供业内领先的解决方案。在芯片设计方面，Synopsys 提供数字、定制及模数混合信号设计工具，帮助设计者在优化功耗、性能、面积和良率的同时，获得更好的产品良率和开发效率。如今，大多数先进 FinFET（Fin field-effect transistor）的大批量芯片生产设计都是采用 Synopsys 工具实现的。在验证方面，Synopsys 使用业内领先的 VCS® 仿真、Verdi® 调试、SpyGlass® 静态、VC Formal 和经过硅验证的 IP 验证整个片上系统（system on chip，SoC），并通过 Virtualizer™ 虚拟原型设计和 HAPS® 原型设计验证整个系统。VCS® 统一编译，在模拟、仿真和原型设计环境之间无缝过渡。Verdi® 统一调试，跨所有域和抽象层次查找并修复缺陷，可显著提高调试效率。

Cadence为用户提供了广泛的工具组合，以应对与定制IC、数字化、IC封装和PCB设计以及系统级验证有关的一系列挑战。Cadence的后端技术与验证技术非常先进，产品涵盖了电子设计的整个流程。用户可以在Cadence找到需要的工具和方法，兼顾产品的功率、性能和面积要求，同时克服混合信号设计限制，实现较高的开发效率。

1.2 基于可编程逻辑器件的EDA设计流程

数字系统可选择基于可编程逻辑器件（programmable logic device，PLD）或专用集成电路（application specific integrated circuit，ASIC）设计及实现。两种方案的优缺点和开发流程各不相同。相比之下，ASIC设计流程更为烦琐，增加了ASIC网表生成和IC版图定制等步骤。本节介绍基于PLD的EDA设计流程，如图1-1所示。

首先，进行设计输入，该步骤通常使用硬件描述语言对电路进行建模。然后，对输入完成的设计进行功能仿真，初步检测设计的功能是否符合预期，若不符合则需要返回修改设计输入。功能仿真通过后对设计进行综合、布局布线和时序仿真。在编程和配置前，判定设计的输入是否需优化，若需要优化则返回修改设计输入。最后，判断布局布线是否需要优化，若需要优化则调整布局布线。下面简要介绍设计流程中的几个关键步骤。

1.2.1 设计输入

EDA工具辅助进行数字系统设计的第一步就是将工程师设计的电路输入电脑编辑和保存，该过程称为设计输入。输入的电路必须按EDA软件要求的特定形式输入并保存，以便于后续对电路进一步地分析、优化与实现。常用的设计输入形式分为图形形式输入和文本形式输入。

图形形式输入又称原理图输入，是通过调用EDA软件内置的器件库元件或自定义元件，然后根据元件之间的关系进行连线，组成完整的原理图。图形化输入与早期的手绘电路较为接近，其优点是电路直观，适用于描述连接关系和接口关

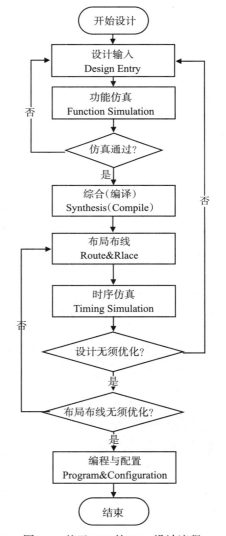

图1-1 基于PLD的EDA设计流程

系。图形化输入是EDA工具发展早期常用的设计输入方式。然而，随着电路的设计规模不断增大，电路复杂度也呈指数级增长，采用图形化输入描述较为复杂的逻辑电路时，涉及大量元器件的堆叠和连线，操作非常烦琐并且极易出错。

文本输入通常用于硬件描述语言（hardware description language, HDL）设计电路中。以实验中用到的 Verilog 硬件描述语言为例，用户应用 Verilog 对电路进行描述，然后将描述生成的 Verilog 输入 EDA 工具。如果从电路结构的角度描述，称为结构描述建模。结构描述的逻辑电路由基本逻辑门组成，与实际逻辑电路结构相似，较为直观，但在 EDA 工具中以代码文本的形式呈现。如果从行为和功能的角度来描述，称为行为描述建模。对于复杂的数字系统，通常采用自上而下的方式用行为描述建模。高层次 Verilog 设计是通过描述数据在总线、寄存器与寄存器之间的传递来实现的，这种层次的描述称为寄存器传输级（register transfer level，RTL）建模。基于 RTL 建模的电路与硬件有很清晰的对应关系。

1.2.2　功能仿真

功能仿真是在综合之前完成的仿真，也称前仿真或行为级仿真。这一阶段主要关注设计输入的语法是否正确以及电路模块的功能与设计预期是否相符。功能仿真中不考虑电路中的门延迟和线延迟，也很难发现竞争冒险、毛刺、建立时间和保持时间等时序问题。因此，功能仿真通过只是最终设计电路实现的前提，并不能保证电路的实际运行表现符合预期。功能仿真一般包含输入激励、待测模型、仿真器和仿真输出几个部分。实际应用中通常采用 Test Bench 来生成输入激励和例化待测的设计（design under test， DUT），并且 Test Bench 能够将测试数据送至 DUT 输入端。Test Bench 设计完成后，经过仿真器就能得到仿真输出，且通常以波形图的形式给出 Test Bench 的输入所对应的输出。图 1-2 是计数器电路仿真后输出的波形图。其中，输入激励和待测模型都在 Test Bench 中描述，需要注意的是，计数器输出在时钟的上升沿变化，并且没有门延迟和传输延迟。在不考虑时钟频率的情况下，这个设计从功能上来说是正确的。

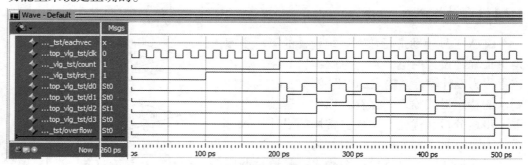

图 1-2　计数器的功能仿真波形图

1.2.3　综合（编译）

通过功能仿真的原理图/硬件描述语句并不一定能转化为具体的电路，因为有些失败的设计输入就是不可综合的。因此，综合是现代数字系统设计中非常重要的一个环节。它能够将设计输入转化为实际的硬件模型。在应用硬件描述语言描述电路时，应当遵循特定的编码风格和结构，否则无法在综合阶段生成对应的电路结构网表文件。

综合通常由综合器（Synthesizer）自动完成，它可将原理图或硬件描述语句构建的电路编译成由RAM、寄存器、触发器等逻辑单元组成的网表文件。在此过程中，EDA工具会利用一些算法最大限度地减少门数、去除冗余逻辑并有效利用器件架构。例如简化输入为常量的逻辑表达式、去掉冗余的逻辑表达式、把两级逻辑和包含共享逻辑的多级逻辑最小化等，通过不断优化综合生成资源利用率最佳的网表文件。很多初学者认为此处讨论的综合过程与软件程序的编译过程类似，都是将原始的设计输入转化为某种目标文件，其实二者有本质区别。软件程序的编译通常是将高级编程语言按一定的逻辑对应关系编译为0、1表示的机器码，供CPU/MCU执行，本质上生成的还是软件程序。综合生成的网表文件则反映了目标器件的映射关系，本质上是一种电路结构。因此，综合依赖于目标器件的架构，所生成的网表文件与目标器件有唯一的对应关系。图1-3为目标器件是Cyclone V系列的5CSEMA5F31时，应用Quartus II综合计数器生成的RTL图。

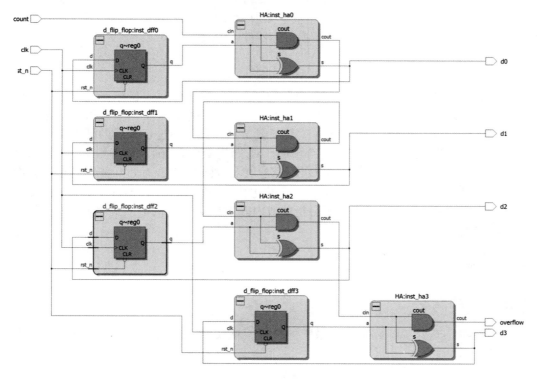

图1-3 计数器的RTL图

1.2.4 布局布线

综合得到的网表文件反映了设计输入的电路在目标器件中的映射关系。将网表文件通过逻辑映射到目标器件的过程称为布局布线。布局布线环节将逻辑设计与具体的可编程器件联系起来，把抽象的设计输入映射至目标器件构建实际的电路中，生成最终可下载的文件。在某些EDA工具中，该环节也称为适配（Fitter）。EDA工具通常会自动根据设计输入的逻辑和时序要求匹配目标器件的可用资源，将每个逻辑功能分配到最佳的逻辑单元位置进行布线和布局，并选择适当的互连路径和引脚分配，最终输出逻辑设计在目标器件中的逻辑单元及相互之间的连线列表。由于布局布线与目标器件直接相关，通常直接选择目标器件生产商提供的EDA工具进行。

1.2.5 时序仿真

由于实际电路运行时会产生线延迟和门延迟，因此可能出现综合前后两次仿真的结果不同的情况。功能仿真通过并不代表设计的电路在实际运行中没有问题，类似于时序、最高时钟频率确定、竞争和冒险等问题都只能在综合后的仿真中才能检查。对于时钟要求较高的复杂设计，需要利用目标器件信息和布局布线信息来进行包含线延迟和门延迟的时序仿真，又称作布局布线后仿真。相较于功能仿真，时序仿真能更全面地模拟设计电路在目标器件中的实际性能。因此，时序仿真通过，则说明设计基本符合预期，前期的工序基本无须做大的改动；反之，如果时序仿真未能通过，则需要查找原因，可能需要更换目标器件、更改布局布线甚至更改设计源代码。

1.2.6 编程与配置

设计开发的最后步骤是将布局布线后生成的配置文件写入目标器件中进行测试和验证，该过程称为编程或配置。在此之前，需要利用EDA工具生成可编程逻辑器件所需的配置文件，然后利用EDA工具下载至目标器件中进行最后的硬件调试，观测设计在目标器件中的工作是否符合预期。对于调试而言，随着数字测试内容的日趋复杂，测试工作量急剧增加，对测试设备在功能、性能、测试速度、测试精度等方面的要求也日益提高。在这种形势下，以自动化测试为特点的现代测试技术成为必然的发展趋势。调试时，通常借助逻辑分析仪或内嵌于EDA软件的嵌入式逻辑分析仪等仪器辅助完成。

1.3 实验

1.3.1 实验准备

实验前应充分了解数字逻辑系统的特点，该实验对理论和实践要求都较高。理论准备：

（1）掌握数字逻辑与系统课程的基础知识。

（2）理解逻辑设计的基本原理。

（3）了解硬件描述语言Verilog语法的基本概念。

实践准备：

（1）掌握基本的电子测量技术和常用实验仪器的使用方法。

（2）了解电路的功能和性能指标。

（3）掌握调试基本电路的方法。

此外，还应了解实验室的规章制度，并认真遵守，尤其是安全制度，包括人身安全和仪器设备安全。

人身安全方面要注意：

（1）各类实验设备都应接地。

（2）实验仪器设备应接线完整，芯线不得外露。

（3）实验台插座或接线有任何异样应及时报告实验教师。

（4）发生触电事故时，应迅速切断电源并及时报告实验教师，如距离电源开关较远，可用绝缘工具将电源线挑开，并采取必要的急救措施或及时送医，切忌在没有任何保护的情况下直接触碰触电者进行救援。

（5）离开实验室时要确保使用的设备已正常关闭并断电。

仪器设备安全方面要注意：

（1）所有仪器设备不得随意取用或调换位置，在使用前应进行借用登记，使用完毕后归还。

（2）使用前详细阅读相关说明，掌握仪器设备的使用方法和使用注意事项。

（3）禁止用手直接触摸开发板的焊接面和板上器件。

（4）仪器设备在使用过程中禁止热插拔。

（5）实验过程中若仪器设备出现器件松动、火花或焦臭味等异样情况应及时断电并及时告知实验教师。

（6）未经实验教师同意，仪器设备不得带出实验室。

1.3.2　实验流程

实验流程包括实验预习、设计输入与仿真综合、下板验证、调试、实验记录与实验报告五步。

（1）实验预习

传统实验受实验设备和环境的限制较大，在实验预习环节能够做的准备工作非常有限。数字逻辑系统实验与传统实验不同，它是基于 EDA 实验平台，同学们在预习时除了预先了解实验原理和实验内容外，还能进行实验方案设计和预先完成部分实验操作。实验方案包括模块的逻辑框图，输入、输出接口描述，真值表或状态转移图，测试方案和验证方案。只有预先做好方案，才能保障实验顺利进行。实验使用的 EDA 工具可以安装至个人计算机中，同学们无须借助实验室也可在个人计算机上自行编写实验的 Verilog HDL 程序并仿真，进一步提升实验效率和效果。实验预习环节在数字逻辑系统实验中非常关键。

（2）设计输入与仿真综合

设计输入环节是根据实验预习设计的方案，在 EDA 工具中输入实验需要实现的模块或数字系统的 Verilog HDL 程序。设计输入完成后进行编译，如果有语法错误则须根据 EDA 软件的提示进行修改，否则无法进入仿真环节。

仿真的作用在于验证电路行为与设计意图是否一致。在 FPGA 开发中，仿真是向待测电路输入组合激励，然后观察该激励下生成的输出波形。组合激励的输入通过编辑仿真测试文件完成，而输出的波形由EDA软件生成，本书应用Quartus II调用ModelSim联合仿真完成该过程。因此，编写测试文件非常关键，测试内容要非常严谨，应覆盖所有可能的输入信号组合和各种可能出现的情况。

（3）下板验证

下板验证环节是将生成的目标文件下载至FPGA中观测电路的实际运行情况。下板验证前应根据FPGA开发板的资源提前准备下板验证方案，确保实验现象直观明了。需要改变时序电路的输入组合时，应考虑输入组合的设置是否便于覆盖所有可能出现的情况。该过程主要考查使用者对于FPGA开发板的了解程度，相关资料可通过开发板的用户手册查找。

（4）调试

调试主要在下板验证环节无法得到预期的实验现象后进行，通常需要借助仪器，查看电气特性时用示波器，查看各引脚的逻辑时序时用逻辑分析仪。调试前需把测试引脚引至FPGA开发板便于仪器接线的端口。通过观察测试得到的波形分析故障原因。近年来，随着EDA技术的发展，也可借助嵌入式逻辑分析仪进行调试。嵌入式逻辑分析仪利用可编程逻辑器件的内部资源，直接在片内实现系统调试，不但具有普通逻辑分析仪的功能，包括触发、数据采集和存储等，而且还能访问FPGA器件内部所有的信号和节点。相较于传统的仪器调试，嵌入式逻辑分析仪有以下优点：

①价格低廉，不限制使用时间和地点。每个PC上都可安装，插上小巧的FPGA开发板后即可调用。省去了昂贵的仪器费用，并且灵活性很高。

②调试效率高。嵌入式逻辑分析仪省去了在工程中反复修改引脚绑定、绑定外部I/O和复杂的外部连线等操作，可以轻松做个性化测试。

③使用门槛低。嵌入式逻辑分析仪使用便捷，而传统仪器则需要对操作面板进行复杂的测试设置，包括时钟触发等操作对使用者的要求较高。

我们将在后续章节中详细介绍嵌入式逻辑分析仪的应用。

（5）实验记录与实验报告

实验记录主要是记录实验过程及实验关键数据，这不仅是实验报告的素材，更是后续调试和分析问题的重要参考资料。实验报告要记录翔实，保证条理性和准确性。本书中实验记录的内容主要包括：

①模块的逻辑框图，输入、输出接口描述，真值表或状态转移图。

②基于硬件描述语言的电路建模。

③仿真方案及测试文件代码，列出每种可能的输入情况，对照测试文件是否完整。

④仿真波形，完整的仿真输入、输出波形对照截图。

⑤下板验证方案及引脚绑定情况。

⑥程序下载后的实验现象。

实验报告是一种技术总结报告，编写实验报告可培养学生的总结能力和分析能力，同时也是一项重要的基本功训练，不仅有利于巩固实验成果，加深对基本理论的认识和理解，而且有利于进一步深入思考和拓展。实验报告的内容包括实验目的、实验仪器设备、实验内容、模块设计方案、基于 HDL 的实现、仿真方案及实现、仿真波形图、下板验证方案及实现、实验结果和分析、调试问题及解决方法以及相关补充记录等。实验报告应当在实验记录的基础上做深入的分析和总结,最好能提出一些新的想法和方案,进一步培养数据分析和处理能力、文字表达能力以及创新思维能力。实验报告中的注意事项如下:

①基于 HDL 的实现部分在记录 Verilog 代码的同时,应为关键代码补充注释,描述设计思路。

②仿真方案应标明具体的设计思路,为测试文件代码的编写提供依据。

③仿真波形部分应对关键的时序添加分析和说明,论证电路的行为与设计意图一致。

④记录调试出现的问题并深入分析问题出现的原因,详细描述逻辑推理过程。

1.3.3 实验的意义

众所周知,数字集成电路近年来飞速发展,在机械、电子、通信、航空航天、化工、矿产、生物、医学等各个领域都有非常广泛的应用。作为全球电子产品制造大国,我国半导体需求规模逐年提高,已经成为全球半导体市场增长的主要动力。我国虽然市场需求很大,却高度依赖进口,这对构建国家产业核心竞争力、保障信息安全等难以形成有力支撑。发展我国的集成电路产业对社会主义现代化建设和中华民族伟大复兴至关重要。一个产业的发展需要大量专业研发人员的长期投入。我国集成电路相关产业的人才缺口非常大。因此,在高等教育中加大现代集成电路设计的普及和应用,增加现代数字系统开发技能培训等措施,对于我国未来集成电路产业的发展极为重要。集成电路的产业链分为设计、制造和封装测试。其中,设计又细分为数字前端和数字后端。本书配套的实验涉及数字前端的算法或架构设计、逻辑设计及实现、功能仿真、综合优化等关键技术,这些技术是数字集成电路设计的重要基础。

国内高校电子类专业在近年来都相继开设了基于 EDA 的现代集成电路设计课程。相较于理论课程,相关实验环节同样重要。一方面,理论课程的重点在于对概念、原理和方法论的介绍,想要深入领会和掌握,还须在实验环节中动手实践,在反复试错与修正的过程中加深理解;另一方面,现代集成电路设计较为抽象且工程性极强,对相关工程技术人员的要求较高,从设计需求到电子产品,设计人员需要考虑的不仅是理论方案的设计,还有电路性能指标分析,问题调试和可靠性验证等,这些既是对设计能力的训练也是对 EDA 工具和相关仪器设备的操作经验的积累,只有在大量的实践中不断总结才能获得量变到质变的提升。

数字逻辑系统实验的重点在于设计性实验和综合性实验,包含一套循序渐进、从简单到复杂、环环相扣的实验项目,最终以数字系统设计及实现为目标。实验涉及设计、仿真和下板验证的 FPGA 开发全流程,重在培养综合运用所学知识和解决实际问题的能力。通过本书的学习,读者不但能掌握实验教程中的理论知识,而且能具备根据简单的设计需求进行 FPGA 设计及实现的能力。这对于正在进行数字电路相关课程学习的学生和电子技术工程专业的相关从业初学人员,都是极其重要的。

第2章　实验硬件开发平台

2.1　FPGA概述

2.1.1　FPGA的原理与结构

可编程逻辑器件（programmable logic device，PLD）是逻辑功能可根据用户需求对器件进行编程设定的半定制逻辑器件。PLD经过几十年的工艺改进和探索，发展出结构不同的门类，例如PROM（programmable read only memory，可编程只读存储器）、PAL（programmable array logic，可编程阵列逻辑）、PLA（programmable logic array，可编程逻辑阵列）、CPLD（complex programmable logic device，复杂可编程逻辑器件）和FPGA。下面主要介绍FPGA。

FPGA可通过编程重构为用户定制的任意电路，具有灵活性大、速度快、集成度高等特点。大部分FPGA都是基于查找表（look-up-table，LUT）结构。LUT主要使用SRAM（static random access memory，静态随机存取存储器）工艺进行生产，是一个具备查表功能的RAM（random access memory，随机存储器），由存储单元和数据选择器构成。LUT是实现逻辑函数的基本单元，内部的存储单元用于存储不同输入对应的逻辑函数输出值。LUT能够根据不同的输入组合，通过数据选择器查找对应的存储单元，并将存储单元内预先存储的值输出。理论上，只要内部的存储单元足够多并且输入端口和内部的数据选择器充足，LUT能够实现任意输入变量的逻辑函数。LUT在实现某逻辑函数时，预先将真值表输出数据写入存储单元并构建对应的数据选择通道，使不同的输入组合能作为"地址"进行查表，找出地址对应的存储单元，然后输出存储单元值。简单来说，LUT通过确定存储单元的值和配置数据选择器，来根据用户输入映射出对应的逻辑实现。以下用一个例子来直观地说明LUT实现逻辑函数的原理。表2-1为逻辑函数 $F = A + \bar{A}B$ 的真值表。

表2-1　$F = A + \bar{A}B$ 真值表

A	B	F
0	0	0
0	1	1
1	0	1
1	1	1

　　LUT实现该逻辑函数需要至少2个输入端口和4个存储单元。图2-1（a）为2输入、4存储单元的LUT电路结构示意图，图2-1（b）为实现逻辑函数 $F=A+\bar{A}B$ 后的电路结构示意图。

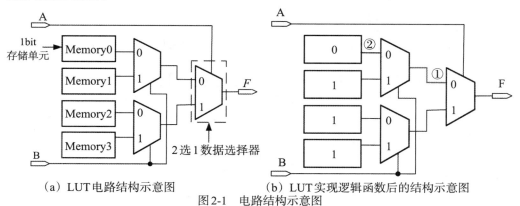

（a）LUT电路结构示意图　　　　　　　（b）LUT实现逻辑函数后的结构示意图

图2-1　电路结构示意图

　　图2-1（a）的电路结构示意图中有4个1bit的存储单元和3个2选1数据选择器。LUT的两个输入端口为A和B，输出端口为F。存储单元用于存储输入组合AB的4种不同情况对应的输出值。该LUT可以实现输入仅为A和B的任意组合逻辑函数。图2-1（b）为利用该LUT实现逻辑函数 $F=A+\bar{A}B$ 后的电路结构示意图。图中存储单元内存储的值与表2-1的真值表对应。例如，当输入A为0时，最右侧的2选1数据选择器选通输入端"0"的输入值，LUT按标①的通路索引至最上端的数据选择器。此时如果输入B也为0，左侧最上端的数据选择器选通输入端"0"的输入值，LUT按标②的通路索引到Memory0的位置。F最终输出0，与真值表中AB的输入组合为00时的输出对应。

　　综上所述，2输入LUT可实现2输入的任意组合逻辑函数，只需根据真值表更改存储单元中的值即可。随着输入的增加，LUT内部的存储单元和数据选择器数量也需要增加。每增加1个输入端口，存储单元数量将翻倍增长，这对LUT的实现技术和生产成本影响都较大。例如，N 输入的LUT需要 2^N 个存储单元，不仅LUT的规模非常庞大，而且查找的效率和空间利用率也会降低。因此，通常FPGA中LUT的输入不超过5个。

　　上述查找表适用于组合逻辑电路的实现。在实际的FPGA中，一般还包含触发器，配合查找表实现时序逻辑电路。图2-2为LUT与触发器共同构成的CLB（configurable logic block，可配置逻辑块）简化电路结构示意图。

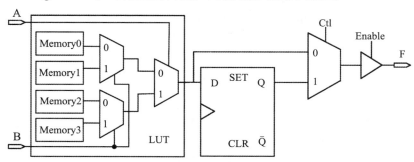

图2-2　LUT与触发器组成的CLB简化电路示意图

图2-2中的触发器用于暂存LUT的输出值。触发器右侧的2选1选择器的Ctl信号决定该CLB实现的电路是组合逻辑电路还是时序逻辑电路。最右边与输出相连的是三态缓冲器，通过Enable信号更灵活地控制输出。

常用的FPGA通常包含很多按阵列排布的CLB，如图2-3所示。

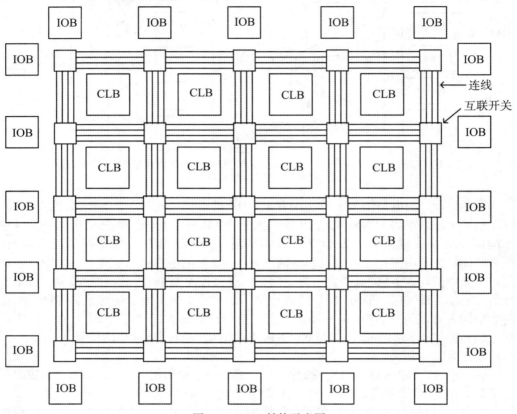

图2-3　FPGA结构示意图

CLB规则地分布于FPGA内部，是实现各种逻辑功能的基本单位。此外，FPGA内部还包含大量IOB（input output block，输入、输出模块）和布线通道。布线通道由连线和互联开关构成，提供高速可靠的内部连接，是一种可重配置互连层次结构。CLB周围遍布横向和纵向的布线通道，便于与周围的CLB连接，组合为阵列表示更复杂的电路结构。数量庞大的CLB与布线通道可实现结构复杂的逻辑电路，但产生的电路需要通过一些输入/输出接口与外部产生连接。由于无法提前预知电路的规模和结构，因此CLB与布线通道组合的内部电路不能通过固定的输入/输出引脚连接芯片外部引脚。IOB用于电路输入/输出端口和芯片封装管脚的数据交换。IOB能够根据实际情况进行调整，与外界电平兼容。

下面以本书用到的DE1-SoC内搭载的Cyclone V FPGA为例详细说明FPGA器件的内部结构，Cyclone V FPGA内核架构如图2-4所示。

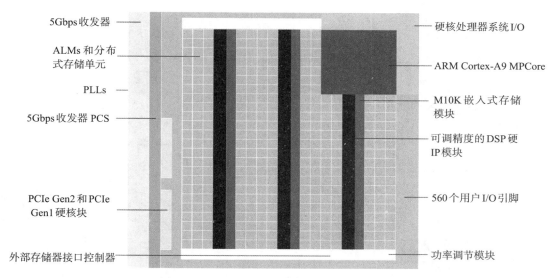

5Gbps收发器

ALMs 和分布
式存储单元

PLLs

5Gbps收发器 PCS

PCIe Gen2 和 PCIe
Gen1 硬核块

外部存储器接口控制器

硬核处理器系统I/O

ARM Cortex-A9 MPCore

M10K 嵌入式存储
模块

可调精度的DSP硬
IP模块

560个用户I/O引脚

功率调节模块

图2-4　Cyclone V FPGA 内核架构示意图

Cyclone V FPGA 内核中包含的核心资源包括以下五部分。

（1）纵向排列的自适应逻辑模块（adaptive logic module，ALM）：内含30万个等效逻辑单元（logic element，LE）。

（2）嵌入式内存（embedded memory block）：以 10 Kb 模块形式排列，共12Mb。

（3）分布式内存逻辑阵列模块（distributed memory logic array block）：共1.7Mb。

（4）数字信号处理（digital signal processing，DSP）模块：共 342 个精度可调的 DSP模块，可用于实现 684 个 18×18 嵌入式乘法器。

（5）锁相环（phase-locked loops，PLL）。

所有这些逻辑资源都通过灵活的时钟网络以及英特尔高性能 MultiTrack 布线架构来链接。Cyclone V FPGA 通过管芯左侧的 12 个 5Gbps 收发器提供灵活的接口支持。下面着重介绍内核中的逻辑结构基本构建块 ALM。

Cyclone V 器件使用28nm的 ALM 作为逻辑结构的基本构建块，ALM 电路结构如图2-5所示。

此处展示的 ALM 与图2-2中展示的 LUT 结构类似。ALM 使用一个8输入 LUT，并配置4个可编程寄存器，以改善多寄存器设计中的时序收敛。ALM 内部的每个寄存器都包含数据、时钟、清零以及同步加载端口。全局信号，通用输入/输出（general purpose input/output，GPIO）管脚或者任何内部逻辑都可以驱动 ALM 寄存器的时钟和清零控制信号。GPIO管脚或内部逻辑可驱动时钟使能信号。ALM 在实现组合功能时，寄存器可被旁路或 LUT 的输出直接驱动至 ALM 的输出。

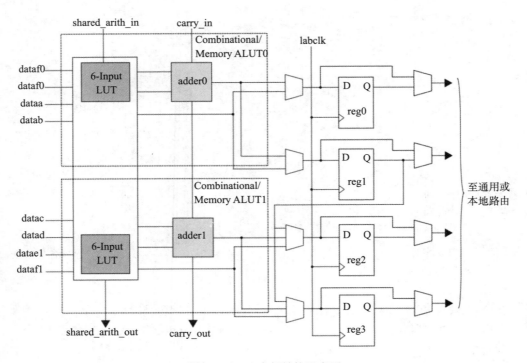

图 2-5　ALM 内部结构示意图

ALM 能够运行于普通模式（normal mode）、扩展 LUT 模式（extended LUT mode）、算术模式（arithmetic mode）和共享算术模式（shared arithmetic mode）。普通模式能够支持某些完全独立的功能组合，以及具有相同输入的各种功能的组合。扩展 LUT 模式通常在设计中以 Verilog HDL 或 VHDL 代码的"if-else"语句出现。算术模式使用 2 组 4 输入 LUT 以及两个专用全加器，每个加法器能够将两个 4 输入功能的输出相加。共享算术模式通过 4 个 4 输入 LUT 配置 ALM。每个 LUT 计算 3 个输入的和，或者计算 3 个输入的进位。

多个 ALM 组成的可配置逻辑块称为 LAB（logic array block，逻辑阵列块）。每个 LAB 均包含将控制信号驱动到其 ALM 的专用逻辑。MLAB（memory logic array block，存储器逻辑阵列块）是 LAB 的超集（superset），具备 LAB 的全部特性。LAB 和 MLAB 通过配置内部的逻辑块，实现逻辑功能、算术功能以及寄存器功能。LAB 和 MLAB 的连接如图 2-6 所示。

LAB 和 MLAB 可通过直链互连到邻近的 LAB、存储器块、DSP 或 IOE。周围有可变速度和可变长度的行互联和列互联。中间的快速局部互联由上方的行互联驱动或由列互联和 LAB 从两侧驱动。

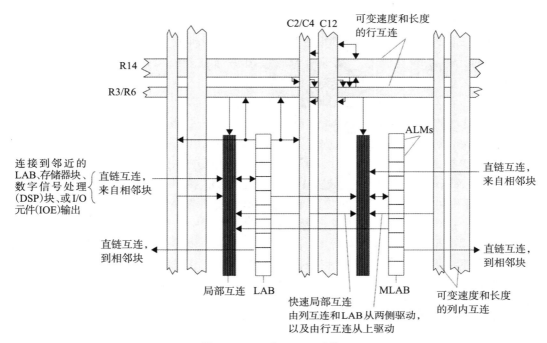

图 2-6　LAB 和 MLAB 连接

2.1.2　FPGA 的应用

FPGA 和 ASIC（application specific integrated circuit，专用集成电路）是常用的两种数字系统实现方案，两种方案各有优势。在实际应用中，FPGA 的灵活性和成本优于 ASIC。

在灵活性方面，FPGA 不仅能实现 ASIC 实现的任意逻辑功能，而且能够在实现某个逻辑功能后通过对器件内的资源重新编程，实现其他逻辑功能。ASIC 采取全定制的方式（版图级）实现设计，通常针对某种逻辑功能设计对应的版图，然后流片生产。实现同样的逻辑功能，ASIC 芯片比 FPGA 花费的功耗更少并且面积也更小。但是，ASIC 芯片在生产完成后无法再更新功能，而 FPGA 在逻辑资源充足的前提下可根据用户需求重复编程实现不同的逻辑功能，而且可以反复修改直到满足需求。

在成本方面，FPGA 根据资源的丰富程度有各类价格的产品。用户可根据设计需求估算所需的资源，选择性价比最高的产品。ASIC 芯片需要交由厂家流片，生产工艺复杂，成本高昂。如果不考虑成本，可以设计出比 FPGA 性能更优越的 ASIC 芯片，并且同时兼顾功耗和面积。但实际应用中，为了综合考虑设计周期、难度、风险和成本，很少使用最先进的工艺，追求最快的速度、最低的功耗和最小的芯片面积。通常只有对于性能要求高的大批量大应用场景选择 ASIC 实现。对于大多数应用场景，FPGA 的性能和功耗足以满足需求。

FPGA 的开发非常简便。虽然 FPGA 内部有数以万计的逻辑门和复杂的连接，但 FPGA 的开发者不需要直接操控这些逻辑资源。很多人将 FPGA 开发形象地比喻为搭积木，按功能切分的小模块可以在短时间内完成，而不影响设计的其他部分。FPGA内置的IP核可以完成常用组件的大部分工作，例如时钟发生器、动态随机存取存储器、外围元件互联控制器、高速外部设备互联（peripheral component interconnect express，PCIE）、多核微处理器等。不仅大多数用户需要的通用功能可通过FPGA的IP核实现，而且许多专用功能，如雷达或通信的高速串行收发器、数字信号处理器、信号处理的乘法器等也能够通过FPGA的IP核实现。近年来，应用广泛的片上系统（system on chip，SoC）甚至内置了双核ARM的CPU子系统。高端FPGA由可编程逻辑和IP核共同组成。开发者只需关注与应用相关的功能模块的实现，其余的接口、控制和部分数据处理都能通过调用IP核直接实现。

相较于微处理器，FPGA的并行特性能够大幅提升复杂算法的处理效率。微处理器通过指令执行控制或运算任务。例如乘法运算过程中，微处理器先从内存中加载指令，对其进行解码，然后取待运算的数据，将它们相乘，并存储结果。上述的每一个步骤都涉及多个指令，并且每个指令可能需要多个时钟周期才能完成。FPGA在进行类似运算时表现非常出色，能够直接将乘法运算转化为由加法运算模块组成的组合逻辑电路，花费的时间仅为电路延时。例如计算 $in1 \times in2 + in3 \times in4 + in5$ 的结果，使用微处理器实现该运算需花费的步骤分解见表2-2。

表2-2　使用微处理器计算 $in1 \times in2 + in3 \times in4 + in5$ 的步骤分解

步骤序号	微处理器执行的操作	步骤序号	微处理器执行的操作
1	取 in1	8	暂存运算结果至 b
2	取 in2	9	取 a
3	执行 in1×in2 运算	10	取 b
4	暂存运算结果至 a	11	执行 a+b 运算
5	取 in3	12	暂存结果至 c
6	取 in4	13	取 in5
7	执行 in3×in4 运算	14	执行 c+in5 运算

整个运算大概需要14个步骤，而且这些步骤具体执行时需要的指令数并不相同。例如，乘法运算要花费很多指令才能执行完毕。微处理器中的指令是按顺序执行的，前一个指令结束后下一个指令才能开始执行。随着算法复杂度的增加，利用微处理器执行运算需要的指令数量将呈指数级增长。

利用FPGA实现 $in1 \times in2 + in3 \times in4 + in5$ 的运算，可设计成由两个乘法模块和两个加法模块组成的电路，如图2-7所示。

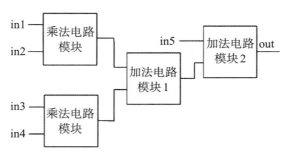

图 2-7　通过电路实现 in1×in2+in3×in4+in5 的运算

FPGA 可轻松实现图 2-7 中的电路，将 in1、in2、in3、in4 放至乘法电路模块的输入端，将 in5 放至加法模块 2 的输入端，输出 out 为 in1×in2+in3×in4+in5 的运算结果。和基于微处理器的算法处理完全不同，基于 FPGA 的运算由串行变为并行，运算时间不再是指令的逐条累加，而是取决于电路的延时。图 2-7 中花费的运算时间为 1 个乘法模块电路与 2 个加法电路模块的延时。越复杂的算法用 FPGA 直接实现的优势就越明显。因此，对于算法工程师而言，FPGA 是一个高度并行的计算工具，只需将算法转变为电路进行建模，就能从电路的输出得到运算的结果。

2.1.3　FPGA 开发板的选型

在逻辑资源充足的前提下，用户可采用各种结构的芯片完成同一逻辑功能。但是不能盲目选择性能最高的 FPGA，而应在设计规模、速度、芯片价格及系统性能要求等方面进行平衡，选择最佳结果。

市面上的 FPGA 开发板虽然很多，但是 FPGA 芯片主流厂商只有几家，并且每个厂商几乎都针对不同的应用需求设计了高、中、低端不同系列的产品。例如 Intel FP-GA 提供了广泛的可配置嵌入式 SRAM、高速收发器、高速 I/O、逻辑模块和路由，产品对应高、中、低端完整布局，匹配各类用户的不同需求。STRATIX 系列侧重于高性能应用，尤其对高带宽应用进行优化，可为各种计算密集型和带宽密集型应用提供定制加速和连接，同时提高性能并降低功耗，满足各类高端应用。ARRIA系列提供中端性能和能效的 FPGA、SoC 和收发器。CYCLONE 系列可满足低功耗、成本敏感型设计需求，提供性价比相对平衡的 SoC 和收发器。MAX 系列提供超低成本和功耗的 FPGA 和 CPLD。

FPGA 的选型可考虑以下四个方面。

（1）通过 FPGA 器件的专用资源、应用场景、设计规模和预算综合预估型号系列。FPGA 生产厂商的官方网站可以下载 FPGA 产品手册，如图 2-8 为 Intel 官网中 Cy-clone V 系列的资源列表截图。

基于FPGA的数字逻辑系统实验教程

Product Line	Cyclone V E FPGAs[1]					Cyclone V GX FPGAs[1]					Cyclone V GT FPGAs[1]		
	5CEA2	5CEA4	5CEA5	5CEA7	5CEA9	5CGXC3	5CGXC4	5CGXC5	5CGXC7	5CGXC9	5CGTD5	5CGTD7	5CGTD9
Resources													
LEs (K)	25	49	77	149.5	301	35.5	50	77	149.5	301	149.5	149.5	301
ALMs	9,434	18,480	29,080	56,480	113,560	13,460	18,868	29,080	56,480	113,560	29,080	56,480	113,560
Registers	37,736	73,920	116,320	225,920	454,240	53,840	75,472	116,320	225,920	454,240	116,320	225,920	454,240
M10K memory blocks	176	308	446	686	1,220	135	250	446	686	1,220	446	686	1,220
M10K memory (Kb)	1,760	3,080	4,460	6,860	12,200	1,350	2,500	4,460	6,860	12,200	4,460	6,860	12,200
MLAB memory (Kb)	196	303	424	836	1,717	291	295	424	836	1,717	424	836	1,717
Variable-precision DSP blocks	25	66	150	156	342	57	70	150	156	342	150	156	342
18 x 18 multipliers	50	132	300	312	684	114	140	300	312	684	300	312	684
Global clock networks	16	16	16	16	16	16	16	16	16	16	16	16	16
PLLs[2] (FPGA)	4	4	6	7	8	4	6	6	7	8	6	7	8
I/O voltage levels supported (V)	1.1, 1.2, 1.5, 1.8, 2.5, 3.3												
I/O standards supported	LVTTL, LVCMOS, PCI, PCI-X, LVDS, mini-LVDS, RSDS, LVPECL, SSTL-18 (I and II), HSTL-15 (I and II), HSTL-18 (I and II), Differential SSTL-18 (I and II), Differential SSTL-15 (I and II), Differential SSTL-2 (I and II), Differential HSTL-18 (I and II), Differential HSTL-15 (I and II), Differential HSTL-12 (I and II), Differential HSUL-12, HSUL, SUVS, Sub-LVDS												
Architectural Features													
LVDS channels (receiver/transmitter)	56/56	56/56	60/60	120/120	120/120	52/52	84/84	84/84	120/120	140/140	84/84	120/120	140/140
Transceiver count (3.125 Gbps)[3]	-	-	-	-	-	3	6	6	9	12	6	9	12
Transceiver count (6.144 Gbps)[4]	-	-	-	-	-	-	-	-	-	-	6*	9*	12*
PCIe hardened IP blocks (Gen1)[5]	-	-	-	-	-	1	2	2	2	2	2	2	2
PCIe hardened IP blocks (Gen2)	-	-	-	-	-	-	-	-	-	-	2	2	2
Hard memory controller[6] (FPGA)	1	1	2	2	2	1	2	2	2	2	2	2	2
Memory devices supported	DDR3, DDR2, LPDDR2												

Clocks, Maximum I/O Pins, and Package Options and I/O Pins: GPIO Count, LVDS Pairs, and Transceiver Count

Package Options and I/O Pins: GPIO Count, LVDS Pairs, and Transceiver Count	5CEA2	5CEA4	5CEA5	5CEA7	5CEA9	5CGXC3	5CGXC4	5CGXC5	5CGXC7	5CGXC9	5CGTD5	5CGTD7	5CGTD9
M301 pin (11 mm, 0.5 mm pitch)	223/6												
M383 pin (13 mm, 0.5 mm pitch)	223/6	223/6	175/6			175/6	175/6	175/6			175/6		
M484 pin (15 mm, 0.5 mm pitch)		176/6		240/3					240/3			240/3	
U324 pin (15 mm, 0.8 mm pitch)	176/8	176/6				144/3							
U484 pin (19 mm, 0.8 mm pitch)	224/6	224/6	224/6	240/6	240	208/6	224/6	224/6	240/6	240/5	224/6	240/6	240/5
F256 pin (17 mm, 1.0 mm pitch)	128/8	128/8											
F484 pin (23 mm, 1.0 mm pitch)	224/6	224/6	240/6	240/6	224/6	208/3	240/6	240/6	224/6	224/6	240/6	240/6	224/6
F672 pin (27 mm, 1.0 mm pitch)			336/9	336/9	336/9		336/9	336/9	336/9	336/9	336/9	336/9	336/9
F896 pin (31 mm, 1.0 mm pitch)				480/9	480/9				480/9	480/12		480/9	480/12
F1152 pin (35 mm, 1.0 mm pitch)					560/12					560/12			560/12

129 / 4	Values on top indicate available user I/O pins; values at the bottom indicate the 3.125 Gbps, 5 Gbps, or 6.144 Gbps transceiver count.

→ Pin migration (same V_CC, GND, ISP and input pins). User I/O pins may be less than labelled for pin migration.
※ For FPGAs Pin migration is only possible if you use only up to 175 GPIOs.

图2-8 Cyclone V系列资源列表

Notes:
1. All data is correct at the time of printing and may be subject to change without prior notice. For the latest information, please visit www.altera.com.
2. The PLL count includes general-purpose fractional PLLs and transceiver fractional PLLs.
3. Automotive grade Cyclone V GT FPGAs include a 3 Gbps transceiver.
4. Transceiver counts shown are for ≥ 5 Gbps. The 6 Gbps channel count depends on package and channel usage. Refer to "Cyclone V Device Handbook Volume 2: Transceivers" for guidelines.
5. One PCIe hard IP block in U672 package.
6. Includes 16 and 32 bit error connection code ECC support.

　　资源列表会详细标明该型号芯片的片上逻辑资源、存储资源、时钟、接口、封装等详细参数,这是选型中的重要参考。然后考虑应用中是否有特殊需求,例如是否需要高速接口,如果需要的话,需要多少个通道,各个通道需要的最高收发速度是多少。对照产品目录找到符合的芯片前,应对本次设计中需要用的逻辑资源、存储资源进行相对精确的估算。估算可以凭借经验,也可以通过查找并对比类似规模的设计确定。在此基础上估算的资源数建议留 30% 左右的余量,再根据资源列表中的参数进一步确定选用的 FPGA 芯片型号。

　　(2) FPGA 开发板的板载资源。首先,选择 FPGA 开发板时,需要评估开发过程中是否会用到一些外设或接口,例如是否需要 IIC 传输、视频传输或 AD 转换等。特殊需求限制了开发板的选择,如果没有类似接口也可自行通过 GPIO 口模拟,但会消耗一定的逻辑资源,通常建议优先选择带对应外设的开发板。此外,开发板上的资源是否易于下板验证也非常重要。例如某些口袋式的开发板为了追求更小的体积和更低的售价,板上几乎没有按键、开关、数码管等常用的输入、输出器件,在下板验证时可用资源较少。最后,需要考虑调试接口数量是否充足。例如接逻辑分析仪调试时,板上引出的接口是否充足且方便反复接插。

　　(3) 选择学习资料丰富的 FPGA 开发板。经典的、较多人使用的开发板,学习资料通常更丰富和完善。在 FPGA 开发的学习阶段,尽量选择当下比较主流的 FPGA 芯片和开发板,这类开发板厂商给予的配套资料和技术支持往往较全面。而且,庞大的用户数量能提供较高的网络讨论热度,建立良好的沟通交流渠道,相关教程较多,也比较容易获取。

　　(4) 在满足以上条件的情况下,选择性价比最优的一款。选型是一个复杂且烦琐的过程,产品开发不仅需要考虑性能和效率,成本也是非常重要的。因此在开发过程中需要不断总结选型经验,在性能、效率和成本之间找到平衡点。

2.2　DE1-SoC FPGA 开发板简介

　　本书的实验项目都是基于 DE1-SoC FPGA 开发板设计的。DE1-SoC 将双核 Cortex-A9 嵌入式内核与可编程逻辑相结合,提高了设计灵活性。用户能将强大的可编程配置逻辑器件与高性能、低功耗的处理器系统配合使用。DE1-SoC 开发板上使用的是 Cyclone V 系列 FPGA,与前几代产品相比,该系列总功耗降低了 40%,静态功耗降低了 30%,更好地满足了大批量低成本应用对功耗、成本以及性能水平的需求。此外,板上集成了一个基于 ARM 的 HPS(hard processor system,硬件处理器系统),该系统由处理器、外围设备和存储器接口组成,并使用高带宽互连主干网与 FPGA 架构无缝绑定。

2.2.1　开发板的布局

　　DE1-SoC 开发套件包括一块 PCB 电路板,一根白色的 USB 数据连接线,一根黑色的 USB micro 数据线以及一套 12 V 电源线,图 2-9 为开发板实拍图。

如图2-9所示，12 V DC电源适配器接入图中电源线标示处，接口在电源开关上方。白色的USB数据连接线用于程序下载和调试，接口在电源接口上方。日常开发只需电源线和USB数据连接线即可。如需使用HPS的UART进行数据传输，可接通黑色的USB micro数据线。

图2-9　DE1-SoC开发板实拍图

2.2.2　开发板的板载资源

DE1-SoC开发板为用户提供了丰富的硬件资源，如图2-10所示。图中所有连接都通过Cyclone V SoC FPGA器件建立，并且标明了板载资源及其连接方式。通过开发板模块框图，用户可以快速地了解开发板功能。

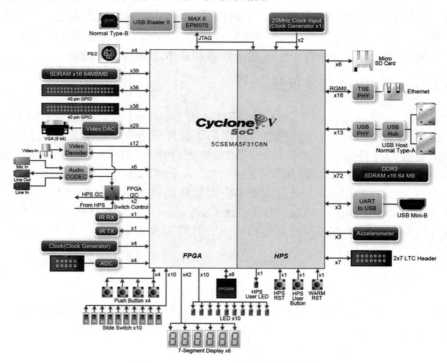

图2-10　DE1-SoC开发板模块框图

结合图 2-10 所示的 DE1-SoC 的模块框图，介绍开发板上的主要资源如下。

（1）FPGA 主芯片：Cyclone V 系列的 5CSEMA5F31

■ HPS：双核 ARM Cortex-A9

■ 逻辑 LEs：85K

■ 嵌入式存储器：4450 Kb

■ 锁相环：6 个

■ 硬盘控制器：2 个

（2）存储设备

■ FPGA 内含 64MB SDRAM

■ HPS 内含 1GB DDR SDRAM

■ HPS 可外接 Micro SD 卡

（3）四路串行配置芯片：EPCQ256

（4）板载调试器：USB-Blaster Ⅱ

（5）输入、输出设备

■ 按键：5 个（其中 FPGA 接 4 个，HPS 接 1 个）

■ 滑动开关：10 个

■ LED 灯：11 个（其中 FPGA 接 10 个，HPS 接 1 个）

■ 七段数码管：6 个

（6）通信

■ USB 2.0 Host：2 个

■ UART

■ 10/100/1000Mbps 以太网

■ PS / 2

■ 红外发射器/接收器

■ I2C 多路复用器

（7）接口

■ 40 引脚扩展接口：2 个

■ 10 引脚 ADC 输入接口：1 个

■ LTC 连接器：1 个 SPI（串行外围接口）主设备，1 个 I2C 和 1 个 GPIO 接口

（8）其他

■ 24 位 VGA/DAC

■ 24 位 CODEC

■ 电视解码器（NTSC / PAL / SECAM）和电视输入接口

■ G-Sensor

■ ADC

2.3 DE1-SoC 的设置

2.3.1 FPGA 模式配置

FPGA上电后可以选择从EPCQ或HPS配置，MSEL [4：0]引脚用于选择配置方案，MSEL [4：0]与DE1-SoC板上的6引脚DIP开关SW10相连，改变SW10的拨码设置FPGA上电后的启动方式，SW10与MSEL引脚的对应方式见表2-3。

表2-3　MSEL引脚设置

SW10标号	MSEL引脚名称	默认设置
SW10.1	MSEL0	ON("0")
SW10.2	MSEL1	OFF("1")
SW10.3	MSEL2	ON("0")
SW10.4	MSEL3	ON("0")
SW10.5	MSEL4	OFF("1")
SW10.6	未使用	未使用

MSEL引脚与FPGA启动模式关系见表2-4。通过SW10对FPGA进行模式配置，默认设置为AS模式。

表2-4　SW10与MSEL引脚

MSEL[4:0]	配置方案	功能
10010	AS	电路板上电后,将通过EPCQ配置FPGA,并使用默认代码对其进行预编程
01010	FPP×32	电路板上电后,从Linux上运行的应用软件重新配置FPGA
00000	FPP×16	使用"带帧缓冲的Linux控制台"或"Linux LXDE桌面"SD卡映像启动

2.3.2 编程下载方式设置

DE1-SoC支持如下两种编程方法。

（1）JTAG编程：比特流直接下载到Cyclone V SoC FPGA中。只要板上电源不断，FPGA将保持当前状态，而电源关闭时，配置信息将丢失。

（2）AS编程：比特流下载到EPCQ256中，该设备为比特流提供了非易失性存储。比特流保留在EPCQ256中，即使DE1-SoC开发板电源关闭再重新上电，EP-CQ256器件中的比特流数据也会自动加载到FPGA，执行预先配置好的程序。

DE1-SoC开发板默认使用AS模式启动，因此无论上一次运行的是什么程序，重新上电后开发板都会自动加载EPCQ256中的出厂程序。如果想改变该出厂程序，则需要应用AS编程，具体方式比较复杂，可参考DE1-SoC_User_manual。日常开发中常用的是JTAG编程，详细步骤在后续2.5.5小节中介绍。

2.4　时钟模块

DE1-SoC 上的时钟分配如图 2-11 所示。时钟发生器用于分配低抖动的时钟信号。每个输出都有一个独立的 MultiSynth™ 小数分频器，该分频器接受来自器件内部 PLL 之一的高频参考，并精确地对时钟进行分频。

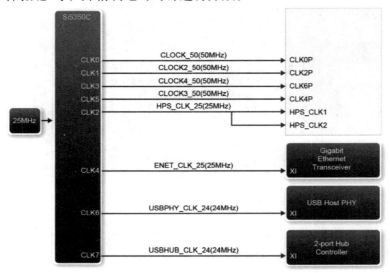

图 2-11　时钟分配框图

将 4 个 50 MHz 的时钟信号连接至 FPGA 为用户提供时钟源。HPS_CLK_25 的 25 MHz 时钟信号连接到 HPS，并分出两个时钟输入信号。ENET_CLK_25 连接到千兆以太网收发器。2 个 24 MHz 时钟信号连接到 USB Host / OTG PHY 和 USB Hub 控制器。

在逻辑设计中，如果需要为逻辑提供连续的时钟输入，则在管脚配置时，将模块的时钟端口绑定至表 2-5 列出的引脚上。

表 2-5　时钟输入的引脚分配

信号	FPGA 引脚编号	功能描述	I/O 接口标准
CLOCK_50	PIN_AF14	50 MHz 时钟输入	3.3 V
CLOCK2_50	PIN_AA16	50 MHz 时钟输入	3.3 V
CLOCK3_50	PIN_Y26	50 MHz 时钟输入	3.3 V
CLOCK4_50	PIN_K14	50 MHz 时钟输入	3.3 V
HPS_CLOCK1_25	PIN_D25	25 MHz 时钟输入	3.3 V
HPS_CLOCK2_25	PIN_F25	25 MHz 时钟输入	3.3 V

2.5　DE1-SoC 的基本 I/O 设备

DE1-SoC FPGA 开发板上设置了一些基本的 I/O 设备，便于下载程序到开发板上验证逻辑设计的实际运行情况。图2-12以框线1~4区域为实验中常用的输入、输出设备。

图2-12　基本I/O设备位置图

标号1为10个滑动开关，标号3为10个LED灯，标号4为6个七段数码管，标号2为4个按键，标号5为两排GPIO扩展端口。

2.5.1　滑动开关

滑动开关可为逻辑设计提供高电平或低电平的输入信号。DE1-SoC有10个滑动开关，引脚分配见表2-6。每个开关都直接单独连接至FPGA。这些滑动开关在信号输入后都没有去抖动处理，因此不能用作电路的电平敏感数据输入。当开关设置为DOWN位置（朝向电路板边缘）时，产生低逻辑电平。当开关设置为UP位置（背离电路板边缘）时，产生高逻辑电平。

表2-6　滑动开关的引脚分配

信号	FPGA引脚编号	功能描述	I/O接口标准
SW[0]	PIN_AB12	滑动开关0	3.3 V
SW[1]	PIN_AC12	滑动开关1	3.3 V
SW[2]	PIN_AF9	滑动开关2	3.3 V
SW[3]	PIN_AF10	滑动开关3	3.3 V
SW[4]	PIN_AD11	滑动开关4	3.3 V
SW[5]	PIN_AD12	滑动开关5	3.3 V
SW[6]	PIN_AE11	滑动开关6	3.3 V
SW[7]	PIN_AC9	滑动开关7	3.3 V
SW[8]	PIN_AD10	滑动开关8	3.3 V
SW[9]	PIN_AE12	滑动开关9	3.3 V

2.5.2　LED

　　LED 可为逻辑设计提供单比特位的输出显示，开发板上共有 10 个用户可控制的 LED，引脚分配见表 2-7。每个 LED 由 Cyclone V SoC FPGA 单独驱动。连接到 LED 的引脚为高电平时，LED 亮起；连接到 LED 的引脚为低电平时，LED 熄灭。

表 2-7　LED 的引脚分配

信号	FPGA 引脚编号	功能描述	I/O 接口标准
LEDR [0]	PIN_V16	LED [0]	3.3 V
LEDR [1]	PIN_W16	LED [1]	3.3 V
LEDR [2]	PIN_V17	LED [2]	3.3 V
LEDR [3]	PIN_V18	LED [3]	3.3 V
LEDR [4]	PIN_W17	LED [4]	3.3 V
LEDR [5]	PIN_W19	LED [5]	3.3 V
LEDR [6]	PIN_Y19	LED [6]	3.3 V
LEDR [7]	PIN_W20	LED [7]	3.3 V
LEDR [8]	PIN_W21	LED [8]	3.3 V
LEDR [9]	PIN_Y21	LED [9]	3.3 V

2.5.3　七段数码管

　　DE1-SoC 开发板有 0～5 号共 6 个七段数码管，每个数码管由 0～6 共 7 个独立阴极二极管组成，每个七段数码管的每一段都有相应的 FPGA 引脚与之对应。图 2-13 显示了 0 号数码管（左起第 1 个数码管）与 FPGA 引脚之间的对应关系。HEX0[1] 信号对应开发板 0 号数码管标号为 1 的数码管。同理，HEX0[6] 信号对应开发板第 1 个数码管标号为 6 的数码管。

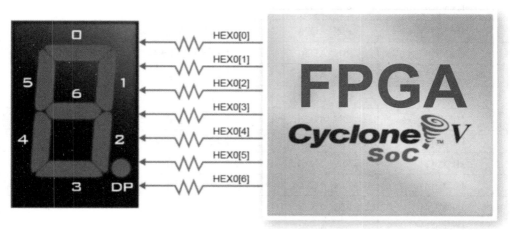

图 2-13　七段数码管与 FPGA 引脚连接关系

通过向对应引脚施加低电平可打开该段的显示，施加高电平则是关闭该段的显示。例如，开发板的0号数码管需要显示数字0，则需要使标号为0、1、2、3、4、5的数码管亮起，标号为6的数码管熄灭。因此，配置引脚令信号HEX0[0]、HEX0[1]、HEX0[2]、HEX0[3]、HEX0[4]、HEX0[5]为低电平，HEX0[6]为高电平。表2-8显示了七段数码管的引脚分配。

表2-8　七段数码管的引脚分配

信号	FPGA引脚编号	功能描述	I/O接口标准
HEX0[0]	PIN_AE26	0号七段数码管的0段	3.3 V
HEX0[1]	PIN_AE27	0号七段数码管的1段	3.3 V
HEX0[2]	PIN_AE28	0号七段数码管的2段	3.3 V
HEX0[3]	PIN_AG27	0号七段数码管的3段	3.3 V
HEX0[4]	PIN_AF28	0号七段数码管的4段	3.3 V
HEX0[5]	PIN_AG28	0号七段数码管的5段	3.3 V
HEX0[6]	PIN_AH28	0号七段数码管的6段	3.3 V
HEX1[0]	PIN_AJ29	1号七段数码管的0段	3.3 V
HEX1[1]	PIN_AH29	1号七段数码管的1段	3.3 V
HEX1[2]	PIN_AH30	1号七段数码管的2段	3.3 V
HEX1[3]	PIN_AG30	1号七段数码管的3段	3.3 V
HEX1[4]	PIN_AF29	1号七段数码管的4段	3.3 V
HEX1[5]	PIN_AF30	1号七段数码管的5段	3.3 V
HEX1[6]	PIN_AD27	1号七段数码管的6段	3.3 V
HEX2[0]	PIN_AB23	2号七段数码管的0段	3.3 V
HEX2[1]	PIN_AE29	2号七段数码管的1段	3.3 V
HEX2[2]	PIN_AD29	2号七段数码管的2段	3.3 V
HEX2[3]	PIN_AC28	2号七段数码管的3段	3.3 V
HEX2[4]	PIN_AD30	2号七段数码管的4段	3.3 V
HEX2[5]	PIN_AC29	2号七段数码管的5段	3.3 V
HEX2[6]	PIN_AC30	2号七段数码管的6段	3.3 V
HEX3[0]	PIN_AD26	3号七段数码管的0段	3.3 V
HEX3[1]	PIN_AC27	3号七段数码管的1段	3.3 V
HEX3[2]	PIN_AD25	3号七段数码管的2段	3.3 V
HEX3[3]	PIN_AC25	3号七段数码管的3段	3.3 V
HEX3[4]	PIN_AB28	3号七段数码管的4段	3.3 V
HEX3[5]	PIN_AB25	3号七段数码管的5段	3.3 V
HEX3[6]	PIN_AB22	3号七段数码管的6段	3.3 V

信号	FPGA引脚编号	功能描述	I/O接口标准
HEX4[0]	PIN_AA24	4号七段数码管的0段	3.3 V
HEX4[1]	PIN_Y23	4号七段数码管的1段	3.3 V
HEX4[2]	PIN_Y24	4号七段数码管的2段	3.3 V
HEX4[3]	PIN_W22	4号七段数码管的3段	3.3 V
HEX4[4]	PIN_W24	4号七段数码管的4段	3.3 V
HEX4[5]	PIN_V23	4号七段数码管的5段	3.3 V
HEX4[6]	PIN_W25	4号七段数码管的6段	3.3 V
HEX5[0]	PIN_V25	5号七段数码管的0段	3.3 V
HEX5[1]	PIN_AA28	5号七段数码管的1段	3.3 V
HEX5[2]	PIN_Y27	5号七段数码管的2段	3.3 V
HEX5[3]	PIN_AB27	5号七段数码管的3段	3.3 V
HEX5[4]	PIN_AB26	5号七段数码管的4段	3.3 V
HEX5[5]	PIN_AA26	5号七段数码管的5段	3.3 V
HEX5[6]	PIN_AA25	5号七段数码管的6段	3.3 V

2.5.4　按键

按键用于为逻辑设计提供高、低电平的输入信号，板上有四个连接到FPGA的按键，如图2-14所示。

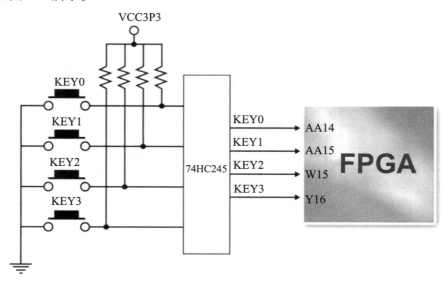

图2-14　按键电路连接图

按键和FPGA之间添加了开关消抖电路。经过消抖后的输入信号KEY0、KEY1、KEY2和KEY3直接连接至Cyclone V SoC FPGA。无论按键是否按下，按键的引脚端口都会产生电平，当按键按下时产生低电平，按键弹起时产生高电平。由于按键具有消抖功能，因此它们可用作电路中的时钟或复位输入，具体引脚分配见表2-9。

表2-9　按键的引脚分配

信号	FPGA引脚编号	功能描述	I/O接口标准
KEY [0]	PIN_AA14	按键0	3.3 V
KEY [1]	PIN_AA15	按键1	3.3 V
KEY [2]	PIN_W15	按键2	3.3 V
KEY [3]	PIN_Y16	按键3	3.3 V

2.5.5　GPIO扩展端口

GPIO扩展端口的用途非常广泛，可为逻辑输入提供输入信号，也可用于输出测试。FPGA开发中，GPIO常用于模拟某些通信接口或协议，有时也可输出某些引脚信号用于仪器测试。评估板上有两个40针扩展接头，每个接头连接器具有36个用户引脚，它们直接连接到FPGA，它还带有5 V的DC引脚（VCC5）、3.3 V的DC引脚（VCC3P3）和2个GND引脚。表2-10为GPIO端口连接的子卡所允许的供电电压和最大电流。

表2-10　GPIO端口的供电电压及其对应的最大电流

供电电压/V	最大电流/A
5	1
3.3	1.5

扩展端口中的每个引脚都连接两个二极管和一个电阻器，防止电压过高或过低。表2-11为GPIO_0接头连接器的引脚分配。

表2-11　GPIO_0引脚分配

信号	FPGA引脚编号	功能描述	I/O接口标准
GPIO_0[0]	PIN_AC18	GPIO0的0引脚	3.3 V
GPIO_0[1]	PIN_Y17	GPIO0的1引脚	3.3 V
GPIO_0[2]	PIN_AD17	GPIO0的2引脚	3.3 V
GPIO_0[3]	PIN_Y18	GPIO0的3引脚	3.3 V
GPIO_0[4]	PIN_AK16	GPIO0的4引脚	3.3 V
GPIO_0[5]	PIN_AK18	GPIO0的5引脚	3.3 V
GPIO_0[6]	PIN_AK19	GPIO0的6引脚	3.3 V
GPIO_0[7]	PIN_AJ19	GPIO0的7引脚	3.3 V

续表

信号	FPGA引脚编号	功能描述	I/O 接口标准
GPIO_0[8]	PIN_AJ17	GPIO0的8引脚	3.3 V
GPIO_0[9]	PIN_AJ16	GPIO0的9引脚	3.3 V
GPIO_0[10]	PIN_AH18	GPIO0的10引脚	3.3 V
GPIO_0[11]	PIN_AH17	GPIO0的11引脚	3.3 V
GPIO_0[12]	PIN_AG16	GPIO0的12引脚	3.3 V
GPIO_0[13]	PIN_AE16	GPIO0的13引脚	3.3 V
GPIO_0[14]	PIN_AF16	GPIO0的14引脚	3.3 V
GPIO_0[15]	PIN_AG17	GPIO0的15引脚	3.3 V
GPIO_0[16]	PIN_AA18	GPIO0的16引脚	3.3 V
GPIO_0[17]	PIN_AA19	GPIO0的17引脚	3.3 V
GPIO_0[18]	PIN_AE17	GPIO0的18引脚	3.3 V
GPIO_0[19]	PIN_AC20	GPIO0的19引脚	3.3 V
GPIO_0[20]	PIN_AH19	GPIO0的20引脚	3.3 V
GPIO_0[21]	PIN_AJ20	GPIO0的21引脚	3.3 V
GPIO_0[22]	PIN_AH20	GPIO0的22引脚	3.3 V
GPIO_0[23]	PIN_AK21	GPIO0的23引脚	3.3 V
GPIO_0[24]	PIN_AD19	GPIO0的24引脚	3.3 V
GPIO_0[25]	PIN_AD20	GPIO0的25引脚	3.3 V
GPIO_0[26]	PIN_AE18	GPIO0的26引脚	3.3 V
GPIO_0[27]	PIN_AE19	GPIO0的27引脚	3.3 V
GPIO_0[28]	PIN_AF20	GPIO0的28引脚	3.3 V
GPIO_0[29]	PIN_AF21	GPIO0的29引脚	3.3 V
GPIO_0[30]	PIN_AF19	GPIO0的30引脚	3.3 V
GPIO_0[31]	PIN_AG21	GPIO0的31引脚	3.3 V
GPIO_0[32]	PIN_AF18	GPIO0的32引脚	3.3 V
GPIO_0[33]	PIN_AG20	GPIO0的33引脚	3.3 V
GPIO_0[34]	PIN_AG18	GPIO0的34引脚	3.3 V
GPIO_0[35]	PIN_AJ21	GPIO0的35引脚	3.3 V

第3章 / 开发环境

随着数字系统规模和复杂度的增加，更多的计算机辅助设计工具被引入硬件设计过程中。EDA工具的应用使数字电路设计者的工作从传统的小规模集成电路的堆砌和物理连线，转变为利用硬件描述语言和EDA软件来实现系统硬件功能。因此，现代数字系统开发的大部分工作都是使用各种EDA工具完成，EDA软件已成为从事系统硬件相关领域工作的工程师和学生必须掌握的工具。本书应用的EDA软件为Quartus Prime，这是一款综合性FPGA开发软件，可以完成从设计输入到硬件配置的完整设计流程。Quartus Prime除了支持完整PLD设计流程外，还可通过SOPC Builder工具完成集成CPU的FPGA芯片开发工作，通过DSP Builder工具与MATLAB/Simulink相结合，在MATLAB中快速完成数字信号处理的仿真和FPGA实现。此外，Quartus Prime还可绑定第三方综合与仿真软件，例如ModelSim，为用户提升调试效率提供保障。

本章主要介绍实验中使用的设计工具，并通过一个简单的设计实例演示开发环境的应用，同时介绍嵌入式逻辑分析仪Signal Tap和联合仿真工具Questa（原Model-Sim-Altera）的应用。

3.1 Quartus Prime 22.1的下载及安装

3.1.1 软件下载

Quartus Prime可在Intel FPGA官网免费下载，下载地址：https://www.intel.com/content/www/us/en/software-kit/757262/intel-quartus-prime-lite-edition-design-software-version-22-1-for-windows.html?

下载版本可点击图3-1中矩形框标示的下拉框选择。

The Intel® Quartus® Prime Lite Edition Design Software, Version 22.1 includes functional and security updates. Users should keep their so
security. Additional security updates are planned and will be provided as they become available. Users should promptly install the latest v

Intel® Quartus® Prime Lite Edition Design Software, Version 22.1 is subject to removal from the web when support for all devices in this re
obsolete. If you would like to receive customer notifications by e-mail, please subscribe to our subscribe to our customer notification mai

If you are using floating license server for Intel FPGA software, you need to upgrade to the latest license daemon software (v11.18.2.0). In
software. You can download the daemon software from this link

To find software versions that support specific device families:
• Refer to the Device Support List
• Use the Software Selector

Critical Issues and Patches for the Intel® Quartus® Prime Lite Edition Software, Version 22.1.
Knowledge Base: Search for Errata.
Problems and Answers on specific IP or Products.

图3-1　Quartus Prime下载版本选择界面

选中Lite Edition版本号22.1，然后滚动页面点击Download，如图3-2所示。

Downloads

Multiple Download　　Individual Files　　Additional Software　　Copyleft Licensed Source

Multiple Download

Intel® Quartus® Prime Lite Edition Software (Device support included)

Download
Quartus-lite-22.1std.0.915-windows.tar

Size: 5.5 GB
SHA1: 86cd25b014999bbbb4c2f0a38bfc3442438759

** Nios® II EDS on Windows requires Ubuntu 18.04 LTS on Windows Subsystem for Linux (WSL), which requires a manual inst
** Nios® II EDS requires you to install an Eclipse IDE manually.
** Total space required is 26.10 GB including tar file (5.48 GB), untarred files (5.48 GB) and installation (15.13 GB)
What's Included?

图3-2　Quartus Prime 22.1下载

3.1.2　软件安装

1. Quartus Prime 22.1的安装

解压下载的压缩包，点开components文件夹，选择框内程序进入Quartus的安装（图3-3）。

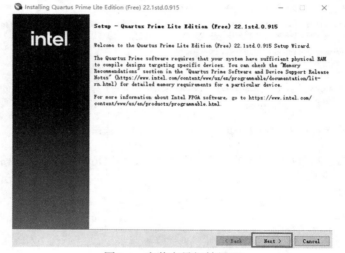

图3-3　启动安装程序

进入安装向导，点击Next（图3-4）。

图3-4　安装向导初始界面

选择接受协议，点击Next（图3-5）。

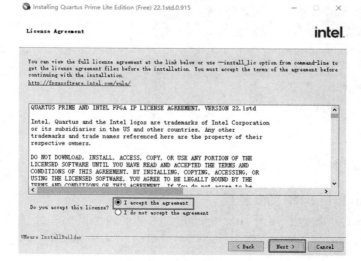

图3-5　接受条款许可

指定安装路径，需要注意的是，路径中不能有中文字符，点击Next（图3-6）。

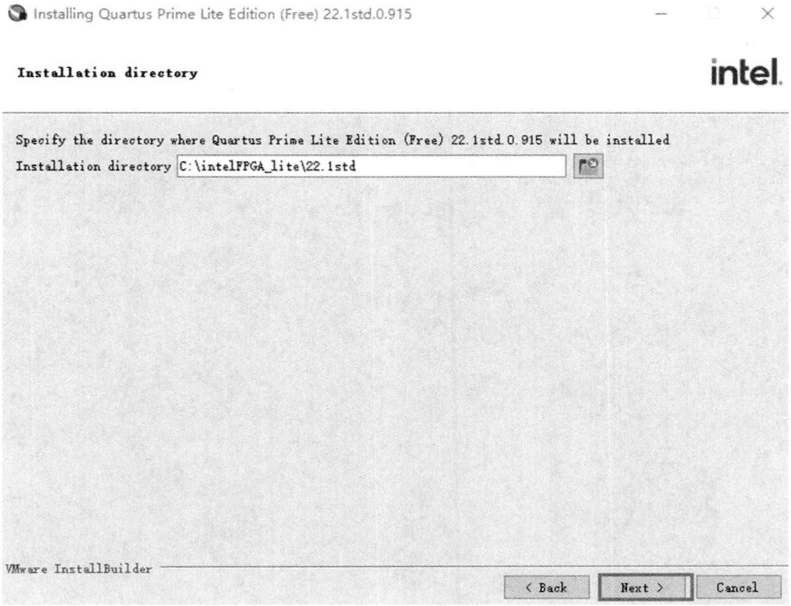

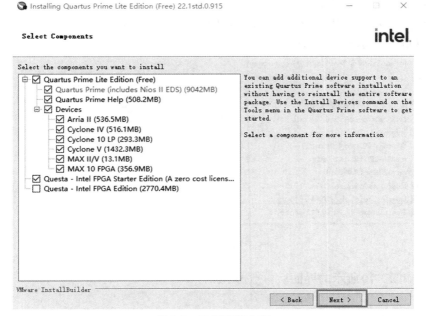

图3-6　指定安装路径

选择安装内容，包括开发板和芯片型号，以及Questa版本，如图3-7所示，选择完毕后点击Next。

图3-7　选择安装内容

确认安装路径和占空间大小，点击Next（图3-8）。

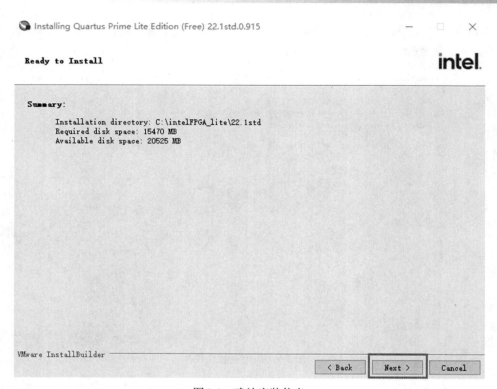

图 3-8　确认安装信息

2. 仿真工具 Questa 的安装

如果在图 3-7 所示的步骤中未选中 Questa 的安装，可点击图 3-9 中矩形框所示的 QuestaSetup 进入 Questa 安装流程。

Quartus-lite-22.1std.0.915-windows › components

名称	修改日期	类型	大小
arria_lite-22.1std.0.915.qdz	2022/10/26 17:00	QDZ 文件	511,064 KB
cyclone10lp-22.1std.0.915.qdz	2022/10/26 16:58	QDZ 文件	271,893 KB
cyclone-22.1std.0.915.qdz	2022/10/26 17:00	QDZ 文件	476,929 KB
cyclonev-22.1std.0.915.qdz	2022/10/26 16:58	QDZ 文件	1,409,988...
max10-22.1std.0.915.qdz	2022/10/26 16:58	QDZ 文件	293,307 KB
max-22.1std.0.915.qdz	2022/10/26 16:58	QDZ 文件	11,643 KB
QuartusHelpSetup-22.1std.0.915-win...	2022/10/27 0:37	应用程序	285,375 KB
QuartusLiteSetup-22.1std.0.915-wind...	2022/10/27 1:13	应用程序	1,689,855...
QuestaSetup-22.1std.0.915-windows....	2022/10/27 0:52	应用程序	798,927 KB

图 3-9　启动 QuestaSetup

进入如图 3-10 所示的界面后，点击 Next。

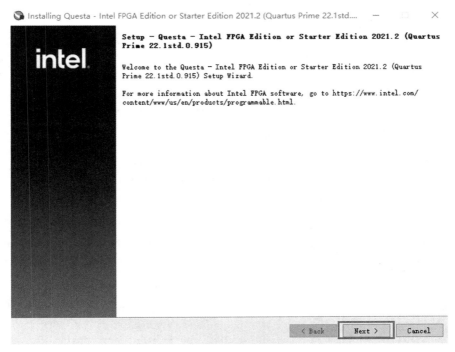

图 3-10　QuestaSetup 初始界面

如图 3-11 所示，安装版本选择 Questa - Intel FPGA Starter Edition，点击 Next。

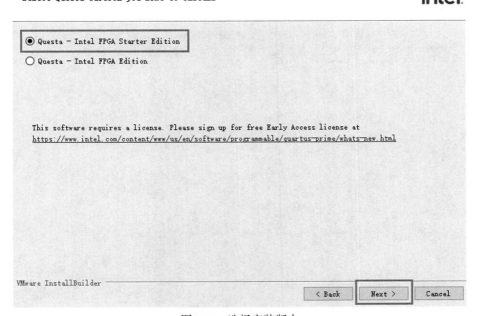

图 3-11　选择安装版本

如图3-12所示，接受安装条款，点击Next。

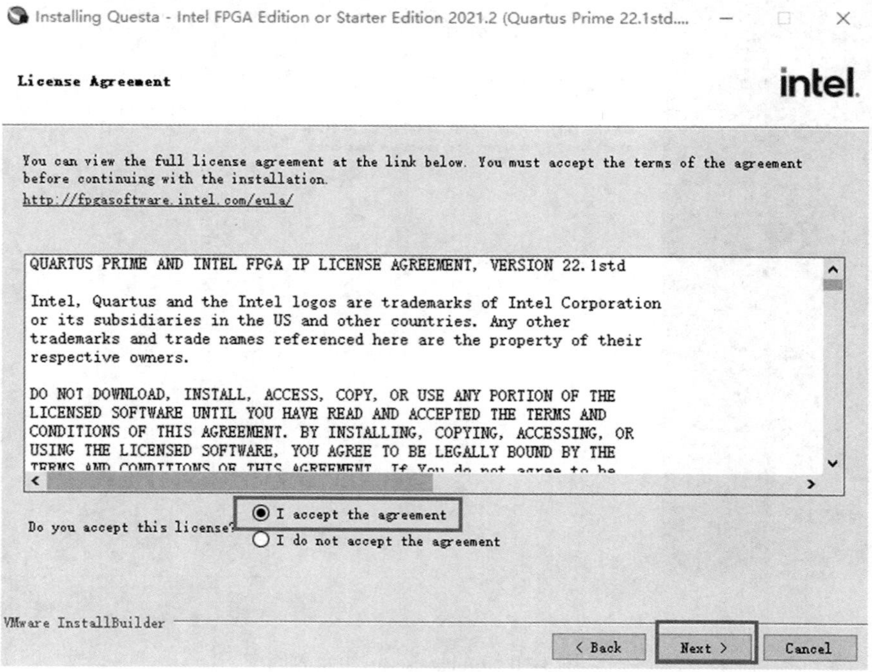

图3-12　接受安装条款

如图3-13所示，指定安装路径，点击Next。

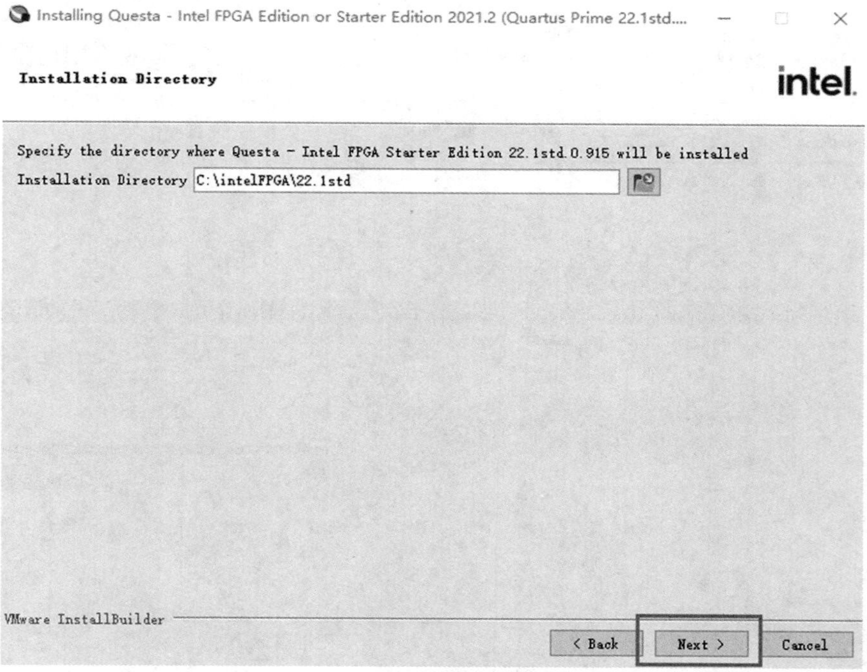

图3-13　指定安装路径

如图 3-14 所示，确认安装路径和所占空间大小，点击 Next。

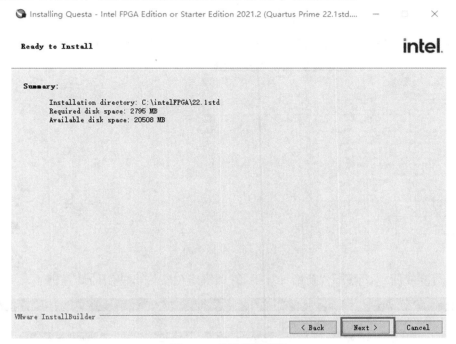

图 3-14　确认安装信息

3.2　Questa 的许可证申请和配置

Questa - Intel FPGA Starter Edition 可申请免费的许可证（license）。注册申请地址：https://licensing.intel.com/psg/s/?language=zh_CN。

按照相关提示注册账户。

点击图 3-15 矩形框所示"注册评估或免费许可"，可获取免费许可证。

图 3-15　登录完成界面

如图3-16所示，选择产品2，并修改坐席数量为1，同意条款，点击获取许可。

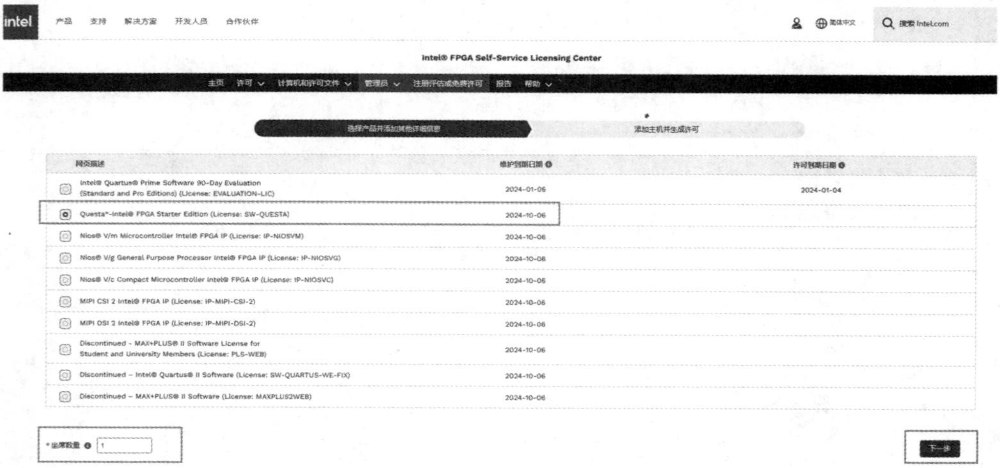

图3-16　选择产品

如图3-17所示，点击"新增计算机"，即绑定免费许可使用的计算机。

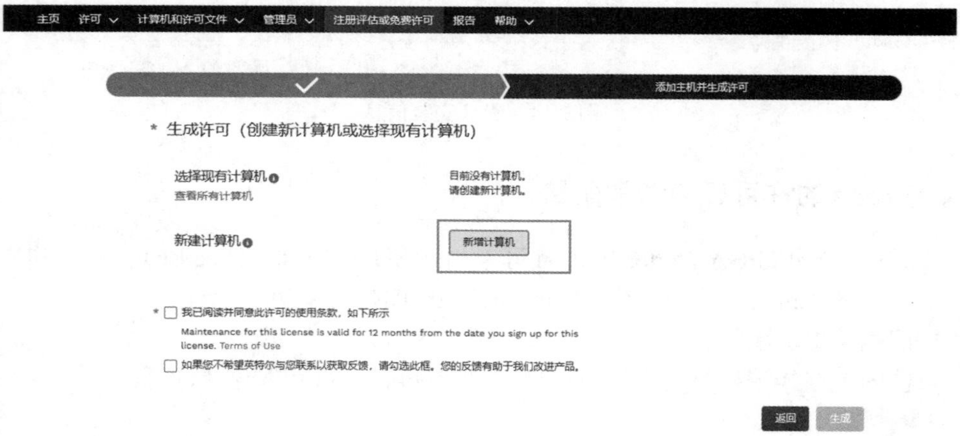

图3-17　绑定许可计算机

如图3-18所示，填写计算机信息，Primary Computer ID的获取方法见下述步骤。

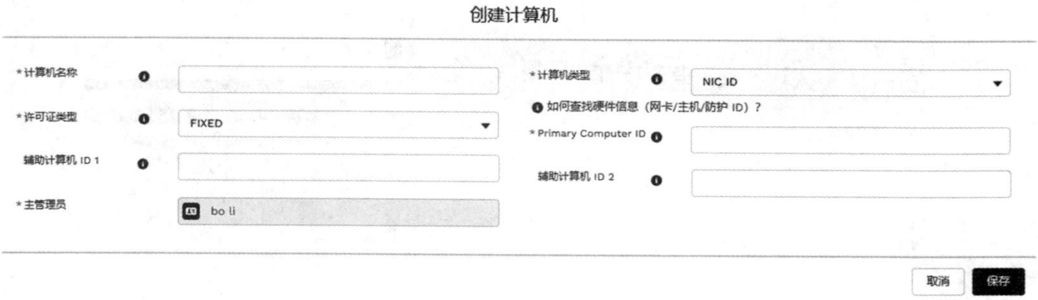

图3-18　填写计算机信息

Primary Computer ID 可通过查看所用计算机信息获取。通过计算机快捷键 Win+R 调出运行窗口，输入 cmd，点击"确定"，如图 3-19 所示。

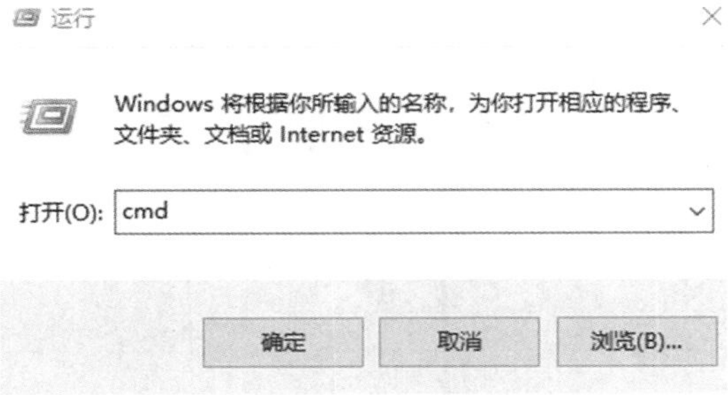

图 3-19 运行窗口

在随后出现的界面中输入 ipconfig/all 并回车，如图 3-20 所示。

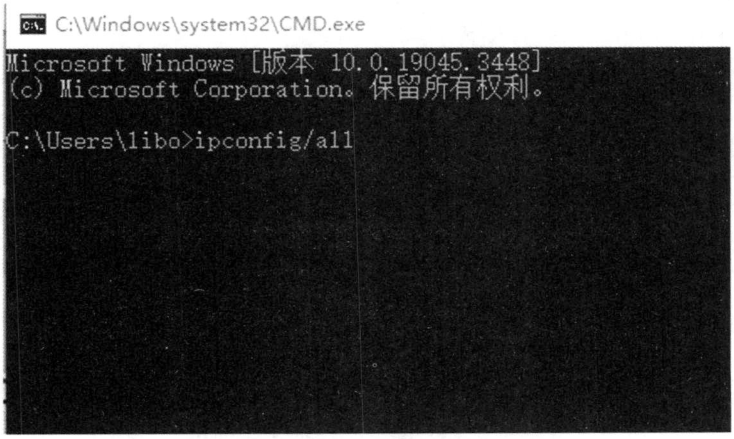

图 3-20 cmd 命令窗口

矩形框中的物理地址即为需要填入的 Primary Computer ID，如图 3-21 所示。注意填写 Primary Computer ID 时将"-"去掉。

图 3-21 计算机信息

回到如图3-22所示的页面，填入 Primary Computer ID，点击"Generate License"生成许可证，许可证文件 LR-xxxxxx_License.dat 发送至绑定的邮箱。

图3-22　填写计算机信息

将收到的 LR-xxxxxx_License.dat 文件放入任意文件夹，打开电脑"高级系统设置"界面，点击"环境变量"，如图3-23所示。

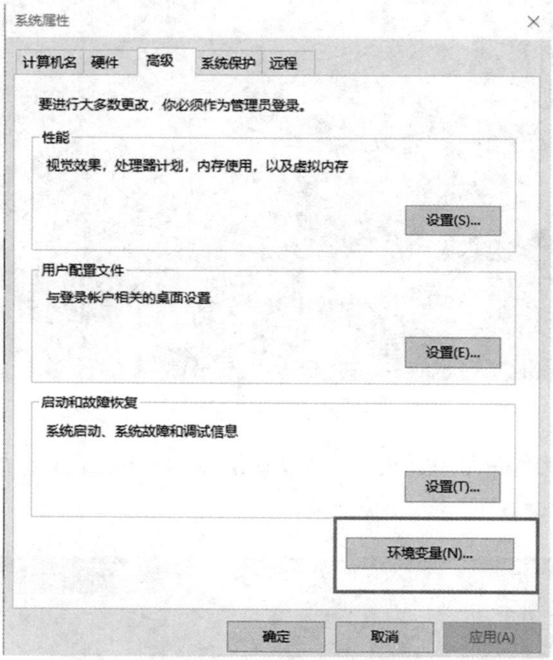

图3-23　系统属性

如图3-24所示。点击"新建"，输入变量名为"LM_LICENSE_FILE"，点击浏览文件，添加上一步收到的 LR-xxxxxx_License.dat 文件，至此，许可证环境变量设置完毕。

图 3-24 环境变量

点击 Quartus Prime 菜单栏的 Tools，选择 License Setup，如图 3-25 所示。

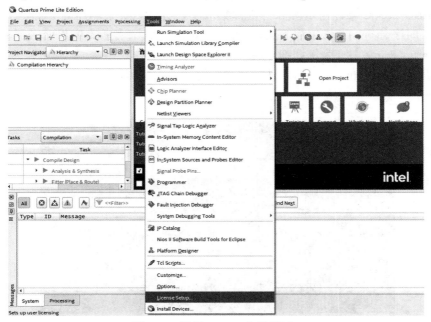

图 3-25 设置 License 文件界面 1

如图 3-26，将 License file 的路径指定为之前存放的 LR-xxxxxx_License.dat 文件，设置完毕后，重启 Quartus Prime，即可成功调用 Questa。

图 3-26　设置 License 文件界面 2

3.3　Quartus Prime 22.1 的基础应用

　　Quartus Prime 提供了完整的多平台设计环境,可以轻松地满足所有阶段的 FP-GA、CPLD 和 SoC 设计需求。软件内部集成了设计输入、逻辑综合、布局布线、仿真验证、时序分析、器件编程等关键工具。Quartus Prime 各版本的界面区别不大,下面以 Quartus Prime 22.1 为例详细介绍。

　　打开 Quartus Prime 22.1 后默认的主界面视图如图 3-27 所示。

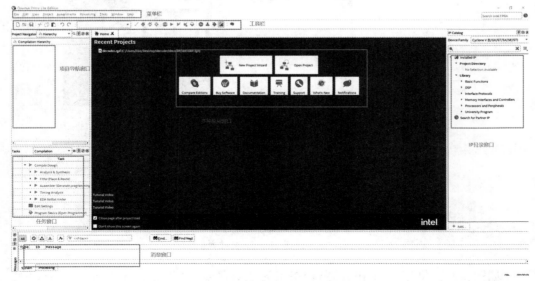

图 3-27　Quartus Prime 22.1 主界面

该视图也可通过点击菜单栏的 View→Utility Windows 选项来显示或隐藏某窗口，改变主界面的结构。下面以默认主界面从上至下依次介绍。界面的顶部是标题栏，标题栏下方为菜单栏。

菜单栏包括了文件设置、工程设置、视图设置等选项，能够提供 Quartus Prime 软件支持的大部分操作和命令。

工具栏将常用的一些命令以图标的形式显示出来，例如新建文件、打开文件、保存、引脚绑定（Pin Planner）、下载（Programmer）等，这些命令虽然都能够通过菜单栏设置，但是通常需要连续点击两级或三级菜单，单列到工具栏中便于用户频繁调用，提升开发效率。用户只需把鼠标放在某个图标上，便可自动显示出与该图标关联的命令。

项目向导窗口主要用于项目管理，提供项目管理所需的关键项目信息的视图化访问，包括层次结构、文件、设计单位、修订和 IP 组件等选项卡，可显示当前项目的不同视图，并提供用于修改项目的命令或进一步显示有关项目的更多详细信息。

任务窗口显示 EDA 工具对项目开发的处理过程，例如分析、综合、布局布线等流程的实施进度、花费时间和是否成功的提示等。

消息窗口显示开发过程中的详细处理信息，例如综合结果、编译结果、错误信息等。

多种应用窗口是日常应用的主要窗口，可进行设计输入、testbench 文件编辑、RTL 图查看等。

应用 Quartus Prime 进行设计时，将每个逻辑电路或数字系统称为项目（Project）。随着项目开发进程，将产生一系列文件，因此需要在开发某项目前指定一个文件夹用于存储项目设计过程中产生的一些中间文件。在设计开始前，须创建一个文件夹并指定目录。

下面通过一个名为"decoder"的工程来简要介绍 Quartus Prime 22.1 的设计流程。该工程是设计一个 3-8 译码器，下板验证方案是通过 DE1-SoC 开发板上的滑动开关控制 3 个输入端口的高低电平变化，观察 8 个输出端口接开发板的 LED 灯的亮灭情况，从而验证电路是否符合 3-8 译码规则。

3.3.1　创建工程

新建工程有两种方式。方式 1：点击菜单栏 File→New Project Wizard。方式 2：点击多种应用窗口中的 New Project Wizard。任选一种方式，点击后出现工程新建向导窗口，如图 3-28 所示。点击 Next 进入下一步设置。

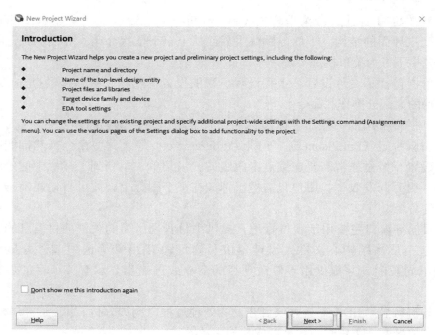

图3-28　工程新建向导窗口

第一步，设置工程的存储路径、工程名称及顶层文件名称。首先，在图3-29所示的界面中设置工程存储目录，此处注意路径必须为英文路径，否则会导致工程无法正常打开。随后，在图示位置填写工程名称和顶层文件名，一般情况下，建议工程名称和顶层文件名相同，填写完毕后，点击Next进入下一步。

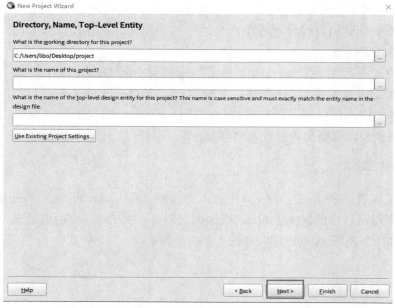

图3-29　存储路径、工程名称及顶层文件名称设置界面

第二步，选择工程文件类型，选择空文件Empty project，点击Next，如图3-30所示。

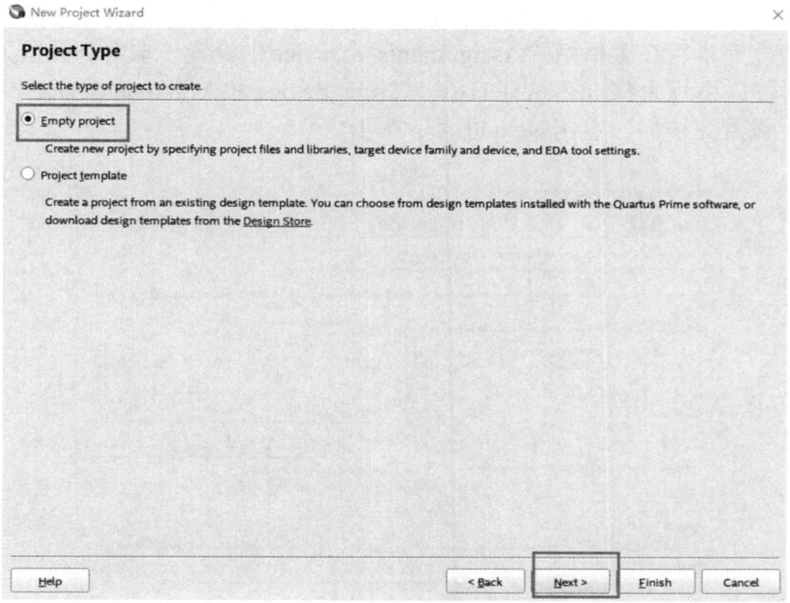

图3-30 文件类型设置界面

第三步，设置工程中的文件，如图3-31所示。此处可将已有的工程文件预先添加设计文件至工程中，也可选择跳过，在工程建立完毕后再添加。如需添加已有的工程文件，可先点击…选择路径，选中文件后点击Add或Add All添加。本案例是新建一个设计文件，此处点击Next直接跳过。

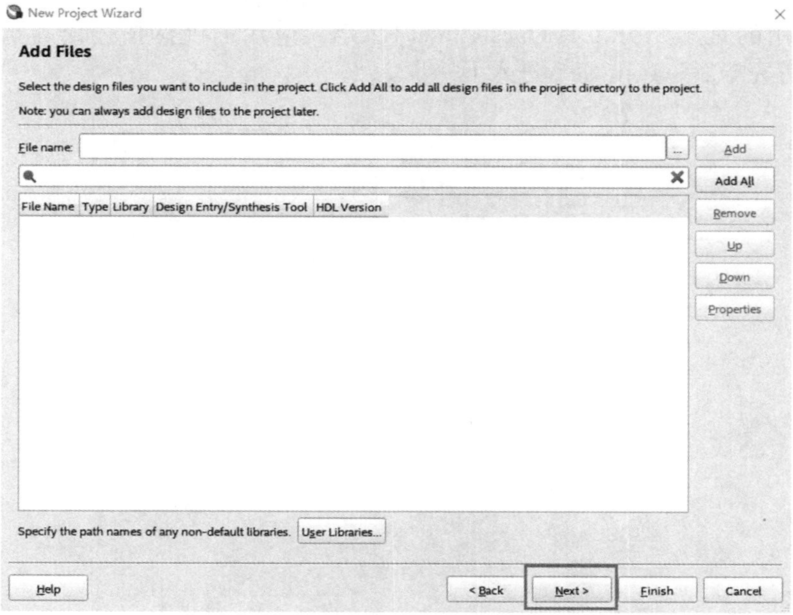

图3-31 文件添加视图

第四步，设置FPGA器件。可在此页面设置工程后续程序下载的FPGA器件型号，如果暂时没有下板验证的计划也可直接点击Next进入下一步，后续需要设置时再在工程建立完毕后在菜单栏的Assignments→Device中设置。本案例设置为DE1-SoC的FPGA器件，型号为5CSEMA5F31C6。Target device和Available devices中设置如图3-32所示。设置完毕后，点击Next进入下一步。

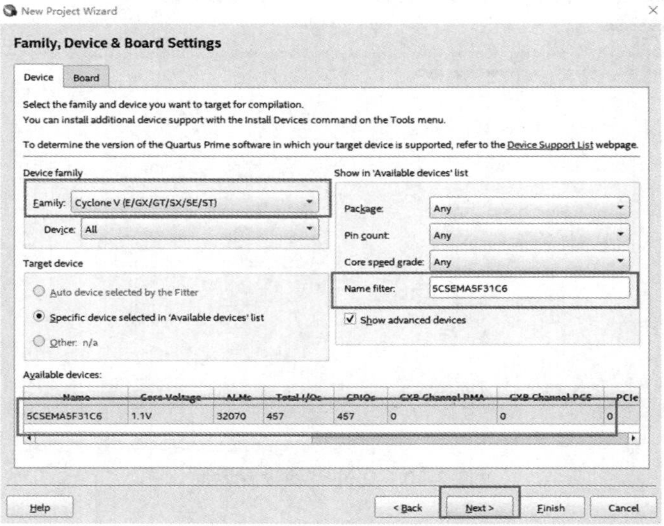

图3-32　器件设置视图

第五步，设置第三方EDA工具。在图3-33所示的页面中选择综合、仿真、板级时序分析等步骤用到的工具。如果不做选择，系统默认为<None>，表示直接使用Quartus Prime软件集成的工具，也可以选择使用兼容的第三方工具，本案例中仿真工具选用的是第三方工具Questa Intel FPGA，应用的硬件描述语言选择Verilog HDL。设置完毕后，点击Next进入下一步。

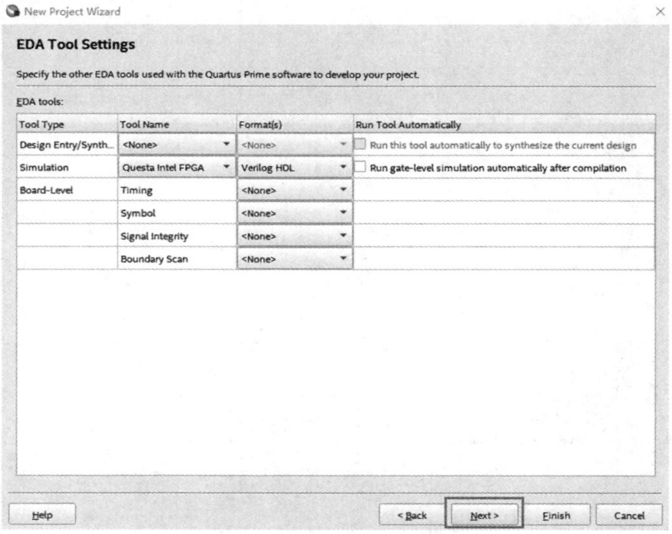

图3-33　EDA工具设置页面

第六步，确认工程信息。图3-34显示了新建项目的摘要信息，认真核对无误后点击Finish完成工程创建。

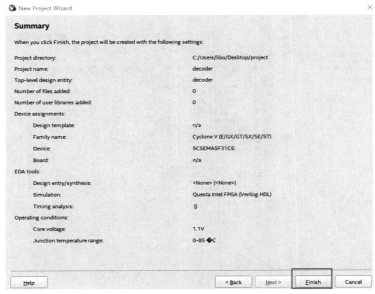

图3-34　Summary界面

3.3.2　设计输入

本书实验都是基于Verilog HDL，此处需要新建一个Verilog HDL文件。新建设计文本文件可通过三种方式。方式1：点击菜单栏File→New…。方式2：点击快捷工具栏的▯图标。方式3：通过快捷键Ctrl+N。任选一种方式都可弹出如图3-35所示的界面。在Design Files选择Verilog HDL File，点击OK完成新建。

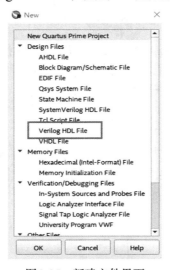

图3-35　新建文件界面

文件新建完成后生成一个空白的设计文件，此时可在多种应用窗口位置编辑输入，如图3-36所示。

图3-36　添加设计输入界面

此处添加的是基于Verilog HDL的3-8译码器，注意工程名与设计文件中的module名须保持一致，编辑完毕后保存。保存的方式有三种。方式1：点击快捷工具栏的图标保存。方式2：点击菜单栏的File→Save。方式3：通过快捷键Ctrl+S。

3.3.3　综合

完成综合编译有三种方式。方式1：点击菜单栏的Processing→Start Compilation。方式2：单击快捷工具栏的▶图标。方式3：双击Task窗口的Compile Design。任选一种方式完成综合编译，如图3-37所示。

图 3-37 完成综合编译

完整的综合编译通常比较耗时，在不确定设计输入是否可综合成功的情况下可直接双击 Task 窗口中 Compile Design 下的 Analysis&Synthesis 模块，仅对设计文件进行语法检查、设计规则检查和逻辑综合。如果综合失败，软件下方的消息窗口会提示错误或警告信息，按照提示修改代码后重新综合，直至消息窗口中提示综合成功信息，如图 3-38 所示。

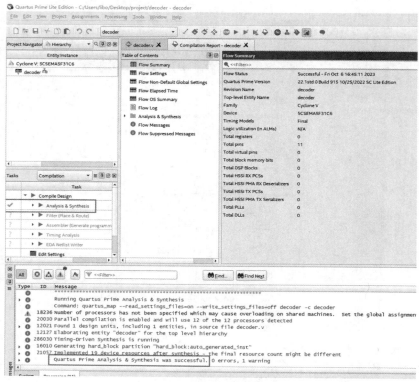

图3-38　综合成功示意图

综合成功后，可通过RTL Viewer观察顶层文件生成的对应的寄存器传输级电路，以辅助检查电路功能是否达到设计要求。具体操方法：点击菜单栏的Tools→Netlist Viewers→RTL Viewer路径，图3-39为上一步设计输入的3-8译码器的RTL电路图。

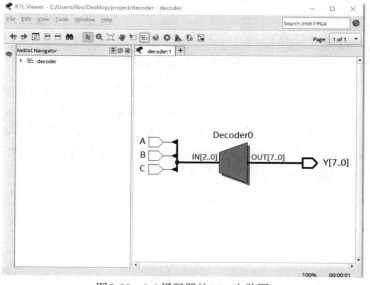

图3-39　3-8译码器的RTL电路图

3.3.4　仿真

在仿真进行之前，需要先设置仿真环境，点击菜单栏的Assignments→Settings，进入设置界面配置相关参数，包括器件的温度和电压、EDA工具、前仿真和后仿真过程的配置、时序分析等。点击左侧的EDA Tool Settings→Simulation，显示如图3-40所示的页面。

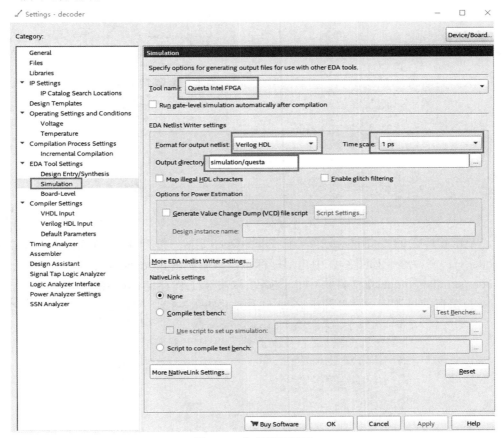

图3-40　仿真设置界面

通过该界面设置仿真工具、仿真时间、仿真文件等信息。参照图3-40，将设置改为与矩形框标示的部分一致。此处设置仿真工具为Questa Inter FPGA，Test Bench模板使用Verilog HDL编写，保存路径为simulation/questa。设置完毕后点击Processing→Start→Start Test Bench Template Writer，系统将自动生成Test Bench文件模板，如图3-41所示，在矩形框标示的消息窗口中可看到生成的Test Bench文件模板decoder.vt的路径。

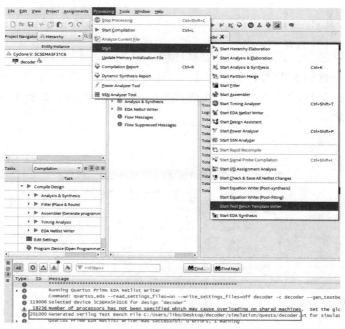

图 3-41　生成 Test Bench 界面

　　点击工具栏的  图标或菜单栏 File→Open File，打开生成的 Test Bench 文件 decoder.vt，文件路径如图 3-41 中矩形框标示。本案例的 decoder.vt 位于 C 盘桌面上的 decoder/simulation/questa 文件夹中，该路径取决于工程存储的路径，因此需要查看 Message 窗口的具体提示。打开 decoder.vt 后界面如图 3-42 所示。

图 3-42　Test Bench 模板

图 3-42 中标示的矩形框内可添加测试代码，代码修改后保存。完成的 Test Bench 文件无法直接应用到仿真中，需要进一步设置。点击 Assignments→Settings，出现如图 3-43 所示的界面，在左侧 EDA Tool Settings 下拉菜单中点击 Simulation，在右侧框图的 NativeLink settings 栏选中 Compile test bench，单击图中标示的 Test Benches…按钮，在弹出的对话框中进一步设置仿真信息。选择刚才编辑完毕的 Test Bench 所在的路径，然后点击 OK 完成设置。

图 3-43　Test Bench 文件设置 1

上一步完成后，弹出如图 3-44 所示对话框。

图 3-44　Test Bench 文件设置 2

点击New…按钮，弹出 New Test Bench Settings 对话框，如图 3-45 所示。

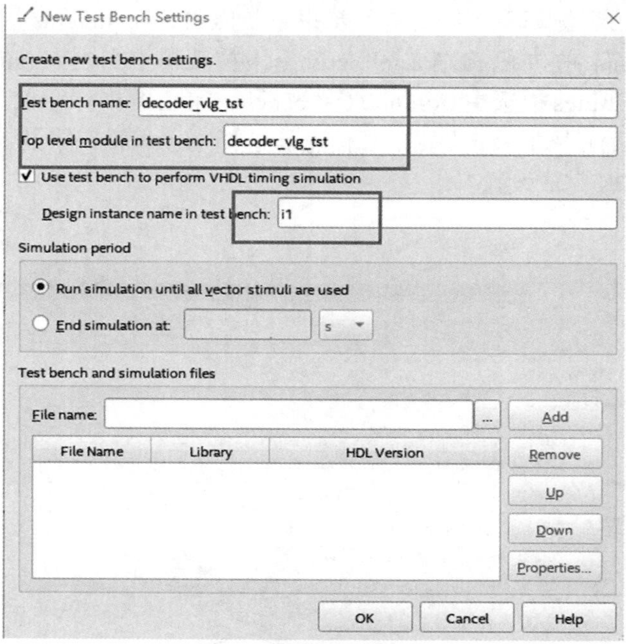

图 3-45　Test Bench 文件设置 3

在如图 3-45 所示的输入框中设置测试模块名称，勾选 Use test bench to perform VHDL timing simulation 选项，在下方输入框内设置 decoder 模块在 Test Bench 中的例化名称，此处填写的模块名必须与生成的测试模板中的模块名一致，如图 3-46 所示。

图 3-46　模块名称示例图

点击图 3-47 中 File name 右侧的 图标，选择应用于测试的 Test Bench 文件，点击 Add，再点击 OK 完成 New Test Bench Settings 设置。

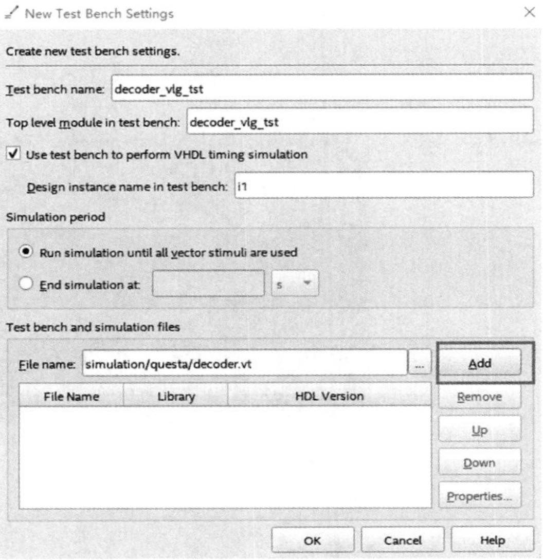

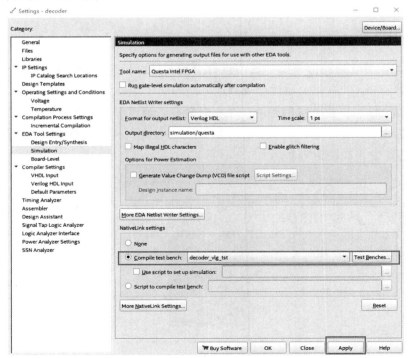

图 3-47　Test Bench 文件设置 4

上一步完成后，出现如图 3-48 所示的界面，图 3-48 中的 Existing settings for each test bench 窗内已经按刚才的设置生成了一个测试模块。

图 3-48　Test Bench 文件设置 5

核对无误后点击OK退出。最后按图3-48提示点击Apply和OK完成Test Bench文件设置。设置完毕后可以开始功能仿真并观察仿真结果，点击菜单栏Tools→Run Simulation Tool→RTL Simulation开始仿真。仿真完毕后呈现如图3-49所示的波形图。

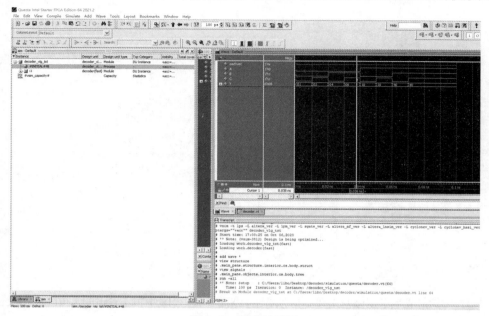

图3-49　仿真波形图

3.3.5　引脚分配

数字设计通过功能仿真后，还需进行下板验证。下板验证是将设计的数字逻辑电路下载到FPGA开发板上运行，观测该电路的功能是否与设计需求相符，并且测试该电路的稳定性。下板验证的第一步是引脚分配，通过引脚分配，将电路与FPGA的板载资源连接起来。本书的实验都在DE1-SoC上验证，将3-8译码器下载至DE1-SoC的FPGA芯片中，如图3-50所示。

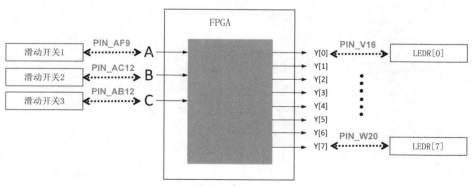

图3-50　3-8译码器下板验证示意图

为了便于观测电路的实际运行情况，3-8译码器下板后，输入、输出引脚需要与DE1-SoC的板载资源连接。此处，A、B、C三个输入分别与3个滑动开关连接，Y[0]～Y[7]8个输出分别与8个LED灯连接。

分配引脚前，需要先确认设置目标器件为FPGA主芯片Cyclone V系列的5CSE-MA5F31C6。目标器件可在创建工程时设置。如需重新设置或更改，可根据图3-51所示，双击左上角矩形框的Cyclone V：5CSEMA5F31C6设置。

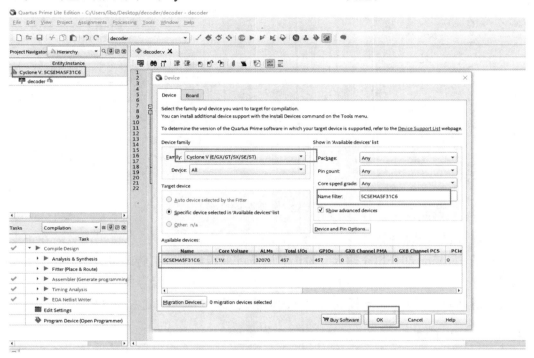

图3-51　芯片设置界面2

图3-51中，在Family处选中Cyclone V系列，在Name filter中输入型号5CSE-MA5F31C6，完成芯片型号选择后单击OK。完成器件选择后，按图3-52配置引脚，具体的管脚信息详见2.5.1和2.5.2小节，滑动开关0～滑动开关2的引脚配置见表2-6，LED[0]～LED[7]的引脚配置见表2-7。

进入管脚配置界面的方法有两种。方法1：通过菜单栏依次点击Assignments→Pin Planer。方法2：单击快捷工具栏图标。任意选择一种方法点击后，即可弹出如图3-52所示的界面。

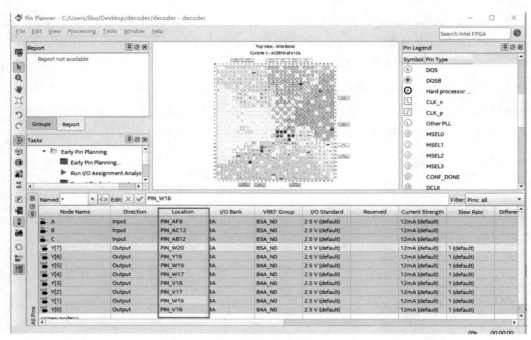

图 3-52　管脚分配界面

　　该界面已自动根据目标器件和数字逻辑设计填充大部分信息，用户只需在矩形框标示的 Location 部分填充输入、输出管脚分配的板载资源引脚即可。例如管脚 A 在 3.2.2 小节中设计为 3-8 译码器的输入引脚，此处 Location 分配为 PIN_AF9 引脚，代表将 A 与滑动开关 2 绑定，下板成功后，拨动滑动开关 2 即可改变 A 的电平变化。

3.3.6　编程下载

　　管脚配置成功后，对工程进行完整的综合，可双击 Tasks 窗口的 Compile Design，也可点击快捷工具栏的 ▶ 图标，待 Quartus 自动综合成功后，可看到如图 3-53 所示的矩形框标示界面。Task 窗口会显示编译综合过程中每个步骤花费的时间，综合失败则不会显示时间，且失败的步骤将以红色字体提示。此处需要注意，仿真时的编译综合并不需要完整的综合，但编程下载前的综合必须是对工程完整的综合，并生成下载到目标器件上的文件。

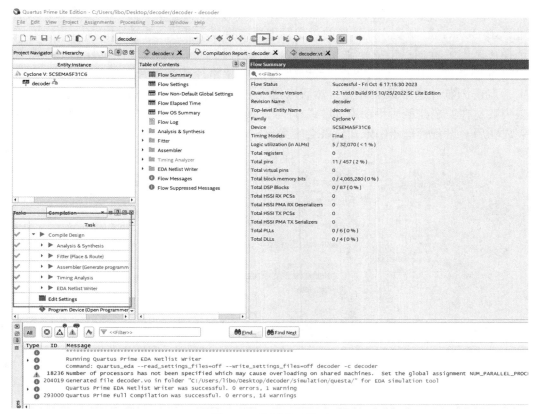

图3-53 编译成功界面

编译成功后，进入下板验证环节。开发板接电源，并用USB下载线连接PC与开发板，如图3-54所示。

图3-54 DE1-SoC硬件配置图

按图3-54所示检查连线后，轻按红色开关按钮为开发板上电。若此前没有安装过USB-Blaster Ⅱ驱动，计算机的设备管理器中将显示插入一个未知设备。鼠标右键选择该未知装置，点击更新驱动程序软件。在弹出的窗口中选择浏览计算机以查找驱动程序软件。用户可以在Quartus Prime的安装路径找到\drivers\usb-blaster-ii文件夹，点击浏览并选中该文件夹，然后点击下一步安装这个装置的驱动（此处如果安装失败，在安装路径后手动添加"\"符号，具体路径设置参考图3-55所示）。驱动安装成功后，设备管理器中未知设备会变为usb-blaster-ii。

图3-55　usb-blaster-ii驱动安装

单击Quartus主界面的Programmer按钮，进入程序的下载界面。驱动安装成功后，按照图3-56标示选择DE-SOC，然后确认所用开发板型号，模式选择JTAG后单击Close退出。

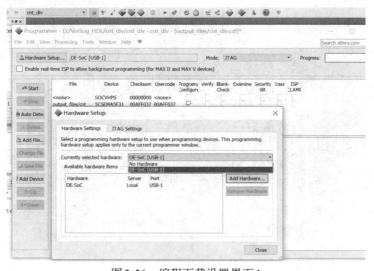

图3-56　编程下载设置界面1

确认以后单击Auto Detect，在弹出的对话框中选择芯片型号5CSEMA5，然后点击OK，如图3-57所示。

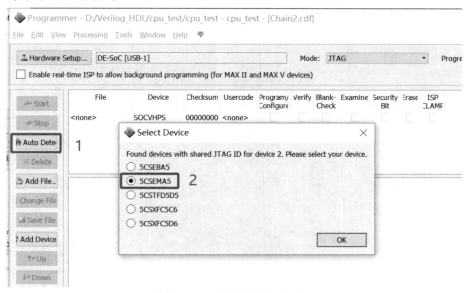

图3-57　编程下载设置界面2

右键单击File窗口下的空白处，选择Change File，在弹出的路径窗口选择工程存储路径中的output_files文件夹，选择对应工程的.sof文件后，单击Open退出，如图3-58所示。

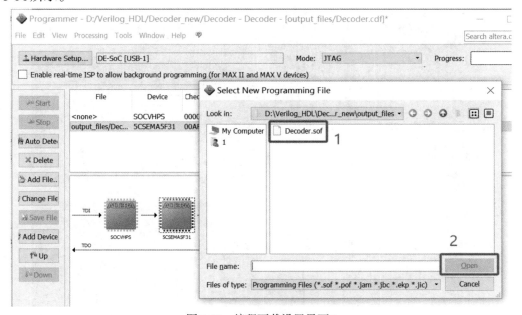

图3-58　编程下载设置界面3

完成以上步骤后，勾选sof文件后的Program/Configure选项，然后点击左侧的Start按键，如图3-59所示。下板成功后，将在右侧Process处显示100%（Successful）。

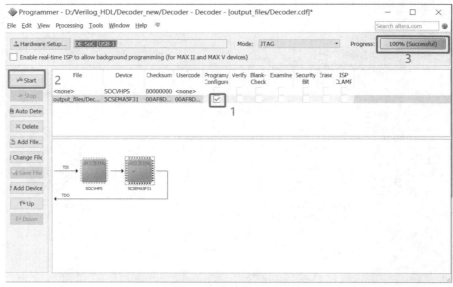

图3-59　编程下载设置界面4

观察开发板，板上LED[0]灯亮起，拨动SW[0]、SW[1]、SW[2]改变输入A、B、C的值，观察LED灯亮起的位置是否根据3-8译码规律变化，验证设计的3-8译码器。图3-60中拨码开关代表输入100，对应LEDR[4]亮起。

图3-60　开发板实拍图（3-8译码器下载成功）

3.4 测试平台

本节将介绍如何对设计进行测试，重点介绍用Verilog语言设计激励文件的方法以及如何分析与激励对应的输出波形。

Verilog测试平台（Test Bench或Test Fixture）是例化的待测Verilog模块，用于为Verilog语言编写的模块施加激励。测试平台的示意图如图3-61所示。

首先，在测试平台中实例化需要测试的待测模块，并定义激励向量。待测模块和与之对应的测试平台组成一个仿真模型。然后，将产生的激励输入待测模块中观察其输出响应。最后，对比实际输出和预期输出，判断设计是否达到预期。Verilog测试平台是一个用Verilog语言描述的模块，可以应用到不同的仿真环境中，并且在切换测试平台时也能兼容，因而应用广泛。

图3-61 测试平台的示意图

3.4.1 Test Bench 的结构

本书应用的Verilog测试平台为Test Bench，由开发环境Quartus Prime自动生成.vt格式的模板。图3-62为3-8译码器的示例工程decoder生成的Test Bench模板。

不同的待测模块对应不同的Test Bench模块，但是其结构和对应的设计规范基本相同。Quartus Prime根据设计文件生成的Test Bench模板已经固化了Test Bench的大体结构，包括时间尺度预编译设置、模块申明、模块例化、测试激励几个部分。

文件首行代码的'timescale用于设置仿真时间单位和时间精度，使用格式如下：

'timescale <时间单位>/<时间精度>

例如，图3-62的'timescale 1ps/1ps表示仿真时间单位和时间精度都为1ps。

时间尺度预编译设置后进行模块申明、变量申明和模块例化。Test Bench中的Verilog模块通常没有输入、输出端口，因此模块申明中没有涉及输入、输出端口的申明。Quartus自动生成的Test Bench模块名称为XXX_vlg_tst，XXX随待测模块名字不同而改变。例如，decoder的Test Bench模块名称为decoder_vlg_tst。Test Bench申明的变量与待测模块的输入、输出端口相对应，待测模块input端口对应的变量应申明为reg型，output端口对应的变量应申明为wire型。

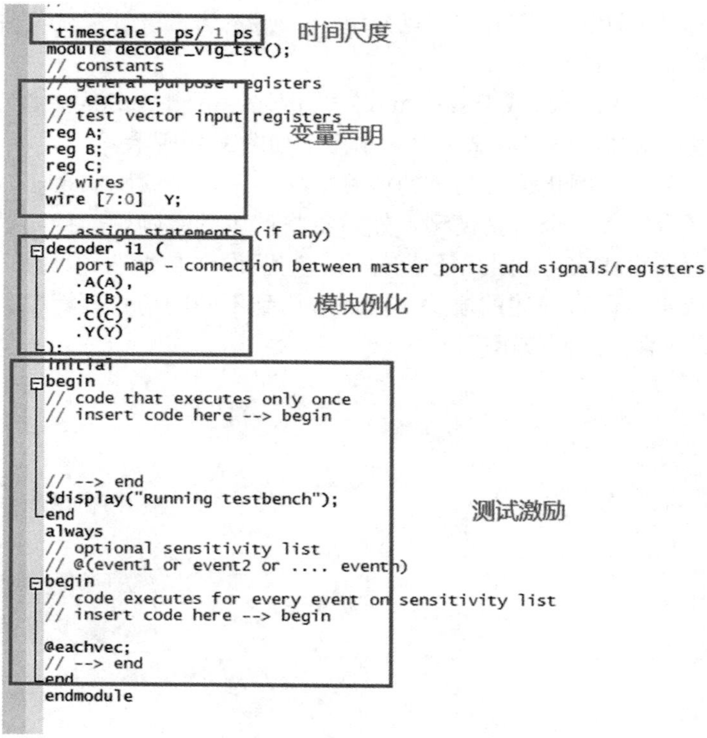

```
`timescale 1 ps/ 1 ps          时间尺度
module decoder_vlg_tst();
// constants
// general purpose registers
reg eachvec;
// test vector input registers
reg A;                          变量声明
reg B;
reg C;
// wires
wire [7:0]  Y;

// assign statements (if any)
decoder i1 (
// port map - connection between master ports and signals/registers
  .A(A),
  .B(B),                        模块例化
  .C(C),
  .Y(Y)
);
initial
begin
// code that executes only once
// insert code here --> begin



// --> end
$display("Running testbench");
end
always
// optional sensitivity list                  测试激励
// @(event1 or event2 or .... eventn)
begin
// code executes for every event on sensitivity list
// insert code here --> begin

@eachvec;
// --> end
end
endmodule
```

图3-62   3-8译码器的Test Bench模板

模块例化部分用于将Test Bench申明的变量与待测模块的输入、输出端口相关联，因此在实例化待测模块时应该将待测模块定义的输入、输出端口与Test Bench中申明的变量一一对应。

图3-62中最下方矩形框线内的过程块用于生成待测模块的激励，每个Test Bench文件内可以只有一个过程块，也可以有多个过程块。常用的过程块有initial过程块和always过程块，每个initial过程块内的语句只执行一次，always过程块由事件激发反复执行。所有过程块都是并行关系，因此每个initial和always块都会在仿真开始时同时开始运行。

3.4.2   测试激励的设计

基于Quartus生成的Test Bench模板已涵盖Test Bench的基本结构，设计者只需编写测试激励部分即可（图3-63矩形框部分）。待测模块的结构和功能决定了激励的设置。不同的设计者可能设计不同的测试方案，因此测试激励代码也不同。但测试思路基本相同，即将电路所有可能的输入组合分时段输入待测模块中，查看对应的输出是否符合预期。为了代码的易读性、可移植性和易调试，本书推荐Test Bench的激励部分参照图3-63中的框架编写。

```
initial
begin
task_sysinit;
task_reset;
task_stop;
repeat(2)@(posedge clk);
$stop;
end
```
激励主体部分

```
task task_sysinit;
begin
stop = 1'b0;
end
endtask
```
系统初始化

```
task task_reset;
begin
rst_n = 1'b0;
repeat(2)@(posedge clk);
rst_n = 1'b1;
end
endtask
```
系统复位

```
task task_stop;
begin
repeat(9)@(posedge clk);
stop = 1'b1;
repeat(2)@(posedge clk);
stop = 1'b0;
end
endtask
```
功能测试

图 3-63　Test Bench 的激励部分结构示意图

图 3-63 的 Test Bench 用于 5.2 节中的流水灯电路，激励由系统初始化、系统复位、功能测试三个主要部分构成。激励主体部分首先进行系统初始化，对模块的输入 stop 赋初值，然后控制复位信号 rst_n 执行一次完整的复位，最后设置其他激励进行功能测试。需要注意的是，若在复位时设置的复位时间过短，将导致电路无法正常复位。3 个 Task 分别编写和调用，有利于代码的调试，便于梳理代码逻辑，也能防止遗漏初始化或复位的情况。对于功能测试部分，可按设计模块的不同功能划分为几个 Task 进行测试。设计宗旨是覆盖电路某功能的所有可能的输入情况。由于只有一个停止功能需要测试，因此在任务 task_stop 中测试了流水灯完整运行一个周期后突然按下停止然后过两个时钟周期后再松开的情况。

结合输出的仿真波形图，判断输出是否符合预期。如果发现波形图的输出与预期不符，则需要返回设计文件中查找问题；如果全部相符，则说明设计模块的功能与设计要求相符，可以进行后续开发。图 3-64 为图 3-63 的 Test Bench 生成的仿真波形图。该图表示流水灯电路在复位后按计划由 S0 状态向 S7 状态依次跳转，按下 Stop 按钮后电路停在原状态，直至松开按钮后电路才重新开始状态的跳转。

图 3-64　对应生成的仿真波形图

时序电路的测试涉及时钟与输入数据的同步，因此需要编写时钟发生器。本书后续的 Test Bench 都以图 3-65 所示的形式编写时钟发生器，通过改变 PERIOD 得到不同频率的时钟发生器。

```
parameter PERIOD = 20;
initial
begin
clk = 1'b0;
forever #(PERIOD/2)
 clk = ~clk;
end
```

图3-65 用always过程块产生时钟周期信号

图3-65中PERIOD为20，相当于对仿真时钟进行20次计数，得到占空比为50%的时钟周期信号。可以用always代替forever，如果需要产生确定周期数的时钟信号，可以用repeat语句，不管用哪一种方式产生时钟信号，一定要为时钟信号赋初值，例如图3-65中就在initial过程块中设置了clk=0。若clk为不确定值，则无论如何取反都无法得到占空比为50%的时钟周期信号。

大多数数字系统都会设置复位信号，因此在测试时需要相应的复位激励。当待测模块是异步复位时，设置激励不用考虑时钟的影响，而同步复位时需要考虑复位信号与时钟的关系。同步复位在异步复位的基础上根据时钟有效信号产生复位信号，此时的复位信号有效时段需要足够长，例如系统是时钟下降沿触发时，复位信号的有效时段应至少覆盖某个时钟下降沿并且保持一段时间，否则很可能无法触发系统的复位操作。

3.5 仿真工具

3.5.1 界面介绍

ModelSim是Mentor Graphics公司（2016年被西门子股份公司收购）开发的HDL语言的仿真软件，该软件可以用来实现对设计的VHDL、Verilog HDL或是两种语言混合的程序进行仿真，同时也支持IEEE常见的各种硬件描述语言标准。类似的HDL仿真软件还有很多，例如VCS、NC-Verilog、NC-VHDL等。FPGA开发一般使用FPGA厂家提供的集成开发环境，集成开发环境大多自带仿真功能，但是自带的仿真器功能往往比不上专业的仿真工具，因此发展出针对各种FPGA集成开发环境的第三方仿真工具，如ModelSim AE（Altera Edition）、ModelSim XE（Xilinx Edition）等。Quartus Prime设有第三方仿真工具接口，可以直接调用其他EDA公司的仿真工具，极大地提高了EDA设计的水平和质量。

ModelSim有几种不同的版本：ModelSim SE（全功能版）、ModelSim PE（个人版）、ModelSim LE（Linux版）和ModelSim OEM。而OEM版本就是集成在FPGA厂家设计工具中的版本，它们专门和某个厂家的FPGA配套使用，如本系列实验中用到的仿真工具Questa就是专门为Intel FPGA的器件定制的简化版本，集成了特定的库文件，使用简单方便。

打开Questa后默认的主界面视图如图3-66所示。

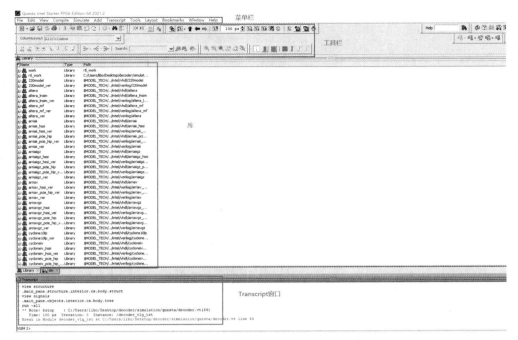

图3-66 Questa Intel Starter FPGA Edition 主界面

下面以图3-66所示的默认主界面从上至下依次介绍。界面的顶部是标题栏，标题栏下方为菜单栏。菜单栏包括文件设置、编辑设置、视图设置、编译设置、仿真设置等选项，能够提供Questa软件支持的大部分操作和命令。工具栏把常用的一些命令以图标的形式显示出来，例如新建文件、打开文件、保存等，这些命令虽然都可以在菜单栏找到，但是通常需要连续点击两级或三级菜单，单列到工具栏中便于用户频繁调用，提升开发效率。用户只需把鼠标放在某个图标上，便可自动显示出与该图标关联的命令的名字。库用于存放已经编译好的设计单元（Design Unit）。库分为两种，一种是工作库（work），存放当前设计文件编译后产生的设计单元，编译前必须先创建好工作库，每次编译只允许有一个工作库。默认的工作库是（work）。另一种是资源库（resource），存放着所有可以被当前编译操作调用的已经编译过的设计单元。Transcript窗口记录用户在Questa中使用的每个操作步骤以及Transcript窗口的命令行控制。代码运行时产生的Error和Warning提示也通过该窗口显示。由于界面有限，该窗口默认情况下比较小，一些关键信息需要滚动翻看。

3.5.2 应用流程

步骤1：配置路径。

软件安装完毕后，如果需要在EDA工具中直接调用第三方仿真工具，需要指定仿真工具的默认的路径。配置方法：点击菜单栏的Tools→Options，打开设置，如图3-67所示。

基
于
FPGA
的
数
字
逻
辑
系
统
实
验
教
程

图 3-67　打开软件设置

选择 General→ EDA Tool Options，在最后一项 Questa Intel FPGA 中指定安装路径。如果路径索引不成功，可在原路径末尾加一个斜杠"/"，如图3-68所示。

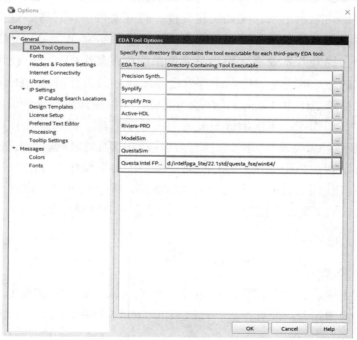

图 3-68　配置Questa路径

步骤2：启动Questa。

参考3.3.4小节的仿真设置，新建一个工程，并在工程中添加verilog设计文件myled.v和仿真文件testbench.vt。此时需要对仿真进行设置并关联仿真文件，点击菜单栏Assignment→ Settings打开项目设置。在左侧选择EDA Tool Settings→ Simulation，然后Tool name选择ModelSim-Altera，语言选择Verilog HDL。NativeLink settings选第二个，点击Test Benches按键。在Test Benches对话框中点击New...，打开test bench settings设置界面，在settings中第一行Test Bench name是仿真名，第二行是仿真模块名，两行都填写仿真模块名即可。在File name处添加仿真文件，点击...打开文件选择器，选中仿真文件testbench.vt，点击Open打开，然后点击Add选中添加。添加后可在File name下方的白色对话框中见到添加的文件。最后依次点击OK关闭保存各个设置即可。

步骤3：Quartus Prime与Questa的联合仿真。

点击菜单栏的Tool→ Run Simulation Tool，显示两个选项，第一个RTL Simulation为RTL级仿真，即功能仿真，不包含仿真的门级延迟，可以验证模块的功能正确性。第二个Gate Level Simulation为门级仿真，仿真时可以看到各个信号的传输延迟。选择第一项启动RTL仿真，自动打开Questa。启动后的Questa界面如图3-69所示。

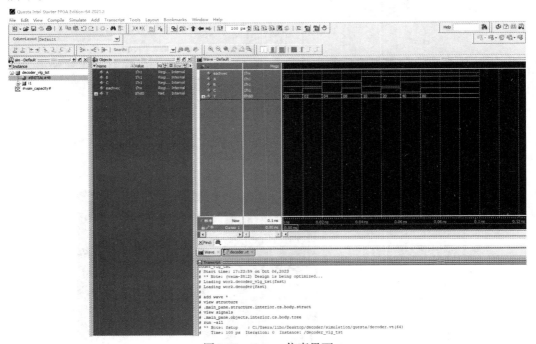

图3-69　Questa仿真界面

如果未在Test Bench文件中添加停止仿真的语句，Questa将默认一直处于仿真的状态，此时点击仿真操作工具栏的Stop红色按键可停止当前仿真。

3.5.3 调试技巧

1. 清除仿真信息并重新仿真

点击Restart，可清除上次的仿真信息，如图3-70所示。

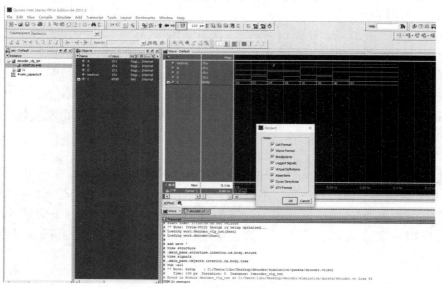

图3-70 重新仿真设置界面

重新仿真前，须对更改后的文件进行编译。首先在Library视图中找到work库，展开显示创建的.v文件。选中文件（可以多选）后右键点击Recompile重新编译，如图3-71所示。

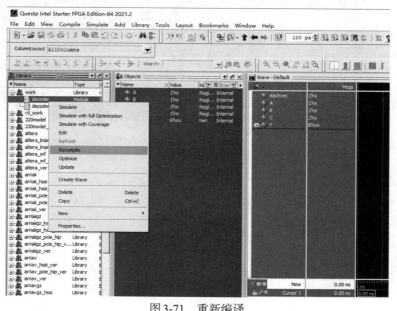

图3-71 重新编译

如果文件有语法错误或者仿真配置有问题，错误或警告的提示信息可通过Transcript框查看。按提示修改直至Transcript对话框中没有错误或警告提示后，在Library的work库中，右键点击创建的.vt测试文件，选择simulation进行仿真，如图3-72所示。

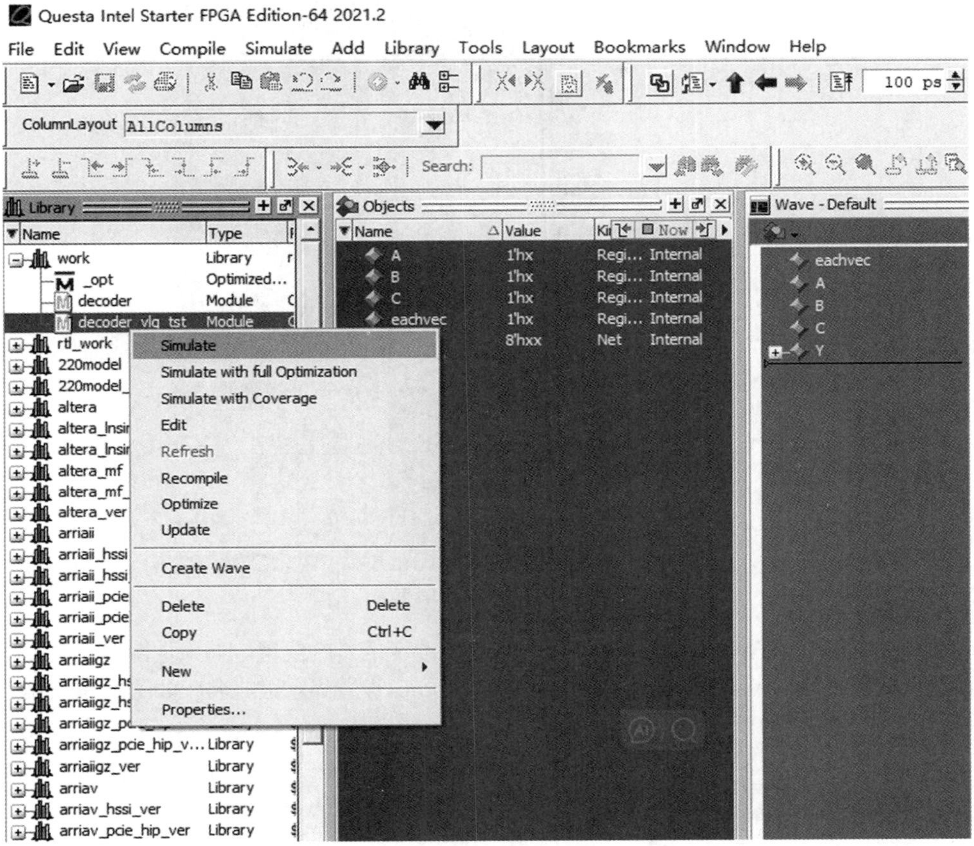

图3-72　重新仿真模式设置示意图

3. 添加信号和删除信号

默认情况下，Wave视图只显示模块输入、输出端口信号，如果需要查看模块内部信号，可以根据需要选择添加。在sim视图中选中Test Bench文件，即可在Objects视图中显示创建的Test Bench文件内的所有信号。用户只需右键选中待观察的内部信号，然后点击Add Wave即可将该信号添加至Wave窗口，如图3-73所示。也可选中待测信号后，使用快捷键Ctrl+W添加信号。

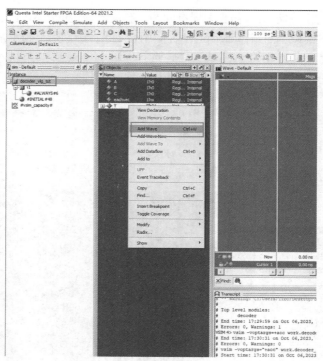

图 3-73　添加信号

添加信号后可在Wave视图中拖动信号名字来改变信号的位置。如果觉得名字太长，还可以通过菜单栏Wave→ Format→ Toggle Leaf Names设置显示缩略名，如图3-74所示。

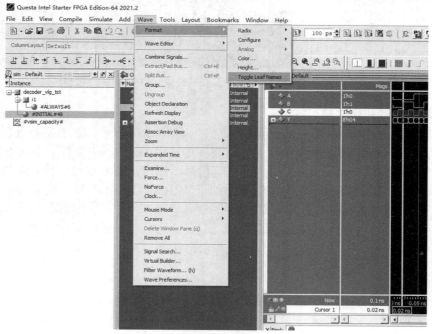

图 3-74　调整波形窗口中的信号名称显示

对于不需要观测的信号，可以右键选中该信号后，选择Edit→ Delete删除，如图3-75所示。

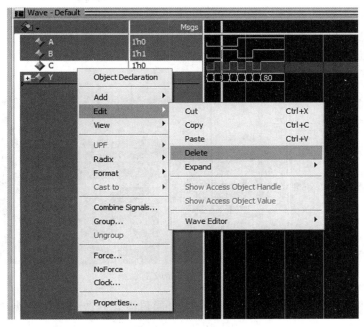

图3-75 删除信号

4. 仿真界面设置

仿真界面的设置主要依靠如图3-76所示的仿真工具栏。

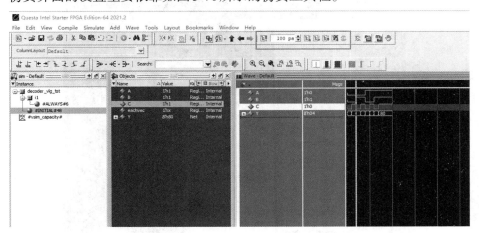

图3-76 ModelSim的仿真操作工具箱

图3-76中仿真操作工具栏的矩形框内共有7个图标（从左到右）：第一个是Restart，用于重新仿真；第二个用于设置单次仿真时长，这里设置为100 ns；第三个是Run，点击后仿真运行一次，每次运行时长为第二个框中的时长；第四个是Continue Run，即继续仿真，仿真暂停后可以点它继续；第五个是 Run All，即一直运行，不

停止；第六个是 Break，即暂停仿真；第七个是 Stop，停止仿真。

在信号区滑动滑轮可以对信号时间轴进行放大和缩小，但这种操作方式有时难以调整到恰好需要的比例，用户可通过波形缩放工具箱来完成更为精准的缩放操作。在仿真工具栏右下方有四个放大镜图标，从左到右分别对应放大，缩小，全局缩小和鼠标处放大的功能，如图3-77所示。

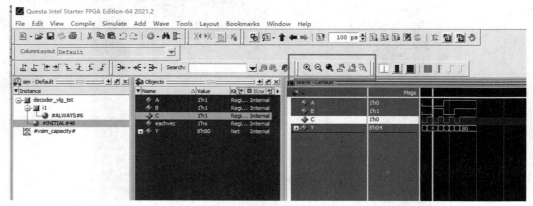

图3-77　波形缩放工具箱

Wave窗口的数据默认以二进制显示，可通过设置修改信号的数据格式。例如信号led需以十六进制显示，右键选中led信号Radix→Hexadecima，即可将其改为十六进制显示，如图3-78所示。

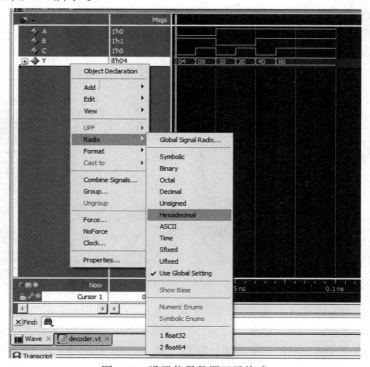

图3-78　设置信号数据显示格式

如果需要修改波形的颜色和名字等信息，可右键点击该信号，选中 Properties 进行修改。例如修改颜色可以选择 View→WaveColor，选择喜欢的颜色即可，如图 3-79 所示。

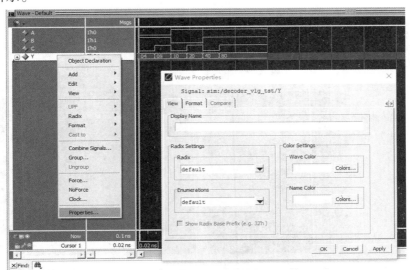

图 3-79　信号属性设置

为了便于分析，有时候需要将信号分组，例如观察 {A，B，C} 构成的一组信号，用户可以按住 Ctrl 键多选，选中这些信号后右键点击 Group，输入任意名称和高度，点击 OK 即可，如图 3-80 所示。

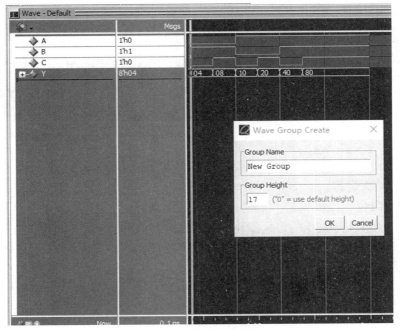

图 3-80　对信号进行分组

5. 其他功能介绍

快速跳转功能可以快速找到观测点。选中需要观测的信号后，点击图3-81矩形框中相应的图标即可跳转到相应的位置，例如跳转至上升沿或下降沿等。

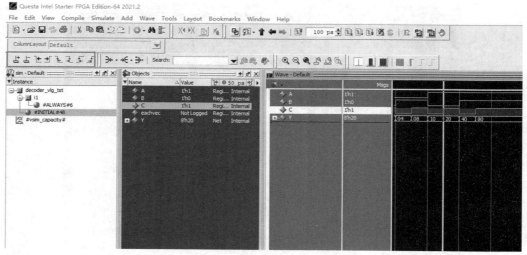

图3-81　信号跳转

在Questa中，电路模块仿真也可以像单片机那样进行单步调试。先点击Restart，清除本次仿真信息，然后点击图3-82中的矩形框区域调试。该区域包含各个单步调试工具图标，例如从左到右第1个图标为步入的快捷方式，第2个是单步跳过，第3个是步出。

图3-82　单步调试工具栏

点击第1个图标，Questa自动弹出代码界面,箭头所指为当前执行的代码，再点几次，代码依次运行。

5. 常用命令

Questa能够使用指令的形式操作，如编译，仿真等。用户可直接在Transcripts窗口中输入指令，如图3-83所示。在使用图形界面操作时，下面的Transcripts窗口也会显示对应的命令。

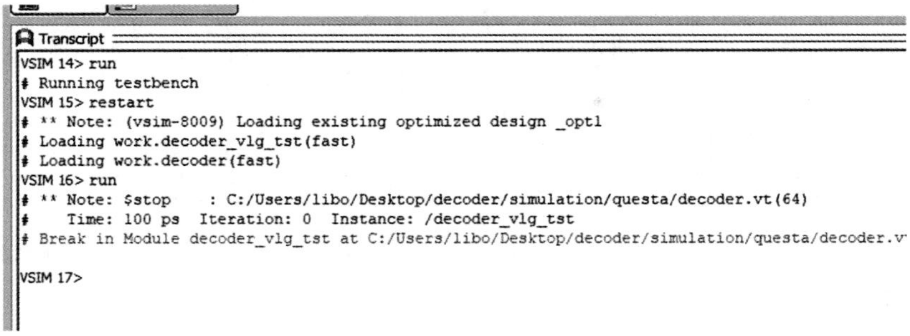

```
Transcript
VSIM 14> run
# Running testbench
VSIM 15> restart
# ** Note: (vsim-8009) Loading existing optimized design _optl
# Loading work.decoder_vlg_tst(fast)
# Loading work.decoder(fast)
VSIM 16> run
# ** Note: $stop    : C:/Users/libo/Desktop/decoder/simulation/questa/decoder.vt(64)
#    Time: 100 ps  Iteration: 0  Instance: /decoder_vlg_tst
# Break in Module decoder_vlg_tst at C:/Users/libo/Desktop/decoder/simulation/questa/decoder.v

VSIM 17>
```

图 3-83　Transactions 命令窗口

以下为一些常用的指令。

运行仿真：vsim work.实体名，例如 vism work.testbench。

打开波形窗口：view wave。

为波形窗口添加信号：add wave -hex *，这里的*表示添加设计中所有的信号，-hex 表示以十六进制来表示波形窗口中的信号值。

运行仿真：run 3μs，表示仿真 3μs。

重新仿真：restart。

继续仿真：run-continue。

持续仿真：run-all。

退出仿真：quit-sim。

3.6　Signal Tap 逻辑分析仪

3.6.1　简介

Signal Tap 逻辑分析仪是系统级调试工具，主要用于分析数字系统的检测和故障诊断问题，是数据域测试中一种非常有效的测试工具。嵌入式逻辑分析仪利用 FP-GA 内部资源构建嵌入式逻辑分析工具，可有效降低由仪器数量、实验环境、时间等制约因素带来的影响。它集成在 Quartus Prime 软件中，可以捕获和显示实时信号，是一款功能强大且极具实用性的 FPGA 片上调试工具软件。Signal Tap 可选择需捕获的信号、捕获的触发方式以及捕获的数据样本深度，并配合 Quartus Prime 软件显示实时数据。

用户可通过定义一个或多个 Signal Tap 嵌入式逻辑分析实例启用逻辑分析仪的功能。通过 Signal Tap 嵌入式逻辑分析仪的图形用户界面或 Intel FPGA IP 的 HDL 实例，可对 Signal Tap 实例进行配置。Signal Tap 嵌入式逻辑分析仪的结构示意图如图 3-84 所示。

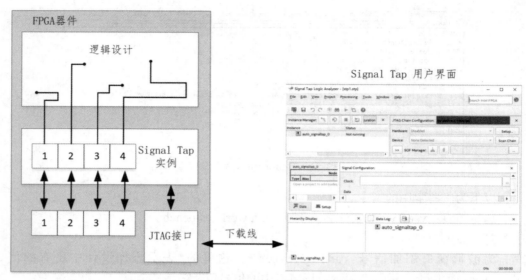

图3-84 Signal Tap嵌入式逻辑分析仪结构示意图

综合完成后，用户可将工程的设计以及Signal Tap实例下载至目标器件中，并通过Signal Tap嵌入式逻辑分析仪的图形用户界面观测预先配置的逻辑分析测试结果。其中，数据捕获与Signal Tap嵌入式逻辑分析仪的图形用户界面交互都是通过JTAG进行的。Signal Tap嵌入式逻辑分析仪的图形交互界面如图3-85所示。

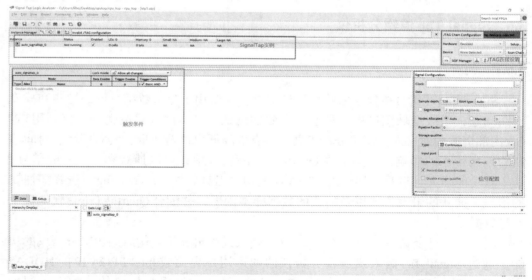

图3-85 Signal Tap界面

位于左上的Signal Tap实例框显示实例相关信息。Instance Manager旁的按钮可进行实例管理，如开始运行和结束运行。对话框用于显示Signal Tap实例的状态，如资源使用情况等。右上区域的JTAG连接设置用于硬件检测与显示以及工程配置文件的选择与加载。左下区域的触发条件设置区用于设置Signal Tap触发条件以及显示捕获波形，包括添加待观测节点信号、设置信号触发条件、删除节点信号等。用户双击触发条件设置区域的任意空白处即可打开添加信号界面。添加信号后即可设置触发条件。右下区域的信号配置区域可配置采样时钟，采样深度，采样模式等信息。

Signal Tap 可在单个设备上配置多个信号分析仪并在多个时钟域同时捕获数据，也能在一个 JTAG 连接中配置多个设备以同时在多个设备上捕获数据。Signal Tap 支持每个实例至多 10 个触发条件的设置。用户可将复杂的数据捕获命令发送到逻辑分析仪，更灵活、准确地捕获并分析信号。表 3-1 展示了 Signal Tap 的关键功能。

表 3-1 Signal Tap 关键功能

功能	作用
单个器件中的多个逻辑分析仪，或单个链中的多个器件	同时从多个时钟域和多个设备捕获数据
每个分析仪实例最多 10 个触发条件	将复杂的数据捕获命令发送到逻辑分析仪，获得更高的准确性和问题隔离
上电触发	在器件编程之后、手动启动逻辑分析仪之前发生的触发捕获信号
自定义触发器 HDL 对象	在 Verilog HDL 或 VHDL 中定义自定义触发器，并在设计层次结构中挖掘模块的特定实例，无须手动路由所有必要的连接
基于状态的触发流程	设置触发条件，精确定义数据捕获
灵活的缓冲采集模式	精确控制写入采集缓冲区的数据。丢弃与设计调试无关的数据样本
MATLAB* 与 MEX 函数的集成	将 Signal Tap 捕获数据收集到 MATLAB 整数矩阵中
集成 RTL 模拟器	轻松创建一组节点以获取设计层次结构，观察 RTL 模拟器中的所有内部信号状态。自动创建 Test Bench 允许您将采集的 Signal Tap 数据直接注入 RTL 模拟器
每个逻辑分析仪实例多达 4,096 个通道	采样多信号和宽总线结构
每个实例最多 128K 个样本	为每个通道捕获一个大样本集
高时钟频率	使用驱动被测逻辑的相同时钟树同步采样数据节点
与其他调试工具兼容	将 Signal Tap 逻辑分析器与任何基于 JTAG 的片上调试工具(例如系统内存储器内容编辑器)结合使用，以实时更改信号值
浮点显示格式	• 单精度浮点格式 IEEE754 Single(32 位) • 双精度浮点格式 IEEE754 Double(64 位)

Signal Tap 嵌入式逻辑分析仪的调试流程如图 3-86 所示。

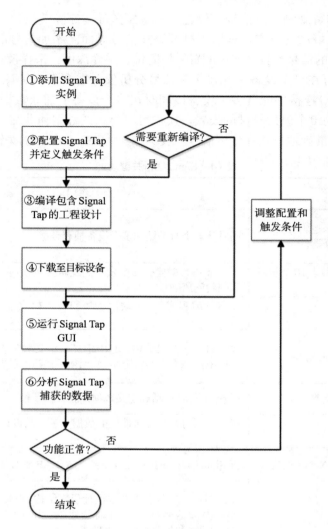

图 3-86　Signal Tap 调试流程图

首先，添加 Signal Tap 实例到编译通过的待测工程中。然后，配置 Signal Tap 以及触发条件。接着，重新编译包含 Signal Tap 的工程设计并将其下载到目标器件。最后，在 Quartus Prime 中运行 Signal Tap 捕获并分析待测信号。如果由于 Signal Tap 的触发条件、采样等配置不当导致波形异常，可从图 3-86 中步骤②开始重新进行配置。若观察到功能异常出现 Bug，则需修改源工程设计文件，并从步骤③开始重复 Signal Tap 调试流程直到功能正常。下面详细介绍每个步骤的操作流程。

1. 添加 Signal Tap 实例至工程设计

打开 Quartus 后，在菜单栏中，选择 Tools→Signal Tap Logic Analyzer，打开 Signal Tap 嵌入式逻辑分析仪的图形工作界面，如图 3-87 所示。

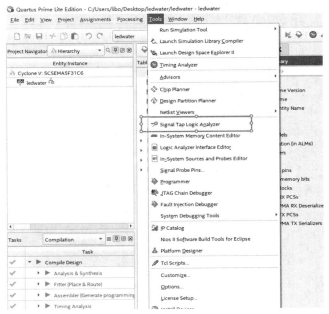

图 3-87　打开 Signal Tap

2. 添加待测信号

在节点列表和触发条件区域的 Setup 标签页中双击空白处，打开 Node Finder 窗口用于添加待测信号，如图 3-88 所示。

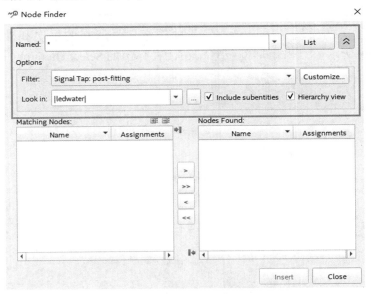

图 3-88　添加待测信号窗口

红框的选项用于筛选信号，一般用得较多的是 Named、Filter 和 Look in，下面分别介绍这三个选项。Named 是通过信号名称筛选信号，默认为"*"，表示跳过名称筛选。假设已知输入时钟的名称为 clk，在选项框中输入 clk，点击 List， Node Found 列表中将列出名称为 clk 的信号，如图3-89所示。

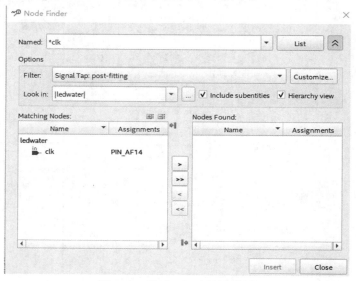

图3-89　通过Named筛选信号

Filter 根据信号类型筛选信号，常用 pre_synthesis 和 post-fitting。pre-synthesis 代表综合前的信号，与 Verilog 设计中存在的信号最为贴近。post-fitting 则添加了综合优化、布局布线之后的一些信号，与设计电路的物理结构最贴近。

Look in 可将信号筛选锁定在某个层次和模块中进行。比如一个复杂的工程包含多个不同层次的模块，用户寻找信号前锁定信号所在的层次和模块可提升效率。如图3-90所示，点击矩形框位置按钮，在弹出的 Select Hierarchy Level 对话框中选择即可。

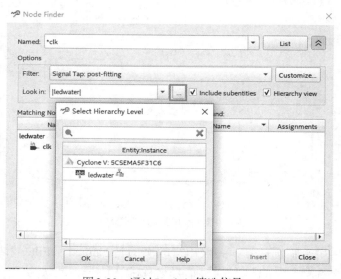

图3-90　通过Look in筛选信号

信号筛选完毕，通过 Nodes Found 和 Matching Nodes 两个列表框选中待测信号。Nodes Found列表框用于展示筛选后的所有信号。Matching Nodes列表框展示所有将被添加的信号。在Matching Nodes列表框中单击某个信号代表选中信号，双击可将该信号直接添加到Nodes Found列表框中。在 Nodes Found 列表框中双击信号可将其删除。此外，也可通过两框之间的4个按键进行信号添加、删除工作，如图3-91所示。

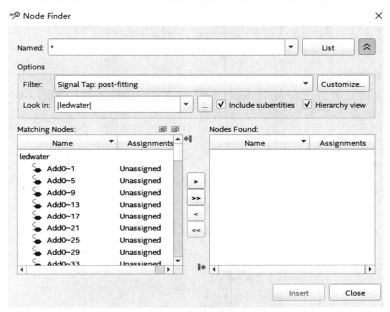

图3-91 添加、删除待测信号

3. 选择采样时钟

点击图3-92中矩形框所示的图标，弹出 Node Finder 对话框。

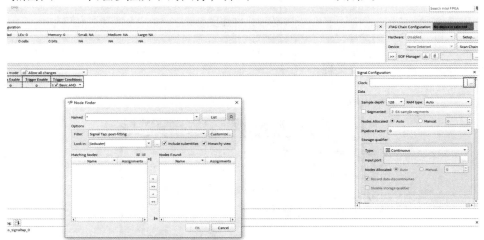

图3-92 打开Node Finder对话框

采样时钟信号的添加与待测信号的添加类似，选中某个信号作为采样时钟，点击OK。如图3-93所示，此时Clock栏显示 clk 信号已被添加。

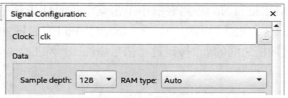

图3-93　采样时钟的添加

4. 设置采样方式

采样深度的设置位于Sample depth 选项处，单位为样点数，如图3-94所示。例如 Sample depth设置为128，代表采样深度为128，即可采128个样点的信号。

图3-94　采样深度设置

采样模式分为分段采样和非分段采样（也叫循环采样）。图3-95所示为非分段采样在信号触发后进行连续采样。

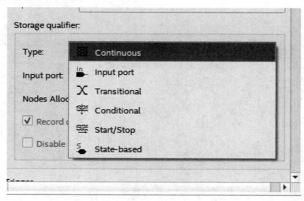

图3-95　采样模式设置

用户勾选 Segmented，则代表执行分段采样，将采样深度分为 N 段，信号每触发一次则采样一段长度的数据，连续触发 N 次直至完成采样深度中设置的所有采样点的采样为止。在该方式下，用户需选择采样的段数及每段长度，如图3-96所示。

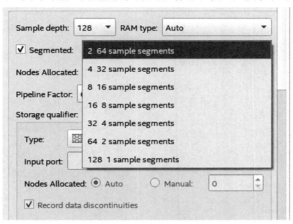

图3-96　分段采样模式设置

5. 设置触发方式

触发方式的设置包括触发流程控制（Trigger Flow Control）、触发位置（Trigger Position）和触发条件（Trigger Conditions）。下面分别介绍这三项。

触发流程控制分为 Sequential（顺序的）和 State-based（基于状态的）两种，State-based 用于较复杂的触发控制，一般信号分析选择 Sequential 即可。

触发位置分为前端触发（Pre）、中间触发（Center）和后端触发（Post），它决定了信号触发点在整个采样数据中的位置。

触发条件最多可设置10个，以 Sequential 控制触发为例，有多个触发条件时，其工作原理如下：对于非分段采样，先判断第1个触发条件是否满足，若满足则跳到第2个触发条件等待判断；若不满足则继续等待，直至判断满足最后一个触发条件，系统才正式开始捕获信号。对于简单的信号分析，1个触发条件已经足够。触发条件的类型分为 Basic、Comparison 和 Advanced，如图3-97所示。

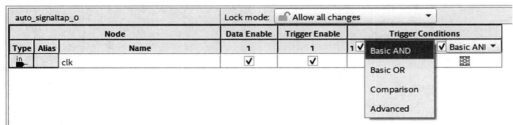

图3-97　触发设置

通常选择 Basic 即可。Basic AND 指表中所有信号都同时满足触发条件时触发信号捕捉。6种触发条件如图3-98所示。

图 3-98　触发条件设置

Don't care表示此信号的值不影响触发条件，Low 表示低电平触发，Falling Edge 表示下降沿触发，Rising Edge 表示上升沿触发，High 表示高电平触发，Either Edge 表示有变化时触发。

3.6.2　应用案例

本小节以简化CPU的信号捕获为例讲解Signal Tap工具的应用。

1. 新建 Signal Tap 实例

打开简化CPU的工程并依次选择Tools→Signal Tap Logic Analyzer打开Signal Tap 窗口，如图3-99所示。

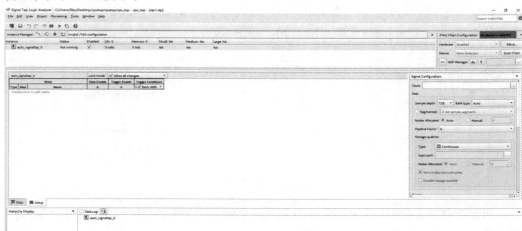

图 3-99　Signal Tap 窗口

2. 添加待测信号

在节点列表和触发条件区域的Setup标签页中双击空白处，打开Node Finder窗口用于添加待测信号。如图3-100所示。

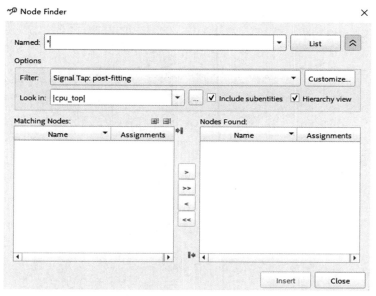

图3-100 Node Finder窗口

此处通过Look in选择查找模块为cpu_top，确定查找范围。然后双击信号选择cpu_top模块中的输入（in）、输出（out）、复位信号（ExternalReset）和aluout信号。如图3-101所示。

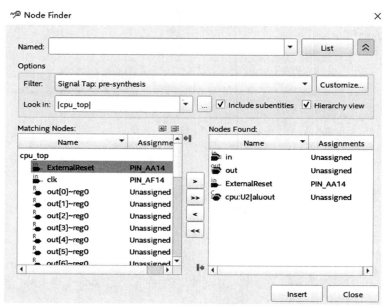

图3-101 选择待测信号

3. 设置 Signal Tap 时钟

在如图 3-102 所示的 Signal Configuration 面板中单击 Clock 右侧的···图标，打开 Node Finder 窗口，在 Filter 处选择 Signal Tap：pre-synthesis。

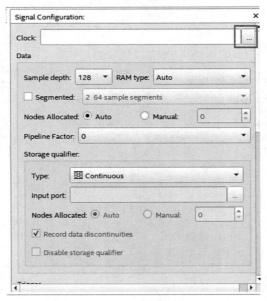

图 3-102　配置时钟

单击 List 即可找到需要的时钟信号。双击选中 PLL 分频输出时钟后，单击 OK，如图 3-103 所示。

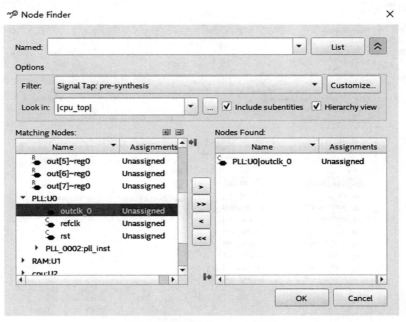

图 3-103　选择 Signal Tap 时钟

4. 设置采样方式

通过设置不同的采样深度可以观察不同时间区间的待测信号,深度越大,观察的时间区间越长,同时消耗的资源越多。此处深度选择2K。具体的采样方式设置如图3-104所示。

图3-104　采样方式设置

5. 设置触发条件

Signal Tap支持设置触发信号的不同触发条件,如边沿、电平、逻辑与或非等。此处由于待测的信号较为简单,设置触发条件为Don't care,如图3-105所示。

auto_signaltap_0		Lock mode:	🔓 Allow all changes		▼
Node		**Data Enable**	**Trigger Enable**	**Trigger Conditions**	
Type	**Alias**	**Name**	33	33	1☑ Basic AND ▼
in		⊞ in[7..0]	☑	☑	XXh
out		⊞ out[7..0]	☑	☑	XXh
in		ExternalReset	☑	☑	🔲
		⊞ cpu:U2|aluout[15..0]	☑	☑	XXXXh

图3-105　设置触发条件

6. 编译工程

配置好Signal Tap后连接开发板,根据Signal Tap提示重新编译工程。

7. 下载程序

编译完成后,用USB Blaster连接开发板与PC,然后打开Signal Tap将.sof文件通过JTAG下载到可编程逻辑器件中。此时JTAG连接设置部分如图3-106所示,深色矩形框部分显示没有发现器件。

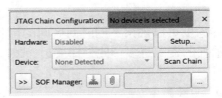

图 3-106　JTAG 区展示

在 Hardware 中选择对应的 USB Blaster，图 3-106 中深色矩形框的部分变为 JTAG ready，如图 3-107 所示。

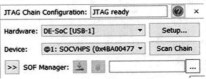

图 3-107　JTAG 区展示

此时可显示 Device 栏的内容，如果仍然没有发现 Device，可点击右侧 Scan Chain 图标。然后点击图 3-108 中矩形框，添加.sof 文件。

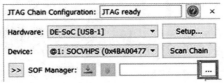

图 3-108　添加.sof 文件

在 SOF Manager 中选择.sof 文件并下载到板卡中。也可以选择 Programmer 编程板卡。下载完成，Signal Tap 进入准备采样状态。

8. 采样

选择采样实例，此处为默认命名实例 auto_Signal Tap_0。点击矩形框标示的 Run Analysis 开始采样分析，如图 3-109 所示。

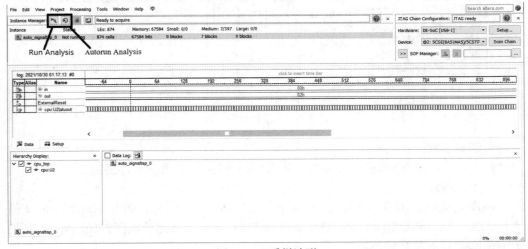

图 3-109　采样波形

信号波形显示于 Data 窗口，可左、右键点击放大、缩小视图以便观察。点击 Instance Manager 的 Autorun Analysis 可以实时显示抓取的波形，图 3-110 为放大后的波形截图。

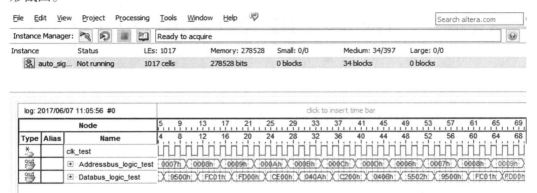

图 3-110 放大后的波形截图

传统的调试通常采用逻辑分析仪分析信号。逻辑分析仪操作复杂，初学者在使用时难度较大，通常只能在实验室中经专人指导使用，且在设计时要求开发者预留一定数量的 FPGA 引脚作为测试引脚。图 3-111 为 Agilent 16801A 逻辑分析仪测试该简化 CPU 的地址（address）和数据（data）。

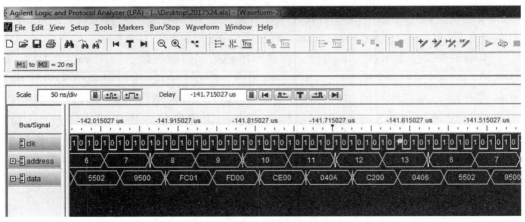

图 3-111 Agilent 16801A 测试简化 CPU

经过比对，图 3-111 中的波形与 Signal Tap 测试的一致。对于简单的应用，嵌入式逻辑分析仪在调试性能、价格及效率方面都具有一定优势。

## 第4章

Verilog HDL 设计的抽象级别与层次

在 Verilog 设计中，Verilog 模型可以是实际电路中不同级别的抽象。这些抽象级别可分为以下 5 级：

（1）系统级（System Level）。

（2）算法级（Algorithm Level）。

（3）寄存器传输级（Register Transfer Level）。

（4）门级（Gate Level）。

（5）开关级（Switch Level）。

系统级、算法级和寄存器传输级属于较为抽象的高级别描述方法。门级通过逻辑门描述电路结构的方式进行建模。开关级通过晶体管的连接关系描述器件或模块。数字系统的逻辑设计工程师通常需要熟练掌握系统级、算法级、寄存器传输级和门级建模，而电路基本部件库设计工程师则需要熟练掌握开关级描述，应用用户自定义元件（User Defined Primitivers）建立器件的底层模型。

本书主要关注系统级、算法级、寄存器传输级和门级建模。应用 Verilog HDL 描述电路，可采用的建模方法有：门级结构建模、数据流描述建模以及行为级建模。本章将介绍上述三种电路描述方法，并通过基础的组合逻辑电路和时序逻辑电路的 Verilog 设计与仿真，对比门级结构建模和行为级建模，便于读者了解不同的 Verilog 设计方式。4.4 和 4.5 两节将介绍多层级设计常用的模块实例化设计和流水线设计。

4.1　门级结构描述建模

门电路是用于实现基本逻辑运算和复合逻辑运算的单元电路。在数字逻辑设计中，本质上是通过电路结构，即基本逻辑门（或模块）以及它们之间的连接关系描述电路。通过基本逻辑门描述电路的方式被称为门级结构描述建模。Verilog HDL 中共有 26 个基本元件，包括 14 个门级元件和 12 个开关级元件。本节着重介绍如何用 Verilog HDL 描述几种常用的门。表 4-1 列出了 8 种基本门电路的原语名称、图形符号和逻辑表达式，表中多输入门皆默认为 2 个输入端口。

表4-1　基本门电路的详细描述

门类型关键字	图形符号	逻辑表达式	门类型关键字	图形符号	逻辑表达式
and		out=in1&in2	nand		out=~(in1&in2)
or		out=in1|in2	nor		out=~(in1|in2)
xor		out=in1^in2	nxor		out=~(in1^in2)
buf		out=in	not		out=~in

Verilog HDL 提供了通过关键字直接建模门电路的方法，门声明语句的一般引用格式如下。

> 多输入门：门类型关键字 <实例引用名> （输出1,输入1,…,输入N）；
> 多输出门：门类型关键字 <实例引用名> （输出1,…,输出N,输入1）；

门类型关键字在 Verilog HDL 中共有 26 个，此处只在表4-1 中列出常用的 8 种，其他关键字可查阅相关语法手册。门类型关键字是设计者为该门电路设置的名字。括号里定义的是输出和输入端口，在多输入门的建模中首先定义输出端口，然后定义输入端口，只允许有一个输出端口，可以允许同时存在多个输入端口。在多输出门的建模中则允许多个输出端口，括号内最后一个端口为唯一的输入端口。

调用两输入与门的语句如下。

> and A1（out,in1,in2）

调用两输出缓冲器的语句如下。

> buf B1（out1,out2,in）

门级结构描述建模能够直接观测电路的底层实现，电路结构和延时信息都能直接掌握，但对于复杂的大型电路设计而言，结构过于复杂，设计和搭建的效率都会很低，容易出错且不方便排查。门级结构描述建模的具体应用将在后续的建模实例中演示。

4.2　数据流描述与行为级建模

在描述同一个电路模块时，数据流描述与行为级建模和门级结构描述建模不同。数据流描述与行为级建模不关心电路模块内部的组成结构和关系，直接用硬件描述语言描述电路模块的逻辑功能。

1. 数据流描述

数据流描述使用持续赋值语句构建电路，通常用于简单的组合逻辑电路。数据流描述建模通常需要先将电路的功能描述抽象为具体的逻辑表达式，然后再利用持续赋值语句搭建电路，具体流程如图4-1所示。

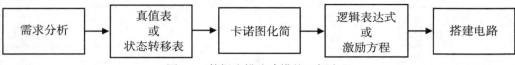

图4-1　数据流描述建模的一般流程

首先对建模的电路进行需求分析，组合逻辑电路将功能描述转化为具体电路接口的输入、输出关系，并基于关系绘制电路的真值表。纯组合逻辑电路理论上根据真值表即可得到电路的逻辑表达式，但此时的逻辑表达式并非最简，根据该表达式综合的电路可能会造成资源和效率的浪费。在输入端口数量不多时，利用卡诺图化简可有效解决该问题。数据流描述的格式如下。

> assign LHS_net = RHS_expression

只要得到待设计模块的逻辑表达式，即可通过数据流描述该模块。例如，已知二选一数据选择器的逻辑表达式为 $y = sd_1 + \bar{s}d_0$。其中，y 为输出，d_1 和 d_0 为两个输入。s 为数据选择的控制端口。用数据流描述建模的Verilog代码如下。

```
module mux_2to1(y,d0,d1,s);
    output y;
    input d0,d1;
    input s;

    assign y=(s&d1)|((~s)&d0);

endmodule
```

2. 行为级建模

基于行为和功能对逻辑电路进行描述的方式被称为行为级建模。行为级建模直接用条件语句、循环语句、块语句等高级程序语句描述电路模块的逻辑功能。相较于门级结构描述建模，行为级建模简化了门级结构建模从真值表到搭建电路的过程，通过EDA工具把比较抽象的行为描述自动转化为门级电路的描述。行为级建模在设计时只关心硬件描述语言对于电路模块的行为和功能描述是否准确，而不再关心电路模块的门电路结构、逻辑表达式化简、布局布线等搭建过程和细节，这些工作通常由EDA工具中的综合器（synthesis tool）完成。

相较于门级结构描述，数据流描述和行为级建模都属于抽象层次较高的电路描述方法。数据流描述构建输入、输出关系简单的组合逻辑电路时易于表达。行为级描述相较于复杂的电路结构图更直观易懂，而且省去了繁杂的电路内部构造和搭建的过程，效率更高，成熟的仿真测试验证平台也大大提升了电路调试和验证的效率，但EDA工具自动转化的电路结构使得电路延时和实际运行效果需要进一步测试和验证。行为级建模方式不推荐初学者直接使用，经验不足时应用抽象层次较高的电路描述方法可能产生不可综合的电路。后续将用几个例子讲解如何分别用门级结构描述建模和行为级建模构造基础的组合逻辑电路和时序逻辑电路。

4.3 不同描述风格的设计示例

4.3.1 数据选择器

数据选择器又称多路选择器或多路开关，是多输入、单输出的组合逻辑电路，由数据通道选择信号控制选取多路输入中的某一路数据作为输出。数据选择器在数字系统中应用广泛，下面介绍2选1数据选择器和8选1数据选择器的逻辑设计、仿真和下板验证。

1. 电路功能描述

（1）2选1数据选择器

2选1数据选择器有3个1 bit输入端口和1个1 bit输出端口，图形符号如图4-2所示。d_0和d_1是两个数据输入端口，s是数据通道选择控制端口，y为输出端口。

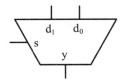

图4-2　2选1数据选择器的图形符号

电路的真值表见表4-2。当s为0时，输出端口y将输出d_0的数据；当s为1时，输出端口y将输出d_1的数据。根据真值表画出卡诺图，化简得到逻辑表达式为 $y = s \cdot d_1 + \bar{s} \cdot d_0$。

表4-2　2选1数据选择器真值表

输入			输出
s	d_1	d_0	y
0	0	0	0
0	0	1	1
0	1	0	0
0	1	1	1
1	0	0	0
1	0	1	0
1	1	0	1
1	1	1	1

根据逻辑表达式画出由与、或、非三种门电路组成的逻辑图，如图4-3所示。

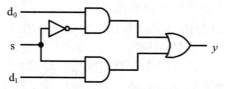

图4-3　2选1数据选择器电路结构图

（2）8选1数据选择器

8选1数据选择器有8个1 bit的输入端口、3个1 bit的数据通道选择控制端口和1个1 bit输出端口，图形符号如图4-4所示。$d_0 \sim d_7$为数据输入端口，$s_0 \sim s_2$为数据通道选择控制端口，y为输出端口。

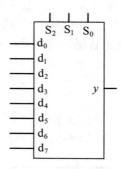

图4-4　8选1数据选择器的图形符号

电路的真值表见表4-3。当$s_2s_1s_0$为000时，输出端口y将输出d_0的数据；当$s_2s_1s_0$为001时，输出端口y将输出d_1的数据，输出按照$s_2s_1s_0$的变化规律改变。得到逻辑表达式为 $y = \overline{s_0}\overline{s_1}\overline{s_2}d_0 + s_0\overline{s_1}\overline{s_2}d_1 + \overline{s_0}s_1\overline{s_2}d_2 + s_0s_1\overline{s_2}d_3 + \overline{s_0}\overline{s_1}s_2d_4 + s_0\overline{s_1}s_2d_5 + \overline{s_0}s_1s_2d_6 + s_0s_1s_2d_7$。

表4-3　8选1数据选择器真值表

输入	输出
$s_2s_1s_0$	y
000	d_0
001	d_1
010	d_2
011	d_3
100	d_4
101	d_5
110	d_6
111	d_7

根据逻辑表达式画出由与、或、非三种门电路组成的电路结构图，如图4-5所示。

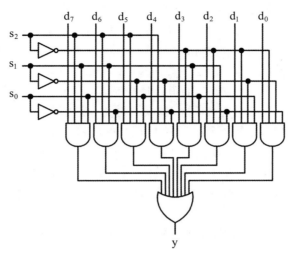

图 4-5　8 选 1 数据选择器电路结构图

2. 逻辑设计

（1）2 选 1 数据选择器

对电路进行逻辑设计可选用门级结构描述建模或行为级建模，下面将分别介绍如何基于 Verilog HDL 用这两种方式建模，并对比两种建模方式的区别。

首先介绍门级结构描述建模，门级结构描述建模需要设计者先了解如何用门电路搭建设计模块，通常输入、输出关系不复杂的电路模块都可以通过逻辑函数的化简得到电路模块的逻辑表达式，通过逻辑表达式或者电路功能设计模块的门电路结构图，例如 2 选 1 数据选择器的门电路结构图如图 4-3 所示。依照该电路图进行建模，Verilog 代码如下。

```
module mux_2to1（y,d0,d1,s）;
    output y;
    input d0,d1;
    input s;

    wire ns,out1,out2;

    not iv1（ns,s）;
    and and1（out1,d0,ns）;
    and and2（out2,s,d1）;
    or（y,out1,out2）;
endmodule
```

门级结构描述建模通过 Verilog HDL 内部预先定义的基本门级元件，按预先设计的电路结构图中的连接关系，设定各门级元件的输入、输出端口来描述电路模块。首先以 module 关键字声明名字为 mux_2to1 的模块，该模块的端口列表在模块名后的括号里。关键字 output 定义输出端口 y，关键字 input 定义输入端口 d0、d1 和 s，其中 d0 和 d1 是数据输入端口，s 是数据通道选择控制端口。wire 关键字定义 3 个电路内部节点信号。not 关键字定义 1 个非门，输入端是 s，输出端是 ns，ns 是 s 端口的取反。and 关键字定义 2 个与门，第 1 个与门将 d0 端口的信号与 ns 的节点信号相与，并将结果输出到 out1；第 2 个与门将 d1 端口的信号与 s 端口的信号相与，并将结果输出到 out2。or 关键字定义 1 个或门，用于将 2 个与门产生的输出信号相或后输出到 y。具体的输入、输出关系可以参照图 4-3。最后以 endmodule 关键字结束。

行为级建模将电路模块的功能抽象为硬件描述语言，主要描述电路模块的行为特征关系。依照行为风格进行建模的 2 选 1 数据选择器 Verilog 代码如下。

```
module mux_2to1（y,d0,d1,s）;
    output y;
    input d0,d1;
    input s;

    reg y;

    always @（d0 or d1 or s）
    begin
        if（s）
            y = d1;
        else
            y = d0;
    end
endmodule
```

行为级建模直接用条件语句、循环语句、块语句等高级程序语句描述电路模块的功能，而不再描述模块内部的结构细节。上述代码同样以 module 关键字开始，以 endmodule 关键字结束。端口定义也与门级结构描述相同。该代码没有涉及具体的电路结构，而是在 always 过程块中用 if 和 else 这样的条件语句判断数据通道选择端口 s 的输入值不同时，输出 y 的变化。s 输入 0 时，y 输出 d0；s 输入 1 时，y 输出 d1。代码中的 always 是结构说明语句中的一种，@后的括号里描述的是敏感信号。always @（d0 or d1 or s）代表 3 个输入 d0、d1 和 s 任意 1 个发生变化时，always 后跟随的过程块语句都会被执行一次。综合成功后查看 RTL 图，如图 4-6 所示。

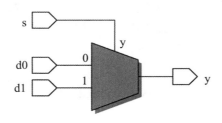

图4-6　2选1数据选择器的RTL图

（2）8选1数据选择器

8选1数据选择器的门级结构建模依照图4-5描述的门电路结构图进行建模，Verilog代码如下。

```
module mux_8to1（y,d0,d1,d2,d3,d4,d5,d6,d7,s0,s1,s2）;
    output y;
    input d0,d1,d2,d3,d4,d5,d6,d7;
    input s0,s1,s2;

    wire ns0,ns1,ns2;
    wire out1,out2,out3,out4,out5,out6,out7,out8;

    not iv1（ns0,s0）;
    not iv2（ns1,s1）;
    not iv3（ns2,s2）;

    and a1（out1,d7,s2,s1,s0）;
    and a2（out2,d6,s2,s1,ns0）;
    and a3（out3,d5,s2,ns1,s0）;
    and a4（out4,d4,s2,ns1,ns0）;
    and a5（out5,d3,ns2,s1,s0）;
    and a6（out6,d2,ns2,s1,ns0）;
    and a7（out7,d1,ns2,ns1,s0）;
    and a8（out8,d0,ns2,ns1,ns0）;

    or o1（y,out1,out2,out3,out4,out5,out6,out7,out8）;
endmodule
```

代码通过构造3个非门得到输入端口s0、s1和s2的取反信号ns0、ns1、ns2。a1～a8为8个4输入与门。最后，通过8输入的或门得到输出y。相较于2选1数据选择器，利用门级结构建模的8选1数据选择器的复杂度明显增加。随着应用的门电路和输入、输出端口数量的同时增加，门级结构建模工作将变得繁复且易错。

8选1数据选择器的行为级建模代码如下。

```
module mux_8to1（y,d0,d1,d2,d3,d4,d5,d6,d7,s0,s1,s2）;
    output y;
    input d0,d1,d2,d3,d4,d5,d6,d7;
    input s0,s1,s2;

    reg y;

    always @（*）
      begin
        case（{s0,s1,s2}）
        3'b000： y = d0;
        3'b001： y = d1;
        3'b010： y = d2;
        3'b011： y = d3;
        3'b100： y = d4;
        3'b101： y = d5;
        3'b110： y = d6;
        3'b111： y = d7;
        default： y = 1'bx;
        endcase
      end

endmodule
```

代码定义名为mux_8to1的模块，输入、输出端口定义与图4-4一致。由于该模块的输入信号过多，因此代码第6行用always @（*）代表后续的语句块对所有输入变量的变化都是敏感的。case生成语句用于判断不同的数据通道选择控制信号，并对应表4-3向端口y输出对应的信号。对比2选1数据选择器，8选1数据选择器的行为级建模方法非常相似，仅将数据通道选择控制信号的判断由2种情况扩展到8种情况。综合成功后查看RTL图，如图4-7所示。

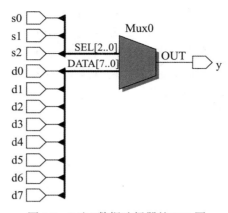

图4-7　8选1数据选择器的RTL图

3. 仿真

仿真是对模块的输入端口施加激励信号，查看对应的输出是否符合预期。因此仿真最主要的工作就是准备测试用的激励模块，该模块应当覆盖所有可能出现的输入组合。激励块的设计因人而异，下面展示激励块的关键代码和对应的输出波形供参考。

（1）2选1数据选择器

关键代码如下。

```
initial
begin
    d0=0；d1=0；s=0；

    #10 d0=1；d1=0；s=0；
    #10 d0=1；d1=0；s=1；
    #10 d0=1；d1=0；s=0；
end
```

对应的输出波形如图4-8所示。

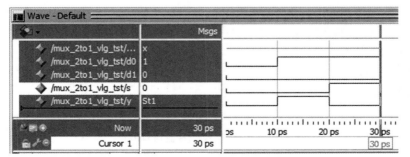

图4-8　2选1数据选择器仿真波形

仿真波形开始初始化所有输入信号为 0，输出 y 等于 d0，因此也为 0。10 个时间单位后输入 d0 变为 1，此时由于 s 为 0，因此输出 y 随 d0 变为 1。10 个时间单位后 s 变为 1，此时 y 选中 d1 的信号作为输出，因此 y 变为 0。10 个时间单位后 s 变为 1，此时 y 选中 d0 的信号作为输出，因此 y 变为 1。仿真波形说明 2 选 1 数据选择器能够根据表 4-2 的真值表描述改变输出端口 y 的信号。

（2）8 选 1 数据选择器

关键代码如下。

```
initial
begin
    {d7,d6,d5,d4,d3,d2,d1,d0}=8'b0000_0000;
    {s2,s1,s0}=3'b000;
    #10 {s2,s1,s0}=3'b000;   {d7,d6,d5,d4,d3,d2,d1,d0}=8'b1010_0101;
    #10 {s2,s1,s0}=3'b001;   {d7,d6,d5,d4,d3,d2,d1,d0}=8'b1010_0101;
    #10 {s2,s1,s0}=3'b010;   {d7,d6,d5,d4,d3,d2,d1,d0}=8'b1010_0101;
    #10 {s2,s1,s0}=3'b011;   {d7,d6,d5,d4,d3,d2,d1,d0}=8'b1010_0101;
    #10 {s2,s1,s0}=3'b100;   {d7,d6,d5,d4,d3,d2,d1,d0}=8'b1010_0101;
    #10 {s2,s1,s0}=3'b101;   {d7,d6,d5,d4,d3,d2,d1,d0}=8'b1010_0101;
    #10 {s2,s1,s0}=3'b110;   {d7,d6,d5,d4,d3,d2,d1,d0}=8'b1010_0101;
    #10 {s2,s1,s0}=3'b111;   {d7,d6,d5,d4,d3,d2,d1,d0}=8'b1010_0101;
    #10 $stop;
end
```

对应的输出波形如图 4-9 所示。

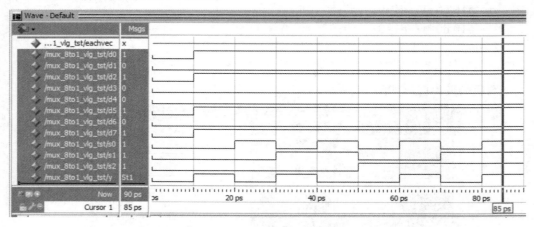

图 4-9　8 选 1 数据选择器仿真波形

仿真波形开始初始化所有输入信号为0，输出y等于d0，因此也为0。10个时间单位后d7=1，d6=0，d5=1，d4=0，d3=0，d2=1，d1=0，d0=1。{s2，s1，s0}等于二进制数000，按照电路模块定义，y应该等于d0。由于d0变为1，因此输出y在第10个时间单位后变为1。同理，随着数据通道选择控制信号的变化，输出y依次按d0，d1，…，d7的顺序变化。输出波形与预期相符，能够实现真值表4-3描述的功能。

4. 下板验证

（1）2选1数据选择器

根据电路模块的特点设计便于操作的下板验证方案，通常在资源丰富的开发板上执行，验证方案因人而异，此处列举的验证方案仅供参考。2选1数据选择器的s、d0和d1三个端口需要连接到开发板I/O接口的输入端，此处选择S连接SW[2]，d0和d1分别连接至SW[0]与SW[1]。y需要连接到开发板I/O接口的输出端，此处选择连接至LED灯。依照该方案配置管脚，具体的FPGA引脚编号参照第二章，管脚配置界面如图4-10所示。管脚配置成功后，对工程进行完整的综合，然后将综合成功后的.sof文件下载至开发板。此时通过拨动滑动开关，可控制LEDR[0]的亮灭。下板成功后，所有滑动开关默认保持DOWN设置，因此默认选通d0通道，也就是选定SW[0]控制输出y的高低电平。由于此时SW[0]为低电平，因此输出y为低电平，LEDR[0]为熄灭状态。如果拨动SW[0]为UP，可观察到LEDR[0]立刻亮起。将SW[2]拨动为UP，代表此时选通d1为输出，无论SW[0]如何拨动，LEDR[0]均为熄灭状态，只有将SW[1]拨动为UP才能再次亮起LEDR[0]。

图4-10 2选1数据选择器管脚配置图

（2）8选1数据选择器

d7至d0依次连接SW[7]至SW[0]，s1和s0接SW[9]和SW[8]，由于滑动开关全部用完，此时s2接至KEY[0]。y依旧接LEDR[0]，参照第2章的管脚描述进行配置，如图4-11所示。下载至开发板后，所有滑动开关默认保持DOWN设置，按下KEY[0]后拨动SW[0]为UP，此时LEDR[0]亮，弹起KEY[0]并拨动SW[0]为UP，此时LEDR[0]灭，将SW[1]拨动为UP，LEDR[0]亮。按照选通顺序依次拨动滑动开关，可观察到8选1数据选择器的选通关系，与电路功能和逻辑描述一致。

Node Name	Direction	Location
in d0	Input	PIN_AB12
in d1	Input	PIN_AC12
in d2	Input	PIN_AF9
in d3	Input	PIN_AF10
in d4	Input	PIN_AD11
in d5	Input	PIN_AD12
in d6	Input	PIN_AE11
in d7	Input	PIN_AC9
in s0	Input	PIN_AE12
in s1	Input	PIN_AD10
in s2	Input	PIN_AA14
out y	Output	PIN_V16
<<new node>>		

图4-11　8选1数据选择器管脚配置图

4.3.2　D触发器

D触发器是具有两个稳定状态的存储器件，是构成多种时序电路的最基本逻辑单元，也是数字逻辑电路中一种重要的单元电路。D触发器在数字系统和计算机中有着广泛的应用。触发器具有两个稳定状态，即0和1，在一定的外界信号作用下，可以从一个稳定状态翻转至另一个稳定状态。下面介绍带使能端的D触发器的逻辑设计、仿真和下板验证。

1. 电路功能描述

本小节设计的D触发器包括5个端口，其中3个为输入端，2个为输出端。图形符号如图4-12所示。Clk为时钟端，e为使能控制端，d为数据输入端。q与q′均为数据输出端。

图4-12　带使能端D触发器的图形符号

电路的真值表见表4-4，表中q为电路的当前状态，q_{next}为电路的下一个状态，q'_{next}为电路下一个状态取反。当Clk处于0或1时，q_{next}与当前状态保持一致，q'_{next}为当前状态取反。当Clk处于时钟上升沿时，e为0，输出q_{next}与q相同。e为1，输出q_{next}则为当前输入d的值。因此状态转移方程为$q*=e'q+ed$，e′为e的端口状态取反。

表4-4 带使能端 D 触发器真值表

Clk	e	d	q	q_{next}	q'_{next}
0	×	×	0	0	1
0	×	×	1	1	0
1	×	×	0	0	1
1	×	×	1	1	0
↑	0	×	0	0	1
↑	0	×	1	1	0
↑	1	0	×	0	1
↑	1	1	×	1	0

根据 JK 触发器的门级电路结构图以及表4-4化简得到的状态转移方程，画出由与、或、非三种门电路组成的电路结构图，如图4-13所示。为了简化结构图，2选1选择器未以门电路形式显示，该器件的门级电路图见图4-3。

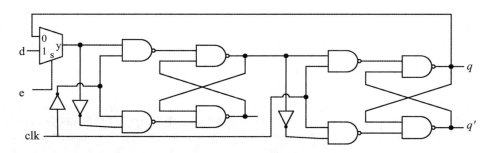

图4-13 带使能端的 D 触发器电路结构图

2. 逻辑设计

按照图4-13的结构图搭建门级结构。已知电路图的情况下，门级结构建模代码较简单，不再赘述。此处重点描述行为级建模。从表4-4可知，D 触发器是同步使能的。因此行为级建模时的所有操作都在时钟边沿进行，此处选择时钟上升沿。如果 e 为1，则将当前输入 d 赋值给输出 q，否则将保持 q 的值，代码中的 qn 代表上述原理中的 q'，核心代码如下。

```
if（e）begin
  q<=d;
  qn<=!d;
end
else
  q<=q;
```

3. 仿真

仿真是对模块的输入端口施加激励信号，查看对应的输出是否符合预期。因此仿真最主要的工作就是准备测试用的激励模块，该模块应当覆盖所有可能出现的输入组合。激励块的设计因人而异，下面展示激励块的关键代码和对应的输出波形供参考。

关键代码如下。

```
initial
   begin
      clk =0;
      d=0;
      e=0;
      #20 e=1;

   end
always #5 clk=~clk;
always #7 d=~d;
```

对应的仿真波形如图4-14所示。仿真开始时由于使能信号 e 为低电平，所以输出 q 维持开始的不确定状态。20个时间单位后，e 为高电平，此时 q 在时钟上升沿时与 d 相同，并保持该值直到下一个时钟上升沿来临时才根据当时的 d 值改变，qn 是 q 的取反信号。仿真结果与真值表描述一致。

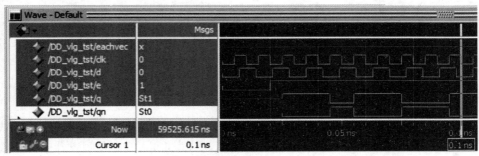

图4-14　带使能端 D 触发器的仿真波形图

4. 下板验证

下板验证可将 clk 绑定到时钟引脚，输入 e 和 d 分别绑定至 SW[0] 和 SW[1]，以便调节输入值，输出 q 与 qn 接 LEDR[0] 与 LEDR[1]，以便观测电平变化。参考引脚配置如图4-15所示。

in　clk	Input	PIN_AF14	3B
in　d	Input	PIN_AC12	3A
in　e	Input	PIN_AB12	3A
out　q	Output	PIN_V16	4A
out　qn	Output	PIN_W16	4A

图4-15　引脚配置图

下板后，拨动SW[0]至高电平，D触发器开始工作。此时拨动SW[1]，LEDR[0]与SW[1]在时钟上升沿同步变换。若将SW[0]置于低电平并拨动SW[1]，LEDR[0]保持状态不发生改变，验证成功。

4.3.3　移位寄存器（串转并）

在数字电路中，移位寄存器是一种以触发器为基础的器件。数据以并行或串行的方式输入该器件中，然后每个时间脉冲依次向左或右移动1位，在输出端进行输出。根据移位寄存器存取信息的方式不同分为：串入串出、串入并出、并入串出、并入并出四种。下面介绍串入并出的移位寄存器的逻辑设计、仿真和下板验证。

1. 电路功能描述

串入并出形式的移位寄存器可将输入的串行数据以并行格式输出。图形符号如图4-16所示。

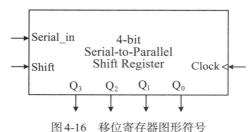

图4-16　移位寄存器图形符号

串转并移位寄存器有1个串行输入端口Serial_in、1个时钟输入端口Clock、1个移位控制端口Shift和4个输出端口。图形符号中的端口说明见表4-5。

表4-5　移位寄存器端口说明表

接口名称	输入/输出	位宽/bit	功能描述
Clock	Input	1	时钟信号
Serial_in	Input	1	写入的串行数据，当Shift=1时，在每次时钟上升沿录入该时刻Serial_in端口输入的数据到移位寄存器
Shift	Input	1	当Shift=1时，在时钟上升沿读取该时刻Serial_in端口输入的数据至移位寄存器；Shift=0时不做任何改变。类似使能信号
Q_3	Output	1	当Shift=1时，在每次时钟上升沿输出该时刻Serial_in端口的数据
Q_2	Output	1	当Shift=1时，在每次时钟上升沿输出该时刻D_2的数据
Q_1	Output	1	当Shift=1时，在每次时钟上升沿输出该时刻D_1的数据
Q_0	Output	1	当Shift=1时，在每次时钟上升沿输出该时刻D_0的数据

电路的真值表见表4-6。当Shift=1时，在时钟上升沿读取该时刻Serial_in端口输入的数据至移位寄存器，当Shift=0时不做任何改变。表中Q_3*代表端口Q_3的实际输出，Q_3代表上一个时钟上升沿时录入的端口Q_3的值。

表4-6　移位寄存器真值表

Serial_in	Shift	$Q_3{}^*$	$Q_2{}^*$	$Q_1{}^*$	$Q_0{}^*$
0	0	Q_3	Q_2	Q_1	Q_0
0	1	0	Q_3	Q_2	Q_1
1	0	Q_3	Q_2	Q_1	Q_0
1	1	1	Q_3	Q_2	Q_1

移位寄存器是一种以触发器为基础的器件，基于表4-5描述的功能，使用4个带使能端的D触发器构造该移位寄存电路，结构如图4-17所示。

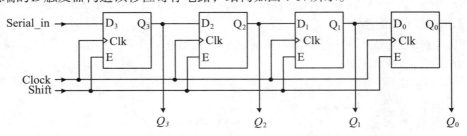

图4-17　移位寄存器电路结构图

2. 逻辑设计

带使能端的D触发器的门级结构建模在上一小节中有详细描述，此处不再重复，结合图4-17和D触发器的电路结构，即可构建本小节的移位寄存电路。此处着重介绍该移位寄存器的行为级建模思路。根据表4-5的真值表描述，该移位寄存器在时钟上升沿读取该时刻Serial_in的值，因此以时钟上升沿作为敏感信号触发输出的改变。在改变输出时还有另一个条件，即Shift=1时输出根据Serial_in变化，否则保持上一时刻的输出值不变，该条件可用if语句实现。代码较简单，此处不再赘述。

3. 仿真

仿真是对模块的输入端口施加激励信号，查看对应的输出是否符合预期。因此仿真最主要的工作就是准备测试用的激励模块，激励块的设计因人而异，下面展示激励块的关键代码供参考。

```
initial
  begin
    clk=0; serial_in = 0;
    shift = 1;

    #50 serial_in = 1;
    #50 serial_in = 0;
    #50 serial_in = 1;
    #50 serial_in = 0;
```

```
        #10 shift = 0;
        #50 serial_in = 1;
        #50 serial_in = 0;
        #50 serial_in = 1;
        #50 serial_in = 0;
        #10 shift = 1;
        #50 serial_in = 1;
        #50 serial_in = 0;
        #50 serial_in = 1;
        #50 serial_in = 0;
        #6000 $stop;
    end
always  #5 clk=~clk;
```

always 块用于提供时钟信号，时钟周期为 10 个时间单位。Initial 块间隔 50 个时间单位变化 serial_in，并且测试了 shift = 0 和 shift = 1 两种不同情况。对应的仿真波形如图 4-18 所示。

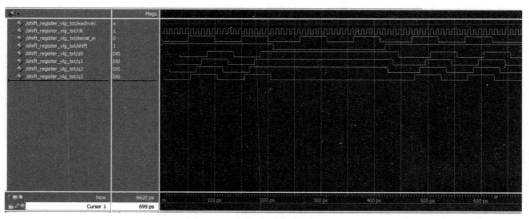

图 4-18　移位寄存器仿真波形

仿真首先初始化输入信号 serial_in 为 0。当 shift 为 1 时，q3、q2、q1、q0 依次录入 serial_in 输入的数据 0。当 serial_in 为 1、shift 为 1 时，四个输出依次读取 serial_in 输入的数据 1。shift=0 时，输出没有任何改变，保持原值。输出波形与预期相符，实现了真值表中描述的功能。

4. 下板验证

下板时输出与 LED 灯绑定。为了能肉眼观测 4 个 LED 灯的变化，时钟需要加入分频模块。输入 Serial_in 和 Shift 分别接滑动开关 SW[0] 和 SW[1]。引脚配置如图 4-19 所示。

Node Name	Direction	Location
clk	Input	PIN_AF14
q0	Output	PIN_V16
q1	Output	PIN_W16
q2	Output	PIN_V17
q3	Output	PIN_V18
serial_in	Input	PIN_AB12
shift	Input	PIN_AC12

图4-19   移位寄存器引脚配置图

4个输出分别为LEDR[0]、LEDR[1]、LEDR[2]和LEDR[3]。当拨动serial_in为1时，向上拨动Shift，可以看到4个LED灯依次亮起。当向下拨动Serial_in，向上拨动Shift时，可以看到4个LED灯依次变暗。当向下拨动shift时，LED灯的状态不变。综上，操作结果与电路功能和逻辑描述一致。

4.3.4 计数器

计数器是最基本的数字系统部件之一，通常由触发器组成，用于记录时钟脉冲的个数。计数器种类较多，按构成计数器中的触发器是否使用同一个时钟脉冲源，可分为同步计数器和异步计数器；按技术进制的不同，可分为二进制、十进制等任意进制计数器；根据能够计数的最大值，可分为模2、模16等模N计数器。本节以模16的二进制同步计数器为例介绍计数器的设计及验证。

1. 电路功能描述

设计的计数器图形符号如图4-20所示。

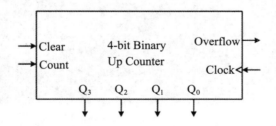

图4-20   计数器图形符号

图中有3个输入端口，Clock为时钟端口，Clear为复位控制端口，当Clear信号有效时，输出端口全部清零。Count为计数端口，在时钟上升沿时，假设Count信号有效，则输出端口计数加1。Overflow端口表示数据溢出情况，当计数结果大于15时，计数结果超过可表示范围，数据溢出，此时Overflow信号有效，其他情况下该信号保持低电平。Q_3、Q_2、Q_1、Q_0为计数结果输出端口，具体端口描述见表4-7。

表4-7　计数器端口描述表

接口名称	输入/输出	位宽/bit	功能描述
Clock	Input	1	时钟信号
Clear	Input	1	复位信号，Clear=1时，输出 Q_3,Q_2,Q_1,Q_0 都为0
Count	Input	1	Count =1时在时钟上升沿进行一次计数，并将累计计数结果输出至 $\{Q_3,Q_2,Q_1,Q_0\}$ 组成的4位二进制输出结果端口，Count =0时不计数
Q_3	Output	1	计数结果 $\{Q_3,Q_2,Q_1,Q_0\}$ 输出端口的最高位
Q_2	Output	1	计数结果 $\{Q_3,Q_2,Q_1,Q_0\}$ 输出端口的次高位
Q_1	Output	1	计数结果 $\{Q_3,Q_2,Q_1,Q_0\}$ 输出端口的次低位
Q_0	Output	1	计数结果 $\{Q_3,Q_2,Q_1,Q_0\}$ 输出端口的最低位
Overflow	Output	1	溢出信号，当累计计数结果大于15时，Overflow=1，其余时候为0

计数器需要对时钟上升沿到来的次数进行累加。因此在结构描述建模时，常用多个半加器和 D 触发器构造该电路。计数器的电路结构图如图4-21所示。

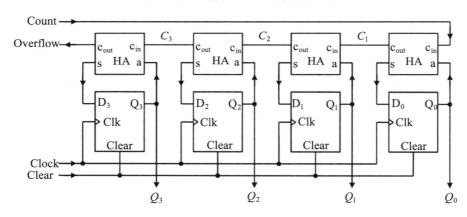

图4-21　计数器电路结构图

图中的HA代表半加器。4个半加器首尾相连，执行累加任务。由于每个半加器的输出 s 和输入 a 都与 D 触发器相连，因此每次时钟上升沿到来时，被加数 a 都会更新为上一个时钟上升沿时的运算结果。电路利用 D 触发器将上一次运算结果暂存下来作为下一次运算的输入，从而实现累加。

2. 逻辑设计

根据图4-21进行结构描述建模，D 触发器已在前序章节构建，半加器可参考半加器的真值表利用一个与门和一个异或门进行建模。

根据表格中的接口信号、相应设置及功能描述，进行行为级建模。第一个always块用于计数，第二个always块用于处理溢出。参考代码如下。

```
always@ (posedge clk or negedge rst_n)  begin
  if (!rst_n)  begin
    {Q0,Q1,Q2,Q3} <= 'b0;
  end
  else if (count)  begin
    {Q0,Q1,Q2,Q3} <= {Q0,Q1,Q2,Q3} + 1'b1;
  end
  else begin
    {Q0,Q1,Q2,Q3} <= {Q0,Q1,Q2,Q3};
  end
end

always@ (posedge clk or negedge rst_n)  begin
  if (!rst_n)
      overflow <= 'b0;
  else if ( ({Q0,Q1,Q2,Q3} == 'd15)  & count)
      overflow <= 'b1;
  else    overflow <= 'b0;
end
```

3. 仿真

计数器模块共有3个输入、5个输出。输入的clk，rst_n按照常规处理即可。信号count为控制计数过程的使能信号，当count有效时计数，否则暂停计数。输出的 Q_3、Q_2、Q_1、Q_0 可看作4 bit位宽的计数输出结果Q，当Q溢出时，overflow拉高。仿真需要验证以下几个功能。

（1）count有效时，输出对应的结果Q。

（2）count信号为低电平时，该电路停止计数，高电平时恢复计数。

（3）reset信号为复位信号，按下后电路从0开始进行计数。

仿真核心代码如下。

```
initial begin
  clk = 0;
  rst_n = 0;
  count = 0;
  # ('clk_period*5)  rst_n = 1;  // 系统初始化
  # ('clk_period*5)  count = 1;  // 开始计数
  # ('clk_period*50) count = 0;  // 暂停计数
  # ('clk_period*3)  count = 1;  // 恢复计数
  # ('clk_period*100) $stop;
end
```

生成的仿真波形图如图4-22和图4-23所示。

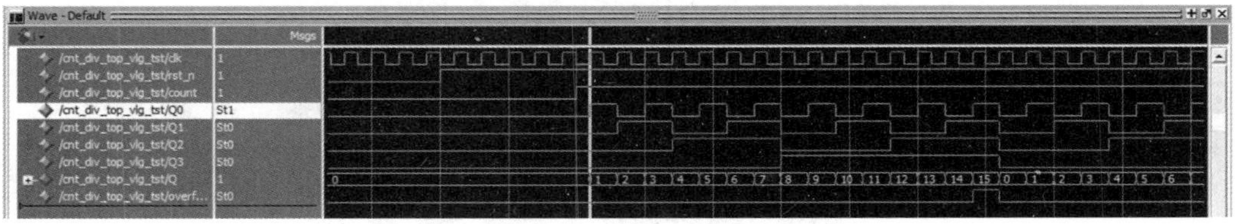

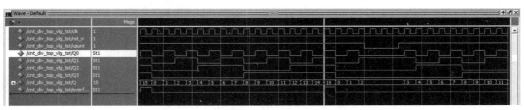

图4-22 计数器电路的仿真波形图1

图4-23 计数器电路的仿真波形图2

观察Q和count信号的变化情况。rst_n在仿真开始时设置为低电平，电路复位，一段时间后信号拉高，结束复位状态。随后count信号拉高，开始计数，Q从0到15循环输出，当数据溢出时，overflow信号相应拉高一拍。当count信号拉低时，计数器停止计数，直至count信号拉高则恢复计数。

4. 下板验证

根据电路模块的特点设计便于操作的下板验证方案，验证方案如图4-24所示。

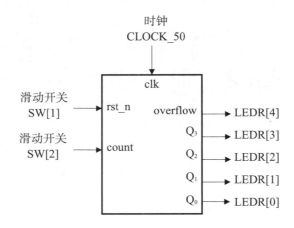

图4-24 计数器电路的下板验证方案

clk接DE1-SoC的50 MHz时钟，也可选择25 MHz时钟或生成一个用于分频的IP核产生任意小于50 MHz的时钟。rst_n接滑动开关SW[1]，count接滑动开关SW[2]。输出Q_3、Q_2、Q_1、Q_0以及overflow接5个LED灯。引脚配置如图4-25所示。

Node Name	Direction	Location
Q0	Output	PIN_V16
Q1	Output	PIN_W16
Q2	Output	PIN_V17
Q3	Output	PIN_V18
clk	Input	PIN_AF14
count	Input	PIN_AF9
overflow	Output	PIN_W17
rst_n	Input	PIN_AC12
<<new node>>		

图4-25 引脚配置示意图

连上开发板下载程序后,拨动滑动开关SW[1]和SW[2],LED灯按二进制加法的规律闪烁。此时观察到5个LED灯全部亮起。这是由于时钟频率太高,时钟周期短,因此LED灯闪烁频率非常高,导致肉眼无法观测到LED灯的变化。为电路增加一个分频器可解决该问题,顺利观察到LED灯的"流水"变化。向下拨动滑动开关SW[2],LED灯闪烁会停住,向上拨动后恢复闪烁。当数据溢出时,LEDR[4]亮起。需要注意的是,加了分频后的电路用于仿真时,无法再用原来的Test Bench观测到仿真结果,需要修改Test Bench或删除分频器。具体实验现象如图4-26所示。

图4-26 计数器下板结果

在数字逻辑系统中,常常会需要不同频率的信号。在ASIC和FPGA中,时钟通常都是全局信号,需要通过PLL处理才能使用。但在某些简易场合,例如需要将较高频率的时钟信号分频为较低频率的信号时,采用计数器设计分频器也是常用的方法,但要注意时序约束。分频器对输入的时钟周期进行计数,达到一定数量后再输出新的脉冲。本小节的计数器也可作为50%占空比的分频器,可对输入的时钟信号进行2分频、4分频、8分频和16分频,通过Q_0、Q_1、Q_2和Q_3输出分频后的信号。

4.3.5 寄存器阵列

寄存器由一组具有相同时钟信号和复位信号的触发器构成。寄存器阵列是由多个寄存器组成的存储单元,又称寄存器堆。寄存器阵列包含寄存器和附加控制逻辑,其中控制端口又可分为读控制端口和写控制端口,用于完成读写操作。本小节介绍地址总线为4位，存储数据位宽为8位的寄存器阵列。该寄存器阵列包含2个输出端口用于分别输出读取的数据。

1. 电路功能描述

设计的寄存器阵列的图形符号如图4-27所示。

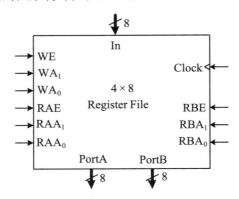

图4-27 寄存器阵列图形符号

寄存器阵列有时钟输入Clock、8位的数据输入In和读写控制。其中写控制包括1位写使能WE、1位写寄存器地址高位WA_1及1位写寄存器地址低位WA_0；读控制包括1位读使能RAE、1位读寄存器地址高位RAA_1及1位读寄存器地址低位RAA_0，用于控制PortA的数据输出。1位读使能RBE、1位读寄存器地址高位RBA_1及1位读寄存器地址低位RBA_0，用于控制PortB的数据输出。寄存器阵列的端口描述见表4-8。

表4-8 寄存器阵列端口功能描述

接口名称	输入/输出	位宽/bit	功能描述
In	Input	8	用于输入需要存储的数据
Clock	Input	1	时钟信号
WE	Input	1	写使能信号，WE=1时写入In输入的数据，WE=0时无法写入
WA_1	Input	1	写寄存器地址高位
WA_0	Input	1	写寄存器地址低位
RAE	Input	1	PortA的读使能信号，RAE =1时读出 $\{RAA_1, RAA_0\}$ 地址的寄存器存储的数据至PortA，RAE=0时无法读出
RAA_1	Input	1	PortA的读寄存器地址高位
RAA_0	Input	1	PortA的读寄存器地址低位
RBE	Input	1	PortB的读使能信号，RBE =1时读出 $\{RBA_1, RBA_0\}$ 地址的寄存器存储的数据到PortB，RBE=0时无法读出
RBA_1	Input	1	PortB的读寄存器地址高位
RBA_0	Input	1	PortB的读寄存器地址低位
PortA	Output	8	输出 $\{RAA_1, RAA_0\}$ 地址的寄存器存储的数据
PortB	Output	8	输出 $\{RBA_1, RBA_0\}$ 地址的寄存器存储的数据

该寄存器阵列的主体结构是4个8位的寄存器，此外还需要一些附加逻辑电路控制读写操作。4个寄存器需要2 bit的地址位进行寻址，因此无论是写地址端口还是读地址端口，位宽至少为2，具体的电路结构如图4-28所示。

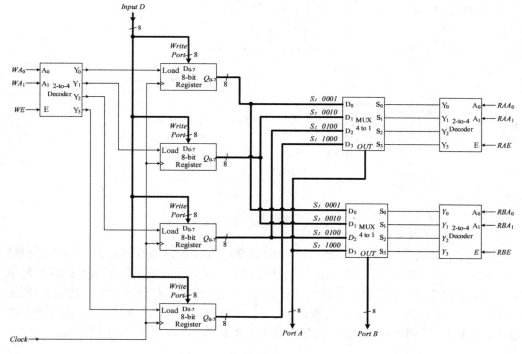

图4-28　寄存器阵列电路结构图

电路通过带使能端口的2-4译码器将写入地址译码为4个信号，分别连接4个8 bit寄存器的使能端口，控制数据具体存入的寄存器。例如，当写使能为高，写地址为$WA_1=0$，$WA_0=1$时，将In端口的8位数据写入2-4译码器的输出端口Y_1连接的寄存器中。电路包含2个8 bit的输出端口，分别用于读取$\{RAA_2, RAA_1\}$地址指定的寄存器数据并由PortA口输出，读取$\{RBA_2, RBA1\}$地址指定的寄存器数据并由PortB口输出。假设读使能为高，读地址为$RAA_1=1$，$RAA_0=0$时，则输出4选1选择器D_2连接的寄存器值至PortA端口。

2. 逻辑设计

电路结构图中包含带使能的2-4译码器、带写保护的8位寄存器、8位4选1数据选择器。带使能的2-4译码器和8位4选1数据选择器的门级结构描述建模在前序章节已介绍，此处不再赘述。带写保护的8位寄存器可利用8个带使能端的D触发器通过模块实例化的方式构建。

行为级建模主要关心模块的端口和功能描述。本小节设计的模块主要有以下功能：

（1）当写寄存器位（WE）为1时，将数据（In）写入与地址（WA_1，WA_0）对应的寄存器。

（2）当PortA端口读寄存器位（RAE）为1时，将与地址（RAA_1，RAA_0）对应的寄存器的值输出至PortA端口。

（3）当PortB端口读寄存器位（RBE）为1时，将与地址（RBA_1，RBA_0）对应的寄存器的值输出至PortB端口。

对于写操作，可通过if语句判断写控制位WE是否为1，若为1则通过case语句根据地址WAA_1、WAA_0写寄存器；对于A端口读操作，通过if语句判断读控制位RAE是否为1，若为1则通过case语句根据地址RAA_1、RAA_0将对应寄存器的值输出至PortA；B端口读操作与A类似，不再赘述。

3. 仿真

该寄存器阵列中并未固化数据，因此仿真无法直接读取寄存器内数据。首先可对寄存器进行写操作，将In端口的值写入寄存器阵列中，该过程可测试写操作是否正确。写入完成后，可通过改变读控制端口的地址和使能位测试读操作。为了全面测试所有情况，可通过延时加循环的方式改变读写地址，使Test Bench可对阵列中每个寄存器均进行一次读写操作测试。仿真主要验证以下功能：

（1）WE信号有效时，向指定地址写入In端口输入的数据，WE信号无效时关闭写入数据功能。

（2）RAE信号有效时，PortA端口读取指定地址的数据，RAE信号无效时关闭读数据功能。

（3）RBE信号有效时，PortB端口读取指定地址的数据，RBE信号无效时关闭读数据功能。

参考代码如下。

```
task task_sysinit;  /********初始化********/
begin
    Clock=1'b1;
    In=8'd0;
    RAA0=0; RAA1=0; RAE=0;
    RBA0=0; RBA1=0; RBE=0;
    WA0=0; WA1=0; WE=0;
end
endtask

task task_write_tst;  /*******写寄存器测试******/
begin
    #5
    In=8'd1;
    WE=1;
    #10
    for（i=0; i<3; i=i+1)
```

```
    begin
        In=In+8'd1;
        {WA1,WA0}={WA1,WA0}+2'd1;
        #10;
    end
    WE=0; In=8'b0;
  end
endtask

task task_read_tst;    /********读寄存器测试********/
begin
  RAE=1;    /********读寄存器测试A********/
  #10
  for (i=0; i<3; i=i+1)
  begin
      {RAA1,RAA0}={RAA1,RAA0}+2'd1;
      #10;
  end
  RAE=0;   {RAA1,RAA0}=2'b00;

  RBE=1;   /********读寄存器测试B********/
  #10
  for (i=0; i<3; i=i+1)
  begin
      {RBA1,RBA0}={RBA1,RBA0}+2'd1;
      #10;
  end
  RBE=0;   {RBA1,RBA0}=2'b00;
 end
endtask
```

对应的仿真波形如图4-29所示。

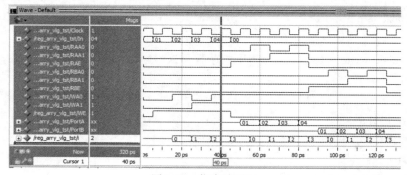

图4-29   仿真波形图

首先测试寄存器阵列的写数据功能。写使能有效时，向4个寄存器依次写入数据。45个时间单位后，令写使能无效。读数据方面，PortA 依次循环读取4个寄存器值，读取顺序与写数据的顺序相同。如果同时读写同一寄存器，读出的是寄存器上一时刻存储的值，此时存储的值只能在下个时钟周期才能被读取。读取地址3存储数据为（00000100）₂，并未录入（00000000）₂，说明在写使能无效后，没有写入新数据。PortB 执行4个寄存器值的读取后读使能无效，此后不再根据地址读取新的值。综上所述，该电路仿真结果与设计需求相符。

4. 下板验证

该模块由于输入、输出端口都较多，下板很难直接观测到现象。配合其他电路进行下板验证更有利于观测实验现象，类似模块的下板验证将在后续章节介绍。

4.4　模块实例化设计

4.4.1　模块实例化方法

在实际设计中，数字逻辑系统通常会按功能或结构拆分为多个子模块，如图4-30所示。

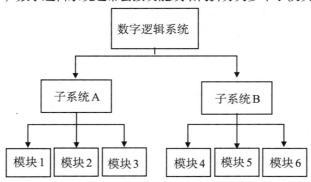

图4-30　电路模块的层次结构

工程师首先对模块进行建模，然后再把这些模块按一定的规则整合为子系统，最终整合子系统得到符合预期的数字逻辑系统。在整合的过程中，子系统包含多个模块。在实际电路建模时，不能在子系统中使用module申明其他模块，只能以实例引用的形式嵌套相关子模块，这样的操作在 Verilog HDL 中被称为模块实例化。

模块实例引用通常有命名端口连接和顺序端口连接两种形式，命名端口连接的语法如下。

```
module_name instance_name（
                        .formal_signal1（actual_name1），
                        .formal_signal2（actual_name2），
                        …
                        .formal_signaln（actual_namen）
                        ）;
```

module_name表示需要模块实例引用的模块名，该名须与被实例引用模块的模块名完全一致。instance_name表示在当前模块中实例引用模块的实际名字，该实例名是该实例的唯一标识，不能与其他实例名冲突。formal_signal1对应被实例引用模块的端口名称，该名称应与被实例引用模块的端口名完全一致。actual_name1指当前模块中与formal_signal1相对应的端口名，是当前模块的实际端口名称。

顺序端口连接的语法如下。

```
module_name instance_name(
                              actual_name1,
                              actual_name2,
                              …
                              actual_namen
                              );
```

顺序端口连接没有formal_signal，只需要填写actual_name。actual_name1指当前模块中与被实例引用模块的端口对应的端口名，且端口顺序必须与module关键字声明后括号中的端口顺序一致。实际应用中更推荐命名端口连接方式，因为模块实例化端口顺序无特殊要求，不易出错。

下面举例说明两种实例化的方法。

例如，某子模块的Verilog HDL代码如下。

```
module Sub_module （S_s,S_a,S_b,S_f);
   input S_a,S_b;
   input [2：0] S_s;
   output S_f;
   reg S_f;

   always @ （S_s or S_a or S_b）
   //建模语句省略

endmodule
```

（1）命名端口连接方式

在名为Parent_module的模块中以命名端口连接方式实例化Sub_module，其代码如下。

```
module Parent_module （P_s,P_a,P_b,P_f）;
    input P_a,P_b;
    input [2：0] P_s;
    output P_f;

    Sub_module Sub_module1(
                .S_a （P_a），
                .S_s （P_s），
                .S_b （P_b），
                .S_f （P_f）
                );
    endmodule
```

代码中 Sub_module 为被实例引用的模块名字，Sub_module1 为该模块实例化后在模块 Parent_module 中的模块名字。括号内的.S_a（P_a）将 Parent_module 中的端口 P_a 与 Sub_module 中的端口 S_a 关联。代码通过命名端口连接方式在 Parent_module 中实例引用 Sub_module。此时 Parent_module 内部存在一个实际的 Sub_module 电路模块，其输入端口分别为 P_a、P_b、P_s，输出端口为 P_f。这种形式类似 C 语言中的子函数调用，S_a、S_b、S_s 和 S_f 类似形参，而 P_a、P_b、P_s 和 P_f 类似实参。但模块实例化与 C 语言中的子函数调用又有本质区别，子函数调用本质上是通过指针跳转到即将执行的程序位置，对主程序本身没有影响和改变。但是，模块实例化后，将在父模块中产生一个实际的子模块电路，假设将子模块实例化两次，则产生两个实际的子模块电路。

代码中故意将.S_a（P_a）和.S_s（P_s）的位置进行调换，但并不影响 Sub_module 的实例引用，这是由于在命名端口连接方式中无须遵循端口在被实例引用模块中的顺序。

（2）顺序端口连接方式

Parent_module 中以顺序端口连接方式实例化 Sub_module，其代码如下。

```
module Parent_module （P_s,P_a,P_b,P_f）;
        input P_a,P_b;
        input [2：0] P_s;
        output P_f;

        Sub_module Sub_module1 （P_s,P_a,P_b,P_f）;

    endmodule
```

代码实例引用 Sub_module 时，在括号内按 Sub_module 模块申明时的端口顺序对应关联 Parent_module 中的端口。括号内第一个端口 P_s 与 Sub_module 的 S_s 关联，

同理P_a与S_a关联，如果实例引用语句改为

Sub_module Sub_module1 （P_s,P_a,P_b,P_f）;

此时P_a与Sub_module的S_s关联，P_s与S_a关联。因此以顺序端口连接方式做实例引用时，括号内的端口顺序非常重要。对于端口比较多的模块推荐使用命名端口连接方式，避免由于端口过多导致关联错误或遗漏。无论用顺序端口连接方式还是命名端口连接方式，模块实例化时都需要注意两种方式不能混用，避免括号内的部分端口用位置关联，部分端口用名称关联的情况。

4.4.2 模块实例化实例：全加器

在数字逻辑电路中，加法是最常使用的算术运算操作。减法运算可视为被减数与求补后的减数进行加法运算，因此加法器既可实现加法运算，也能实现减法运算。1位全加器是实现两个1位二进制数相加并求和的组合电路，可以处理低位进位，并输出加法运算产生的进位。多个1位全加器进行级联可以得到多位全加器。本节通过模块实例化4个1位全加器的方法实现4位全加器。

1.1位全加器

（1）电路功能描述

本小节设计的全加器的图形符号如图4-31所示，该电路有3个1位输入，分别为需要相加的 X_i 和 Y_i ，以及进位标志位 C_i ，2个1位输出，分别为求和项 S_i 和加法运算后得到的进位标志位 C_{i+1} 。

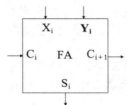

图4-31 全加器图形符号

1位全加器对应的真值表见表4-9。

表4-9 1位全加器真值表

X_i	Y_i	C_i	S_i	C_{i+1}
0	0	0	0	0
0	0	1	1	0
0	1	0	1	0
0	1	1	0	1
1	0	0	1	0
1	0	1	0	1
1	1	0	0	1
1	1	1	1	1

根据真值表可以化简得到逻辑表达式为

$$S_i = X_i {}^{\wedge} Y_i {}^{\wedge} C_i$$
$$C_{i+1} = (X_i Y_i) | (C_i (X_i {}^{\wedge} Y_i))$$

根据逻辑表达式画出由异或、与、或三种门电路组成的1位全加器的电路结构图如图4-32所示。

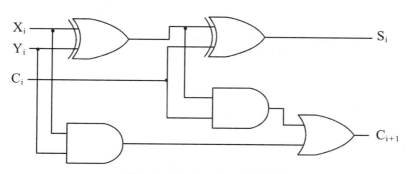

图4-32　1位全加器电路结构图

（2）逻辑设计

按照图4-32可对电路进行门级结构建模。

行为级结构建模利用拼接的方法直接对Xi、Yi、Ci进行求和，求和后的结果存放于Si，求和产生的进位直接被存放于进位标志位Co，行为级结构建模的关键代码如下。

```
module full_add（Xi,Yi,Ci,Co,Si）；
    input Xi,Yi,Ci；
    output Co,Si；
    reg Co,Si；
    always @（Xi or Yi or Ci）
        {Co,Si}=Xi+Yi+Ci；
endmodule
```

（3）仿真

仿真主要测试当Xi、Yi、Ci的不同组合对应的输出是否与表4-9的真值表一致，该模块应当覆盖所有可能出现的输入组合。激励块的设计因人而异，本案例的输出波形如图4-33所示。

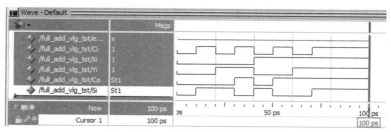

图4-33　1位全加器波形图

仿真波形开始初始化所有输入信号为0，输出和Si以及进位Co等于0，输入信号Xi、Yi、Ci逐渐变化，每隔10个时间单位加1，直至变为111。当Xi、Yi、Ci都为1时，输出和Si为1，进位Co等于1，满足全加器的要求。因此输出波形与预期相符，能够实现全加器真值表中描述的功能。

（4）下板验证

按照图4-34配置相关引脚。在本次实验中，输入引脚Xi、Yi、Ci分别对应开发板上的SW[0]、SW[1]、SW[2]拨码开关。通过上述开关控制输入的二进制数。输出引脚Si、Co分别对应LEDR[0]和LEDR[1]，通过LED灯的亮灭显示输出结果，灯亮表示输出1，不亮表示输出0。

Node Name	Direction	Location	I/O Bank	VREF Group
in Ci	Input	PIN_AF9	3A	B3A_N0
out Co	Output	PIN_W16	4A	B4A_N0
out Si	Output	PIN_V16	4A	B4A_N0
in Xi	Input	PIN_AB12	3A	B3A_N0
in Yi	Input	PIN_AC12	3A	B3A_N0
<<new node>>				

图4-34　1位全加器引脚配置图

下板验证，实验结果如图4-35所示。图4-35（a）为Ci，Xi，Yi分别为0，1，1的实验结果。此时LEDR[1]点亮，LEDR[0]熄灭，即Co=1，Si=0，满足1位全加器的逻辑要求。图4-35（b）为Ci，Xi，Yi全为1的实验结果，此时LEDR[1]和LEDR[0]点亮，即Co=1，Si=1。遵循该规律测试其他输入组合，结果与表4-9相符，设计的1位全加器满足设计要求。

（a）Ci、Xi、Yi分别为0、1、1　　　　　　（b）Ci、Xi、Yi分别为1、1、1

图4-35　1位全加器下板结果

2. 4位全加器

（1）电路功能描述

4位全加器有3个输入端口x、y和C_{in}，2个输出端口C_{out}和sum。图形符号如图4-36所示。

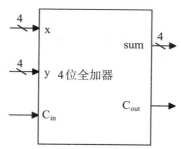

图4-36 4位全加器的图形符号

输入端口x和y都为4 bit，用于传输即将执行加法的两个输入信号。输出端口sum也是4 bit，代表加法运算的结果。C_{in}端口为1 bit，代表A与B执行加法运算时需考虑的进位标志位。C_{out}端口为1 bit，代表加法运算后产生的进位标志位。该全加器的端口功能描述见表4-10。

表4-10 4位全加器的端口功能描述

接口名称	输入/输出	位宽/bit	功能描述
x	Input	4	待执行加法运算的被加数
y	Input	4	待执行加法运算的被加数
C_{in}	Input	1	x与y执行加法运算时需考虑的进位标志位
sum	Output	1	加法运算的结果 Sum $=x+y+C_{in}$
C_{out}	Output	1	加法运算后产生的进位标志位,运算结果溢出则为1

（2）逻辑设计

采用模块实例化设计，首先需要实例引用4个1位全加器，然后以图4-37的形式关联。

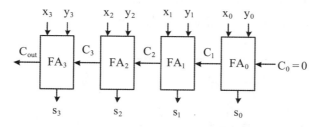

图4-37 4个1位全加器组成的4位全加器电路结构图

图中4个1位全加器的C_i和C_{i+1}信号首尾相连，FA_0的输入作为4位全加器的输入最低位x_0和y_0，进位标志位C_0作为4位全加器的进位标志位C_{in}，运算结果作为4位全加器的运算结果S的最低位S_0，运算产生的进位输出作为下一个1位全加器的进位标志位C_1。同理，FA_3的输入作为4位全加器的输入最高位x_3和y_3，进位标志位C_3来自FA_2的运算输出进位标志位，运算结果作为4位全加器的运算结果sum的最高位S_3，运算产生的进位输出作为4位全加器的输出进位标志位C_{out}。利用实例引用的方式，将4个1位全加器以上述方式关联起来。参考代码如下。

```
module full4_add #（parameter S=4）（x,y,cin,cout,sum）；
input[（S-1）：0] x,y；  input cin；
output[（S-1）：0] sum；    output cout；
wire[S：0] net；
assign net[0]=cin；
assign cout=net[S]；


generate
    genvar j；
    for（j=0；j<S；j=j+1）
    begin：inst
       full_add U（.Xi（x[j]），
              .Yi（y[j]），
              .Ci（net[j]），
              .Co（net[j+1]），
              .Si（sum[j]））；
     end
    endgenerate
endmodule
```

　　4位全加器采用串行进位来设计，将低位的进位输出与高位的进位输入相连，将要进行加法运算的两个4位数的每一位分别作为每一个1位全加器的输入，进行加法运算，所有的1位全加器的输出组成一个4位数，即输入的两个4位数之和，最高位的全加器产生的进位输出即两个4位数求和的进位输出。综合成功后查看RTL图，如图4-38所示。

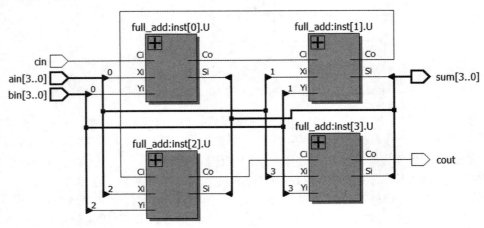

图4-38　4位全加器RTL图

3. 仿真

仿真主要考察该全加器能否得到预期输出 *sum* 和 C_{out}。激励块的设计因人而异，本案例对应的仿真输出波形如图4-39所示。

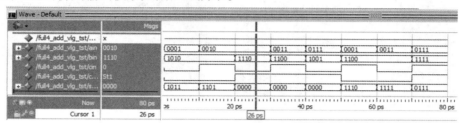

图4-39　4位全加器仿真波形图

测试代码中，输入x不变，输入y每隔10个时间单位加1，输入cin也在0和1之间变化，可以看到运算得到的输出sum也随着y的变化呈递增变化。输出的进位标志位cout，在x=0001、y=1110、cin=1和x=0001、y=1111、cin=0时都变为高电平。输出波形与预期相符，满足4位二进制全加器的设计要求。

4. 下板验证

输入引脚x[3：0]分别对应开发板上的拨码开关SW[3]至SW[0]。引脚y[3：0]分别对应开发板上的拨码开关SW[7]至SW[4]。进位端cin对应开发板上的SW[8]。输出引脚sum[3：0]分别对应LED灯LEDR[3]至LEDR[0]。输出进位端cout对应LEDR[5]，引脚配置如图4-40所示。

Node Name	Direction	Location	I/O Bank	VREF Group
cin	Input	PIN_AD10	3A	B3A_N0
cout	Output	PIN_W19	4A	B4A_N0
sum[3]	Output	PIN_V18	4A	B4A_N0
sum[2]	Output	PIN_V17	4A	B4A_N0
sum[1]	Output	PIN_W16	4A	B4A_N0
sum[0]	Output	PIN_V16	4A	B4A_N0
x[3]	Input	PIN_AF10	3A	B3A_N0
x[2]	Input	PIN_AF9	3A	B3A_N0
x[1]	Input	PIN_AC12	3A	B3A_N0
x[0]	Input	PIN_AB12	3A	B3A_N0
y[3]	Input	PIN_AC9	3A	B3A_N0
y[2]	Input	PIN_AE11	3A	B3A_N0
y[1]	Input	PIN_AD12	3A	B3A_N0
y[0]	Input	PIN_AD11	3A	B3A_N0

图4-40　4位全加器引脚配置图

下板验证，通过LED灯的亮灭来显示输出结果，点亮表示输出1，不亮表示输出0。实验结果如图4-41所示。图4-41（a）显示输入信号为cin为1，x[3：0]为0001，y[3：0]为1100的实验结果。此时LEDR[3]、LEDR[2]和LEDR[1]点亮，LEDR[5]熄灭，即sum[3：0]为1110，cout为0，与4位全加器的逻辑运算结果相同。图4-41（b）显示x[3：0]为0111，y[3：0]为1001，cin为0的实验结果。此时只有LEDR[5]点亮，即sum[3：0]为0000，cout为1。拨动滑动开关测试，输出符合预期。因此，设计的4位全加器满足设计要求。

（a）下板验证结果1　　　　　　　　　　（b）下板验证结果2

图4-41　4位全加器实验结果

4.4.3　模块实例化：算术逻辑单元

在计算机中，ALU（arithmetic and logic unit，算术逻辑单元）是专门执行算术和逻辑运算的数字电路，可完成算术运算（如加、减），位逻辑运算（如与、或、非）等操作。ALU 的输入包括需要进行操作的数据（称为操作数）以及用于控制执行哪种运算的指令代码，输出即为运算结果。多个1位 ALU 进行级联可以得到多位 ALU。本节通过模块实例化4个1位 ALU 的方法实现4位 ALU。

1. 1位 ALU

（1）电路功能描述

本小节介绍的1位 ALU，图形符号如图4-42所示。

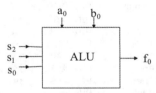

图4-42　1位 ALU 图形符号

a_0、b_0为1位的数据输入，即操作数。s_2，s_1，s_0为控制代码，用来指示将要进行的运算，3位的控制代码最多可控制8种不同的运算操作。f_0为1位数据输出。ALU 的端口描述见表4-11。

表4-11　1位 ALU 的端口功能描述

接口名称	输入/输出	位宽/bit	功能描述
a_0	Input	1	待执行算术逻辑运算的输入数据
b_0	Input	1	待执行算术逻辑运算的输入数据
s_2	Input	1	选择执行算术逻辑运算的控制端口最高位
s_1	Input	1	选择执行算术逻辑运算的控制端口次高位
s_0	Input	1	选择执行算术逻辑运算的控制端口最低位
f_0	Output	1	算术逻辑运算的输出

根据电路功能细分ALU的内部结构，如图4-43所示。

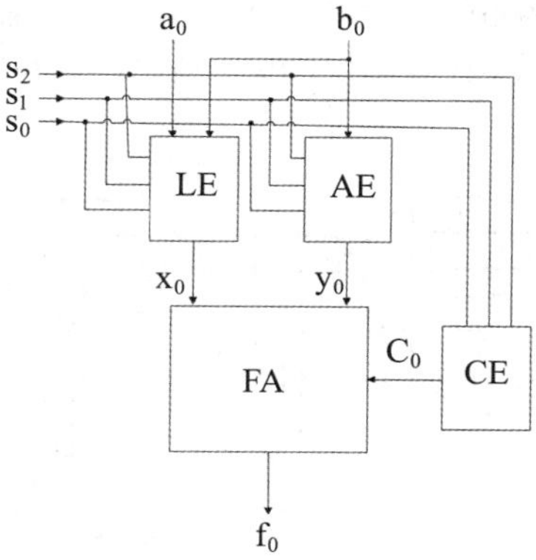

图4-43　ALU内部结构图

图中LE代表逻辑模块，AE代表算术模块，CE代表进位模块。表4-12描述了该1位ALU模块的功能和各信号之间的关系。

表4-12　1位ALU模块真值表

s_2	s_1	s_0	功能	逻辑表达	x_0(LE)	y_0(AE)	C_0(CE)
0	0	0	直通	$f_0 = a_0$	a_0	0	0
0	0	1	与	$f_0 = a_0\,AND\,b_0$	$a_0\,AND\,b_0$	0	0
0	1	0	或	$f_0 = a_0\,OR\,b_0$	$a_0\,OR\,b_0$	0	0
0	1	1	取反	$f_0 = NOT\,a_0$	$NOT\,a_0$	0	0
1	0	0	加	$f_0 = a_0 + b_0$	a_0	b_0	0
1	0	1	减	$f_0 = a_0 - b_0$	a_0	$NOT\,b_0$	1
1	1	0	自增	$f_0 = a_0 + 1$	a_0	0	1
1	1	1	自减	$f_0 = a_0 - 1$	a_0	1	0

当$\{s_2，s_1，s_0\}$=3'b000时，ALU的f_0直接输出a_0。当$\{s_2，s_1，s_0\}$=3'b001、$\{s_2，s_1，s_0\}$=3'b010或$\{s_2，s_1，s_0\}$=3'b011时，ALU通过LE模块进行运算，并将结果x_0输出至f_0。当$\{s_2，s_1，s_0\}$=3'b100和$\{s_2，s_1，s_0\}$=3'b111时，ALU通过AE模块运算结果y_0并输出至f_0。由于是1位运算，因此执行a_0自减运算时，在不产生进位标志位的情况下，加1和减1的运算结果相同。当$\{s_2，s_1，s_0\}$=3'b101或$\{s_2，s_1，s_0\}$=3'b110时，ALU通过AE模块和CE模块共同运算结果y_0和c_0，输出$f_0= y_0+c_0$。减法应用的是求补码的形式。根据该真值表分别化解卡诺图，得到x_0、y_0和c_0的逻辑表达式：

$$x_0= s_2a_i + s_0'a_i + s_1'a_ib_i + s_2's_1a_i'（b_i + s_0）$$
$$y_0= s_2s_1s_0 + s_2s_0b_i' + s_2s_1's_0'b_i$$
$$= s_2s_0（s_1 + b_i'）+ s_2s_1's_0'b_i$$

$$c_0 = s_2 s_1' s_0 + s_2 s_1 s_0' = s_2 \ (s_1 \text{ Å } s_0)$$

$$f_0 = x_0 + y_0 + c_0$$

对应的LE模块、AE模块和CE模块的电路结构图如图4-44所示。

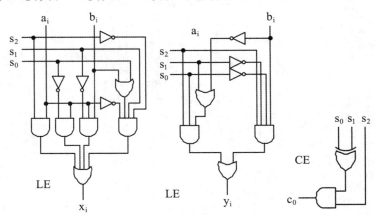

图4-44　LE模块、AE模块和CE模块电路结构图

（2）逻辑设计

按照图4-44描述的门电路结构图分别对LE、AE和CE进行门级结构建模，然后通过模块实例化的形式，按图4-43组合以上几个模块，得到1位ALU。

行为级建模直接描述1位ALU的输入与输出关系。Verilog代码中定义一个名为ALU_1的模块，输入与输出的端口与图4-43一致。代码中的always块用于指定该ALU模块执行运算的条件，即a、b、s三个输入中的任何一个发生变化时，执行对应于s的运算操作。电路根据3位控制信号s的输入选择不同的运算功能，该部分功能通过case语句实现，对应的运算直接通过逻辑运算符执行。

（3）仿真

仿真是对模块的输入端口施加激励信号，查看对应的输出是否符合预期。因此仿真最主要的工作就是准备测试用的激励模块，该模块应当覆盖所有可能出现的输入组合。激励块的设计因人而异。本案例首先初始化输入a、b为0，然后隔一段时间改变控制信号s的值，直至遍历ALU能够执行的所有运算。为了验证运算的准确性，变化a、b输入的值，然后查看运算结果是否符合预期。当a=0，b=1时，本案例输出波形如图4-45所示。

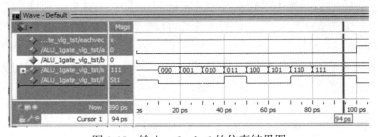

图4-45　输入a=0，b=1的仿真结果图

当输入a=0，b=1时，操作数s由000依序变为111，按照电路设定依次完成直通、与、或、取反、加、减、自加1和自减1运算，对应输出f的结果可知运算与原计划相符。对于其他输入的情况，也可进行类似的验证分析。

（4）下板验证

s_2、s_1和s_0依次绑定拨码开关SW[2]、SW[1]和SW[0]，输入a、b分别绑定拨码开关SW[9]和SW[8]，输出f绑定LEDR[0]。引脚配置如图4-46所示。

Node Name	Direction	Location	I/O Bank	VREF Group	Fitter Location	I/O Standard
in a	Input	PIN_AE12	3A	B3A_N0	PIN_AE12	2.5 V (default)
in b	Input	PIN_AD10	3A	B3A_N0	PIN_AD10	2.5 V (default)
out f	Output	PIN_V16	4A	B4A_N0	PIN_V16	2.5 V (default)
in s[2]	Input	PIN_AF9	3A	B3A_N0	PIN_AF9	2.5 V (default)
in s[1]	Input	PIN_AC12	3A	B3A_N0	PIN_AC12	2.5 V (default)
in s[0]	Input	PIN_AB12	3A	B3A_N0	PIN_AB12	2.5 V (default)
<<new node>>						

图4-46　1位ALU引脚配置图

下板后改变拨码开关SW[9]和SW[8]相当于改变输入a和b，向上拨动则输入高电平，向下则改变为低电平。同理，改变拨码开关SW[2]、SW[1]和SW[0]相当于改变运算规则。通过观察LEDR[0]的亮灭可依次验证不同的运算规则。例如，向上拨动SW[9]，向下拨动SW[8]，表示此时输入数据a为1，b为0；SW[2]、SW[1]和SW[0]均向下拨动，表示s=$(000)_2$，模块为直通状态，f输出应与a相同，LEDR[0]亮起，与表4-12描述一致。

2. 4位ALU

（1）电路功能描述

4位ALU包含2个输入端口a和b，1个输入端口s用于控制功能选择，1个输出端口f。图形符号如图4-47所示。

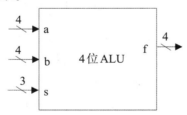

图4-47　4位ALU的图形符号

a和b用于传输待运算的输入数据，s是功能选择端口，包含8种可选择的功能，见表4-13。f代表4 bit的运算结果输出端口。

表4-13　4位ALU电路功能表

s_2	s_1	s_0	功能	逻辑表达
0	0	0	直通	f= a
0	0	1	按位与	f= a AND b
0	1	0	按位或	f= a OR b

s_2	s_1	s_0	功能	逻辑表达
0	1	1	按位取反	f= NOT a
1	0	0	加	f=a+b
1	0	1	减	f=a-b
1	1	0	自增	f=a+1
1	1	1	自减	f=a-1

（2）逻辑设计

采用模块实例化设计，需要以图4-48的形式，实例引用4个1位ALU。

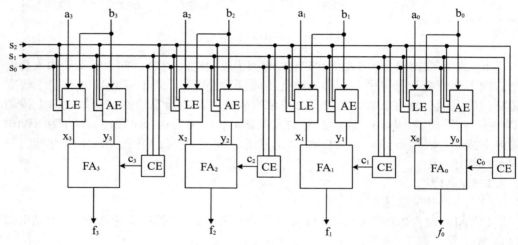

图4-48　4位ALU电路结构图

4位ALU的s端口与4个1位ALU的S端口级联，保证每次运算时，4个1位ALU都能按s端口的控制信号选择同样的操作。FA_0的输入作为4位ALU的输入最低位a_0和b_0，运算结果输出作为4位ALU的输出最低位f_0。同理，FA_3的输入作为4位ALU的输入最高位x_3和y_3，运算结果输出作为4位ALU的输出最低位f_3。利用实例引用的方式，将4个1位ALU以上述方式关联起来。参考代码如下。

```
module ALU_4（
        s,
        a,
        b,
        f
        );
input [2：0] s;
```

```
input [3：0] a；
input [3：0] b；
output [3：0] f；

    ALU_1 ALU0（.s（s），.a（a[0]），.b（b[0]），.f（f[0]））；
    ALU_1 ALU1（.s（s），.a（a[1]），.b（b[1]），.f（f[1]））；
    ALU_1 ALU2（.s（s），.a（a[2]），.b（b[2]），.f（f[2]））；
    ALU_1 ALU3（.s（s），.a（a[3]），.b（b[3]），.f（f[3]））；

endmodule
```

3. 仿真

对ALU模块的输入施加激励信号，并观察对应输出，分析ALU模块功能设计是否符合预期。本案例对应的仿真输出波形如图4-49所示。

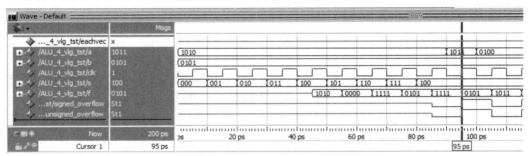

图4-49　4位ALU仿真波形

两个输入信号a、b分别为$(0101)_2$与$(1011)_2$，通过改变输入信号观察4位ALU的各种功能是否满足设计要求。在初始状态下控制信号s设置为$(000)_2$，此时应为"直通"功能。观察得到输出f的值与a相同，满足功能要求。10个时间单位后将控制信号改为$(001)_2$，此时ALU功能改变为"按位与"功能，输出f变为$(0001)_2$，即a与b按位与的结果。逐步改变控制信号s，观察输出f与两个溢出信号。显然，输出信号f的波形符合相应的功能操作。

4. 下板验证

s_2、s_1、s_0依次绑定拨码开关SW[9]、SW[8]、SW[7]。b[3]、b[2]、b[1]、b[0]依次绑定拨码开关SW[6]、SW[5]、SW[4]、SW[3]。由于拨码开关只有10个，所以a[3]、a[2]、a[1]绑定拨码开关SW[2]、SW[1]、SW[0]。a[0]由按键KEY[3]控制。输出f[3]、f[2]、f[1]、f[0]依次连接至LEDR[3]、LEDR[2]、LEDR[1]、LEDR[0]，引脚绑定如图4-50所示。

Node Name	Direction	Location	I/O Bank	VREF Group	I/O Standard	serv	Current Strength
a[3]	Input	PIN_AF9	3A	B3A_N0	2.5 V (default)		12mA (default)
a[2]	Input	PIN_AC12	3A	B3A_N0	2.5 V (default)		12mA (default)
a[1]	Input	PIN_AB12	3A	B3A_N0	2.5 V (default)		12mA (default)
a[0]	Input	PIN_Y16	3B	B3B_N0	2.5 V (default)		12mA (default)
b[3]	Input	PIN_AE11	3A	B3A_N0	2.5 V (default)		12mA (default)
b[2]	Input	PIN_AD12	3A	B3A_N0	2.5 V (default)		12mA (default)
b[1]	Input	PIN_AD11	3A	B3A_N0	2.5 V (default)		12mA (default)
b[0]	Input	PIN_AF10	3A	B3A_N0	2.5 V (default)		12mA (default)
f[3]	Output	PIN_V18	4A	B4A_N0	2.5 V (default)		12mA (default)
f[2]	Output	PIN_V17	4A	B4A_N0	2.5 V (default)		12mA (default)
f[1]	Output	PIN_W16	4A	B4A_N0	2.5 V (default)		12mA (default)
f[0]	Output	PIN_V16	4A	B4A_N0	2.5 V (default)		12mA (default)
s[2]	Input	PIN_AE12	3A	B3A_N0	2.5 V (default)		12mA (default)
s[1]	Input	PIN_AD10	3A	B3A_N0	2.5 V (default)		12mA (default)
s[0]	Input	PIN_AC9	3A	B3A_N0	2.5 V (default)		12mA (default)

图4-50　4位ALU引脚配置图

通过控制拨动开关SW[9]至SW[7]控制ALU的功能，控制SW[6]至SW[3]改变输入b，控制SW[2]至SW[0]以及KEY[3]改变输入a，观察对应LED灯的亮灭判断ALU的输出状态是否与预期相符。

4.5　流水线设计

4.5.1　流水线设计方法

流水线是一种实现多条指令重叠执行的技术，在一些高性能、需要经常进行大规模运算的系统中广泛应用。流水线技术的优势在于提高系统的吞吐量。在数字逻辑系统设计中，可应用流水线技术将规模较大、层次和模块较多的数字逻辑系统分为几级，然后在每级插入寄存器组用于存放中间数据，实现拆分后的各级模块同时工作。

下面以饼干制作过程为例，说明流水线设计的概念和应用。制作饼干粗略可分为食材称重、混合搅拌、灌模定型、烤制4个步骤。假设食材称重需要花费的时间为T_1，混合搅拌花费的时间为T_2，灌模定型花费的时间为T_3，烤制花费的时间为T_4。如果采用非流水线的方法做4批饼干，流程和需要花费的时间如图4-51的上半部分所示。该方法需等前一个步骤做好后才能做下一个步骤，花费的总时间T等于4×（$T_1+T_2+T_3+T_4$）。

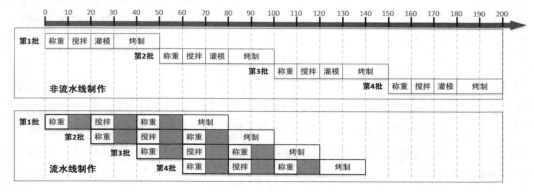

图4-51　以饼干制作为例对比流水线插入前后的区别

如果采用流水线的方法制作 4 批饼干，将节省大量时间。例如：当第一批饼干刚称重完成，进行混合搅拌时马上对第二批饼干称重，然后在第一批饼干灌模定型时对第二批饼干混合搅拌，并且对第三批饼干进行食材称重，如图 4-51 的下半部分所示。流水线化后，4 个制作步骤可同时进行（同时进行的 4 个步骤分属于不同制作批次）。因此，流水线对于只制作一批饼干时无法缩短总的制作时间，而对于多批任务时可通过不同批次不同步骤同时进行缩短总体的工作时间。需要特别注意的是，流水线后每个步骤花费的时间发生了一些变化。在非流水线操作时每个步骤花费的时间是不同的，但是流水线操作后，每个步骤花费的时间变成了相同的。这是因为流水线操作后同一时间需要运行多个步骤，如果花费时间不同，会导致系统的混乱。例如图 4-51 的流水线每个步骤的操作时间如果与非流水线相同，那么 40 分钟时，第 1 批的烤制步骤无法完成，但第 2 批的烤制步骤已经开始，该系统无法在同一时间完成相同的两个步骤。该例子同样说明，流水线操作的每部分时间都应该以分割后的步骤操作中时间最长的为准，否则无法保证同一时间段内被分割的操作步骤全部完成。在花费的总时间方面，流水线显然能缩短花费的总时间，而且缩短的程度与流水线的级数、每个步骤花费的时间和处理的批次数量有直接关系。流水线的级数越多，每级花费的时间越相近，并且处理的批次越多，则对总时间的缩短越明显。理想情况下，每级花费时间相同的 n 级流水线，如果处理的批次接近于无穷大，流水线花费的总时间无限接近非流水线的 $1/n$。如果不满足以上条件，流水线的效率将有所降低。例如，在只制作 4 批饼干时，非流水线需要花费的时间为 200 分钟，而流水线需要花费的时间为 140 分钟，仅为非流水线的 70%。但是，如果制作的是 20 批，花费的时间仅为非流水线的 46%。假设案例中的烤制也仅花费 10 分钟时间，那么制作 4 批饼干时，流水线花费的时间约为非流水线的 44%，制作 20 批时花费的时间约为非流水线的 29%。

对于数字逻辑电路而言，进行流水化操作首先需要将某个组合逻辑系统进行分割，并保证分割后的每个部分都有独立的工作单元，否则容易出现流水线冒险。其次，需要给每个部分配备寄存器用于存储该部分的输出，作为下一部分的输入进行储备。例如之前的制作饼干，需要多准备 4 个容器，用于盛装在每个步骤之间的半成品和最后的成品。最后，系统的时钟周期必须满足分割后最慢操作的执行需要。由于流水线的每个步骤最少花费一个时钟周期的时间，因此系统时钟必须使分割后最慢的操作也能顺利执行完毕。总之，在数字逻辑电路中，流水线技术就是将组合逻辑系统分割，在各个部分（分级）之间插入寄存器，并暂存中间数据的方法。流水线设计能够将一个大操作分解成若干独立工作的小操作，并通过小操作的并行执行提高系统的吞吐率。通常流水线设计也被工程师们称为"以空间换时间"的操作。

4.5.2　流水线设计实例

本小节以 4.4.2 小节中的 4 位全加器为例，演示如何插入流水线操作，并且分析加入流水线设计前后的运算执行速度变化。模块实例化 4 个 1 位全加器实现的 4 位全加器电路结构如图 4-52 的上半部分所示。4 个 1 位全加器首尾相连，左侧模块的 C_{out} 输出是右侧相邻模块的输入 C_{in}，例如 FA_1 的输出 C_{out} 是 FA_2 的输入 C_{in}。该结构的全加器必须等 FA_1 运算完毕后，FA_2 才能开始运算，因此最后的结果只有 4 个 1 位全加器都依次运算完毕后才能得到。

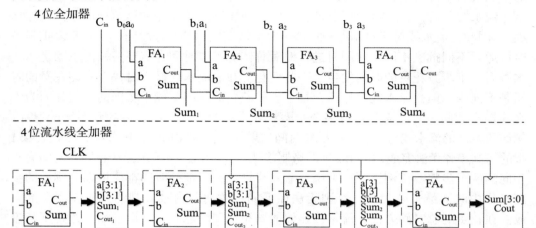

图4-52　4位全加器与4位流水线全加器电路结构对比示意图

4位流水线全加器在相邻的1位全加器之间插入了存储模块，如图4-52的下半部分较窄矩形框图所示，用于储存流水线上一级输出的结果和流水线下一级的输入。FA_1 与 FA_2 之间除了存储 FA_1 产生的输出 C_{out_1} 和 Sum_1 外，还分别存储输入 a 与 b 的最高位、次高位和次低位。其中，次低位在下一时钟周期充当 FA_2 的输入 a 与 b，次高位用于 2 个时钟周期后充当 FA_3 的输入 a 与 b，最高位用于 3 个时钟周期后充当 FA_3 的输入 a 与 b。每个 FA 运算后得到的 Sum 都会被暂存。FA_1 与 FA_2 之间只保存 Sum_1，FA_2 与 FA_3 之间保存 Sum_1 与 Sum_2。同一时刻，FA_1 与 FA_2 之间保存的 Sum_1 与 FA_2 与 FA_3 之间保存 Sum_1 是不相同的。FA_2 与 FA_3 之间保存的 Sum_2 指 FA_2 在该时钟周期内运算得到的结果，Sum_1 指上一个时钟周期 FA_1 运算得到的结果。FA_1 与 FA_2 之间保存的 $Sum1$ 指此刻 FA_1 运算得到的结果。图4-53通过一个传统的流水线工作流程图详细说明该过程。

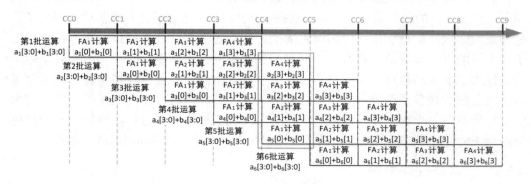

图4-53　4位流水线全加器分时工作流程图

图4-53中进行了 6 批 4 位数据的全加运算。顶部箭头表示时间从左至右递增。箭头上的刻度用于衡量耗费的时间大小，每个刻度代表 1 个时钟周期。分别用 a_1 至 a_6 和

b_1至b_6代表不同批次的数据，例如a_1和b_1代表第1批进行全加的4位数据。假设每个1位全加器运算耗费的时间皆为1个时钟周期。每批运算都需经过FA_1运算、FA_2运算、FA_3运算和FA4运算，共4个时钟周期。第1批运算时间跨度为CC0至CC4。在CC0至CC1之间，FA_1进行$a_1[0]$和$b_1[0]$的加法，最后在CC3至CC4之间，FA_4进行$a_1[3]$和b_1[3]的加法。每隔一个时钟周期向4位流水线全加器输入新批次数据。第2批次数据在CC1处开始输入。图4-53中纵向排列的框图为同一个时刻同时工作的模块名称和所做的运算操作。以CC4至CC5之间的点线矩形框为例，在FA_1至FA_4都在同时工作，但是他们运算的却是不同批次的数据。例如FA_4运算的是第2批次的数据，但此时新输入FA_1的是第5批次的数据。假设第2批次的数据不在之前的运算中通过存储模块暂存并逐级传递，此时FA_4将无法进行第2批次的数据运算。同样，对于每级的运算结果也是如此。FA_4在该时刻结束时应该将FA_1、FA_2、FA_3的结果拼接起来，得到最终的4位求和结果，如果不在前面的运算中将每个时刻每级运算得到的结果暂存并传递，此时便只能用第5批运算的FA_1结果、第4批运算的FA_2结果和第3批运算的FA_3结果拼凑最终的求和结果，这显然不符合运算规则。

1. 逻辑建模

建模时首先例化4个1位全加器，然后在1位全加器之间插入存储模块，第一级与第二级流水线的核心代码如下。

```
//第一级
always @ （posedge clk）
begin
 temp1_sum<=firstsum；
 temp1_cin<=firstco；
 temp1_a <= a[3：1]；
 temp1_b <= b[3：1]；
end

//第二级
full_add second_add(
.Xi （temp1_a[0]），
.Yi （temp1_b[0]），
.Ci （temp1_cin），
.Co （secondco），
.Si （secondsum）
）；
always @ （posedge clk）
begin
 temp2_sum[0]<= temp1_sum；
```

```
        temp2_sum[1]<= secondsum;
        temp2_cin<=secondco;
        temp2_a <= temp1_a[2：1];
        temp2_b <= temp1_b[2：1];
    end
```

后续第三级与第四级流水线代码类似。每级运算之间都会通过触发器传递该级流水线产生的输出和后续运算需要的输入数据。综合成功后查看RTL图，如图4-54所示。

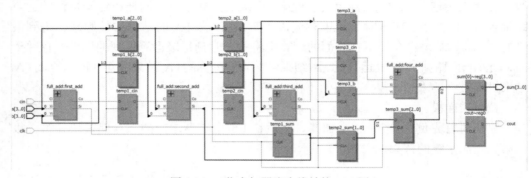

图4-54　4位全加器流水线结构RTL图

2. 功能仿真

仿真是对模块的输入端口施加激励信号，查看对应的输出是否符合预期。因此仿真最主要的工作就是准备测试用的激励模块，该模块应当覆盖所有可能出现的情况。激励块的设计因人而异，此处主要模拟流水线的输入，每隔1个时钟周期给输入端口a、b和C_{in}输入不同的数据，查看最后的输出结果是否符合预期，以及输出产生的时间与上述流水线运行规律是否一致。本案例生成的仿真波形如图4-55所示。

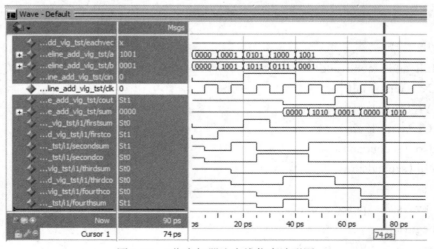

图4-55　4位全加器流水线仿真波形图

可以看到所有的输出结果都在输入改变后经过 4 个时钟上升沿得到，并且所有的结果都符合 4 位全加运算的规律。图中显示了运算最低位加法的 1 位全加器的输入和输出，便于分析流水线的运算规律。该 1 位全加器用于运算 4 位输入的最低位，每个时钟周期都随输入变化而改变，与当前时刻的输入最低位一致，输出为当前时刻输入最低位与 C_{in} 的和。如果将后续几个 1 位全加器的输入和输出全部调出来观察，可以发现，在同一时刻，流水线中的不同级都在同时工作，运算不同批次的输入数据。

3. 下板验证

下板验证与非流水线方式相同，可参照 4 位全加器章节进行设置。因为时钟频率太快的缘故，人眼无法分辨两种方法带来的差异，因此在绑定下板后看到的实验现象与非流水线的 4 位全加器一致。如果希望观测信号的具体变化，可以使用逻辑分析仪或者嵌入式逻辑分析仪做进一步的观测。

4. 非流水线和流水线方式效率比较

模块实例化方式采用的是串行进位方式，即将一位全加器级联构成多位全加器，将低位的进位输出与高位的进位输入相连，必须等上一级的进位输出后才能进行运算，运算时间取决于 4 个 1 位全加器的电路延时。采用流水线模式设计的 4 位全加器是一种并行进位的方式，运算时间取决于电路的时钟周期（时钟周期必须大于 1 位全加器的电路延时）。在本实验中，插入流水线设计的 4 位全加器的运算效率并不一定大于非流水线的 4 位全加器。1 位全加器电路结构较为简单，因此电路延时可能远远小于本案例选用的开发板时钟周期（50 MHz），这种差距会随着流水线级数的增加愈发明显。但这并不意味着流水线设计不可取，在模块化拆分后的电路结构较为复杂，花费时间明显大于时钟周期以及模块化拆分后的每个模块运算时间很接近的情况下，流水线设计将具备优势，并且这种优势会随着流水线级数和处理数据批次的增加而增加。

第5章 / **Verilog HDL 有限状态机设计**

5.1 有限状态机设计

5.1.1 有限状态机设计方法

数字系统通常包含组合逻辑电路和时序逻辑电路，组合逻辑电路的输入和输出便于直接用真值表描述辅助设计。复杂的时序逻辑电路包含状态的存储和转移，输入和输出的真值表描述较为复杂。有限状态机（FSM）简称状态机，可用于描述复杂的时序系统，通常包含一组有限的状态量、输出函数和下一状态函数。有限状态机可直观描述时序系统所有可能出现的状态，包括每种状态的输出以及状态的转移关系（包括输入是否影响状态转移）。在数字逻辑系统设计中，状态机通常采用组合逻辑电路和状态寄存器共同实现。图 5-1 为经典状态机框图，状态寄存器用于存储数字系统的状态，组合逻辑用于产生下一时刻状态和输出。当输出同时取决于当前状态和输入的时候，我们把这种状态机称为 Mealy 型状态机；当输出只取决于当前状态而与输入无关时，我们把这种状态机称为 Moore 型状态机。

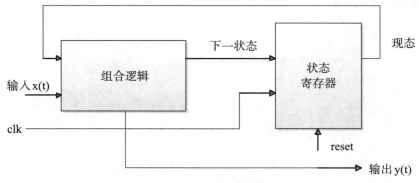

图 5-1　经典状态机框图

为了辅助设计，有限状态机可进一步通过状态转移表或状态转移图来表示，这两种表示方法可以相互转化。图 5-2 为 Moore 型状态机的状态转移图。

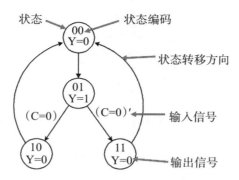

图 5-2　Moore 型状态机的状态转移图

Moore 型状态机的输出与输入无关，因此输出信号直接显示在表示状态的圈中，表述当状态机处于某个状态时的输出情况。图 5-3 为 Mealy 型状态机的状态转移图。

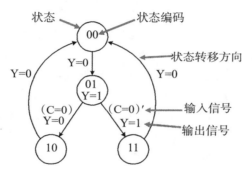

图 5-3　Mealy 型状态机的状态转移图

两种状态转移图的区别是输出信号的表示方法。Mealy 型状态机的输出不仅取决于当前状态，还取决于输入，因此输出信号与输入信号一起表示在转移方向线旁边。状态转移图可表示为状态转移表，例如图 5-3 的 Mealy 型状态机的状态转移表见表 5-1。

表 5-1　Mealy 型状态机的状态转移表

当前状态 Q_1Q_0	下一状态 $Q_1^*Q_0^*$	
	$C = 0$	$C = 1$
00	01	01
01	10	11
10	00	00
11	00	00

对于复杂的时序逻辑电路而言，如何将设计需求转化为状态机模型是关键。一般情况下，状态机的设计方法如图 5-4 所示。

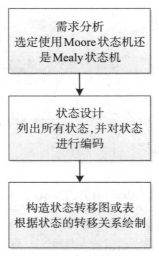

图5-4 状态机设计步骤

传统数字电路逻辑设计时首先将状态转移图转化为状态转移表，然后应用卡诺图化简得到激励函数和输出方程，最后应用图5-1中的模型搭建电路。基于Verilog HDL的现代数字电路逻辑设计通常用always块描述状态机。设计时，首先利用参数定义语句描述状态机中各个状态的名称。状态编码可选用二进制编码、格雷码、热独码等。此处推荐热独码的状态编码方式，该方式用触发器的数量换取更简洁的译码电路，这一优势在状态比较多的状态机中尤为明显。随后使用always块描述状态触发器，实现状态存储，case语句或if-else语句描述的组合逻辑电路用于判断下一状态和产生输出逻辑。

应用Verilog HDL描述有限状态机，根据所用的always过程块数量，分为一段式状态机（仅用1个always过程块描述状态机）、两段式状态机（用2个always过程块描述状态机）和三段式状态机（用3个always过程块描述状态机）。三段式状态机结构如图5-5所示。第一个always块采用同步时序逻辑描述状态触发器，实现对下一状态的存储。第二个always块采用组合逻辑描述下一状态，状态之间的转移规律也在这部分体现。第三个always块则根据现在的状态（如果是Mealy机还需考虑输入）产生对应的输出信号。一般情况下输出由组合逻辑产生，但若时序允许，可插入寄存器输出，保证输出信号中没有毛刺。这种建模方法适合大型的状态机，便于设计者查找错误和修改。

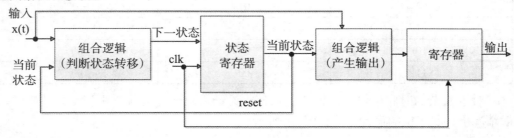

图5-5 三段式状态机结构图

两段式状态机将三段式状态机中的状态寄存器和判断状态转移的组合逻辑电路合并，使用 1 个 always 过程块描述电路状态转移与存储的时序逻辑。另一个 always 过程块描述则根据现在的状态（如果是 Mealy 机还需考虑输入）产生对应的输出信号。

一段式状态机将存储下一状态的状态寄存器、判断状态转移的组合逻辑电路和产生输出的组合逻辑电路合并至 1 个 always 过程块中描述。

整个模块设计的核心在于状态转移图，因此在模块设计时如何将设计需求转化为状态转移图是 Verilog HDL 描述有限状态机的关键。状态转移图有助于梳理状态转移关系和对应的输出变化。状态转移关系对应判断状态转移的组合逻辑电路的设计。输出根据现在状态的变化（如果是 Mealy 机还需考虑输入）对应产生输出的组合逻辑电路设计。

5.1.2　有限状态机设计实例

本节以流水灯电路模块为例，对比一段式、两段式和三段式的设计方法描述有限状态机，并通过功能仿真和下板验证电路。

1. 设计需求

设计的流水灯电路可控制 8 个 LED 灯的依次亮起，例如第 1 个灯亮起，然后熄灭并亮起第二个灯，依照该顺序闪烁至第 8 个 LED 灯后再重新由第 1 个灯开始新一轮的循环，如图 5-6 所示。该电路有两个控制按键。其中一个为复位按键，每次按下复位按键后都回到只亮起第一个灯，其他灯熄灭的状态，并依照原来的顺序重新"流水"。另一个为停止流水的按键，每次按下后流水灯电路都停住，亮起的 LED 灯不再变换位置，直到松开该按键后才亮起下一个 LED 灯。

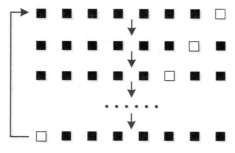

图 5-6　流水灯电路示意图

2. 模块设计

首先，确定该状态机用 Moore 型状态机还是 Mealy 型状态机描述。该电路的输出用于控制 LED 灯亮灭，而"复位按键"和"停止流水按键"作为输入也会导致 LED 灯的亮灭规律发生改变，选用 Mealy 型状态机为例描述该流水灯。

其次，列出所有状态并编码。该流水灯电路控制 LED 灯会产生 8 种不同的亮灭状态，因此有 8 种状态，命名为 S0～S7 并分别用热独码对其编码。各状态的描述见表 5-2。

表 5-2 流水灯状态描述表

状态名	状态编码	状态描述（顺序描述从右至左）
S0	00000001	第1个LED灯亮,其余LED灯熄灭
S1	00000010	第2个LED灯亮,其余LED灯熄灭
S2	00000100	第3个LED灯亮,其余LED灯熄灭
S3	00001000	第4个LED灯亮,其余LED灯熄灭
S4	00010000	第5个LED灯亮,其余LED灯熄灭
S5	00100000	第6个LED灯亮,其余LED灯熄灭
S6	01000000	第7个LED灯亮,其余LED灯熄灭
S7	10000000	第8个LED灯亮,其余LED灯熄灭

电路用一个8位的输出控制8个不同的LED灯的亮灭,将输出暂时命名为led。

最后,画出状态转移图。假设电路最初处于S0态,如果按下"停止流水按键",此时电路停在原状态不动（即只有第一个LED灯亮起）,已知高电平可点亮LED,故输出led=（00000001）$_2$。否则第二个LED灯亮起,输出led=（00000010）$_2$。用1个1bit的输入信号stop表示是否按下"停止流水按键",当stop=（1）$_2$时表示按下了停止按键,电路停留在原状态,否则电路进入下一状态S1。S1状态当stop=（1）$_2$时,原状态停留,输出led=（00000010）$_2$,否则led=（00000100）$_2$。依照该规律画出状态转移图如图5-7所示。信号reset用于电路复位,无论电路处于何种状态,只要reset=（0）$_2$,即跳转至状态S0,输出led=（10000000）$_2$,该信号比较简单,不在图中绘制转移关系。

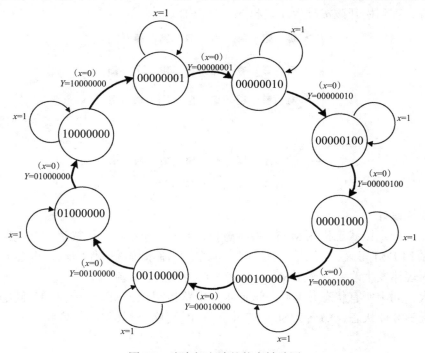

图5-7 流水灯电路的状态转移图

根据设计需求和状态转移图梳理该流水灯电路的接口，共3个输入，1个输出，具体说明见表5-3。

表5-3　流水灯电路接口说明表

接口名称	输入/输出	位宽/bit	功能描述
clk	Input	1	时钟信号
rst_n	Input	1	rst_n=0时复位到S0状态，输出led=(10000000)$_2$
stop	Input	1	stop =1时保持在原状态，输出led不变 stop =0时跳转到下一状态，改变输出led
led	Output	8	用于控制8个LED的亮灭

依照接口说明申明模块并定义端口。参考上节介绍的三种状态机描述方式对其进行建模。

（1）一段式状态机

```
always@（posedge clk or negedge rst_n）
  begin
    if（rst_n == 1'b0）begin
     Current_state <= S0；
       led<=8'b1000_0000；
    end
    else
case（Current_state）
    S0：begin
      if（stop==1'b0）begin
        Current_state <= S1；
        led<=8'b0000_0001；
        end
      else begin
        Current_state <= S0；
        led<=8'b1000_0000；
        end
    end

    ……

    S7：begin
      if（stop==1'b0）begin
```

```
            Current_state <= S0;
            led<= 8'b1000_0000;
            end
          else begin
            Current_state <= S7;
            led<= 8'b0100_0000;
            end
        end
      endcase
  end
```

　　该程序将存储下一状态的状态寄存器、判断状态转移的组合逻辑电路和产生输出的组合逻辑电路合并至1个always过程块中描述。程序的主体利用case语句判断当前状态，然后在每个状态中判断stop的值，产生下一状态和led的输出。由于篇幅原因，S1至S6的代码省略，可参照S0和S7的代码自行补充。

　　（2）两段式状态机

```
    always@（posedge clk or negedge rst_n）
    begin
        if（rst_n == 1'b0）begin
          Current_state <= S0;
        end
      else case（Current_state）
        S0： begin
          if（stop==1'b0）begin
            Current_state <= S1;
            end
          else begin
            Current_state <= S0;
            end
        end

            ……

        S7： begin
          if（stop==1'b0）begin
            Current_state <= S0;
            end
```

```
            else begin
                Current_state <= S7;
                end
            end
        endcase
    end

    always@(Current_state or stop or rst_n)
    begin
        if (rst_n == 1'b0) led=8'b1000_0000;
        else begin
            case(Current_state)
            S0：begin
              if(stop==1'b0)
                led=8'b0000_0001;
                        else
                        led=8'b1000_0000;

            ……

            S7：begin
if(stop==1'b0)
            led=8'b1000_0000;
                        else
                        led=8'b0100_0000;

        endcase
    end
end
```

　　第 1 个 always 过程块描述流水灯电路根据当前状态和输入值的状态转移。第 2 个 always 过程块描述则根据现在的状态（如果是 Mealy 机还需考虑输入）产生不同状态对应的 led 输出信号。由于篇幅原因，S1 至 S6 的代码省略，可参照 S0 和 S7 的代码自行补充。

　　（3）三段式状态机

　　第一个 always 块用于描述状态触发器，核心代码如下。

```
    always@(posedge clk or negedge rst_n)
    begin
        if (rst_n == 1'b0)
```

```
        Current_state <= S0;
    else
        Current_state <= Next_state;
    end
```

这部分仅做当前状态的存储，说明异步复位到初始状态 S0 和同步时钟的操作，当复位信号为低电平时当前状态回到 S0，否则都将 Next_state 存为当前状态。

第二个 always 块采用组合逻辑描述下一状态，也就是用于产生 Next_state。可以看到这段在整个状态机中非常重要，状态转移规律都由这一段描述，具体代码如下。

```
    always@(Current_state or stop)
    begin
      Next_state=8'bXXXX_XXXX;
      case(Current_state)
        S0:
        begin
          if(stop==1'b0) Next_state = S1;
          else Next_state = S0;
        end

      ......

        S7:
        begin
          if(stop==1'b0) Next_state = S0;
          else Next_state = S7;
        end
      endcase
    end
```

该段主要描述 Next_state 的产生，当 stop 为低电平时，Next_state 进行状态转移，否则 Next_state 停在原状态。这段代码描述的是一个组合逻辑电路，以 Current_state 和 stop 作为敏感变量，只要这两个信号中任何一个发生变化，则立即执行后续的语句，产生新的 Next_state。由于篇幅原因，S1 至 S6 的代码省略，可参照 S0 和 S7 的代码自行补充。

第三个 always 块根据现在的状态和输入产生对应的输出信号，代码如下。

```
    always@(Current_state or stop or rst_n)
    begin
```

```
        if (rst_n == 1'b0) led=8'b0000_0001;
        else begin
             case(Current_state)
             S0: begin
    if(stop==1'b0)
            led=8'b0000_0001;
                         else
                         led=8'b1000_0000;

    ……

          S7: begin
    if(stop==1'b0)
            led=8'b1000_0000;
                         else
                         led=8'b0100_0000;
        endcase
      end
   end
```

　　always 块的敏感信号变为了 Current_state or stop or rst_n，当这三个信号中任意一个发生变化时，都触发输出的改变，这与状态转移图中描述的一致。这里如果把敏感信号改为时钟上升沿，得到的电路将有很大区别，有兴趣的同学可自行仿真验证。由于篇幅原因，S1 至 S6 的代码省略，可参照 S0 和 S7 的代码自行补充。

3. 测试仿真

依照该流水灯的功能描述，电路的设计需要保证：

（1）该电路按次序形成 8 个输出，并按规律进行循环。

（2）stop 信号为高电平时，该电路的流水灯停止"流水"，低电平时恢复"流水"。

（3）reset 信号为复位信号，按下后电路从 S0 状态开始进行流水。

　　为了验证电路是否符合以上要求，设计的 Test Bench 需要对电路进行一次完整的复位，观察电路复位后能否从 S0 开始进行流水，在功能测试部分应该验证流水灯能否按设定次序完成 8 个状态的依次循环，并且 stop=1 时能否停在某状态，stop=0 时能否继续跳转到下一状态。可供参考的 Test Bench 激励主体部分代码如下。

```
//------------------------------------------
initial
begin
task_sysinit;
task_reset;
```

```
    task_stop;
    repeat （2） @ （posedge clk）;
    $stop;
    end
```

首先，调用系统初始化任务将stop信号初始化为低电平，代码如下。

```
//--------------------------------------------
task task_sysinit;
  begin
      stop = 1'b0;
  end
endtask
```

然后，调用系统复位任务，通过设置rst_n信号进行系统复位，具体是高电平触发复位还是低电平触发复位由设计文件决定。此处是低电平复位，代码如下。

```
//--------------------------------------------
task task_reset;
  begin
    rst_n= 1'b0;
    repeat(2) @(posedge clk);
    rst_n= 1'b1;
  end
endtask
```

最后，在系统初始化和系统复位完成后调用功能测试任务，测试流水灯能否流水和停止。先让电路运行9个时钟周期，之所以设计为9个时钟周期，是因为该流水灯电路的一次完整循环为8个时钟周期，因此此处应该连续让电路运行至少8个时钟周期。设置stop为高电平，流水灯停止两个时钟周期后，恢复stop为低电平。具体代码如下。

```
//--------------------------------------------
task task_stop;
  begin
    repeat(9) @(posedge clk);
    stop = 1'b1;
    repeat （2） @ （posedge clk）;
    stop = 1'b0;
  end
endtask
```

本案例是时序电路，因此设计一个50 MHz的时钟发生器，代码如下。

```
//--------------------------------------------
parameter PERIOD=20;
initial
begin
clk = 1'b0;
forever #(PERIOD/2)
clk= ～clk;
end
```

生成的仿真波形图如图5-8所示。

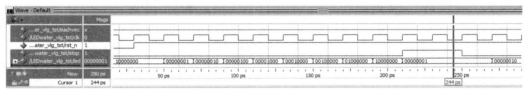

图5-8 流水灯电路的仿真波形图

主要观察输出led的变化情况。rst_n在仿真开始时便设置为低电平，流水灯电路复位进入S0状态，输出led=（10000000）$_2$。rst_n变为高电平后，系统转移到S1状态，输出led =(00000001)$_2$。后续的8个状态都按照图5-7的状态转移规律，输出对应的led。210ns时，stop变为高电平，输出led停在（00000001）$_2$，此时状态为S1，直到stop变回低电平，状态才向S2转移。根据仿真波形图，验证了电路与设计预期相符。

（4）下板验证

根据电路模块的特点设计便于操作的下板验证方案，验证方案如图5-9所示。

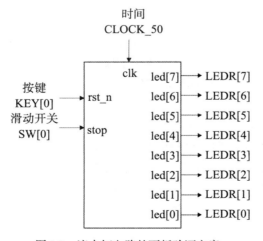

图5-9 流水灯电路的下板验证方案

时钟 clk 绑定至 DE1-SoC 上的 50 MHz 时钟，也可选择 25MHz 时钟或生成一个用于分频的 IP 核产生任意小于 50 MHz 的时钟。rst_n 接按键 KEY[0]，stop 接滑动开关 SW[0]。8 bit 的输出接 8 个 LED 灯。引脚配置如图 5-10 所示。

Node Name	Direction	Location
in clk	Input	PIN_AF14
out led[7]	Output	PIN_W20
out led[6]	Output	PIN_Y19
out led[5]	Output	PIN_W19
out led[4]	Output	PIN_W17
out led[3]	Output	PIN_V18
out led[2]	Output	PIN_V17
out led[1]	Output	PIN_W16
out led[0]	Output	PIN_V16
in rst_n	Input	PIN_AA14
in stop	Input	PIN_AB12
<<new node>>		

图 5-10　引脚配置示意图

连上开发板并下载程序后，按下按键 KEY[0]，LED 灯应呈流水闪烁。但是，观测的实验现象为 8 个 LED 全部亮起。这是由于时钟频率太高，时钟周期短，因此相邻状态之间的跳转非常频繁，导致肉眼无法观测 LED 灯的变化。为该流水灯电路加一个分频器即可解决该问题，观测到 LED 灯的"流水"变化。向上拨动滑动开关 SW[0]，流水灯会停住，向下拨动后恢复"流水"。但需注意，加了分频后的电路用于仿真时，无法再用原来的 Test Bench 观测到仿真结果，需要修改 Test Bench 或删除分频器。

（5）扩展练习

增加一个 2 位的输入端口 SW，用于控制流水灯以 4 种不同模式进行流水，例如从左往右、从右往左、高四位循环右移、低四位循环左移。

5.2　序列检测器

序列检测器在数字码流中识别某个指定的序列，广泛应用于信号检测与估计。本节设计二进制序列（0100110）$_2$的序列检测器，设计要求：当检测到连续二进制序列（0100110）$_2$时输出"1"，否则输出"0"。

5.2.1　模块设计

序列检测器用 Moore 型状态机和 Mealy 型状态机都可实现，此处以 Moore 型状态机为例进行建模。列出所有状态并编码。该电路除了初始态外，还需要检测 7 个连续的二进制数是否符合序列（0100110）$_2$，因此状态机至少有 8 个状态。各状态的描述见表 5-4。

表5-4　序列检测器状态描述表

状态名	状态编码	状态描述
S0	00000001	初始状态
S1	00000010	检测输入$(0)_2$
S2	00000100	检测输入$(01)_2$
S3	00001000	检测输入$(010)_2$
S4	00010000	检测输入$(0100)_2$
S5	00100000	检测输入$(01001)_2$
S6	01000000	检测输入$(010011)_2$
S7	10000000	检测输入$(0100110)_2$

输出仅需1 bit指示是否检测完整序列$(0100110)_2$。

最后，画出状态转移图如图5-11所示。

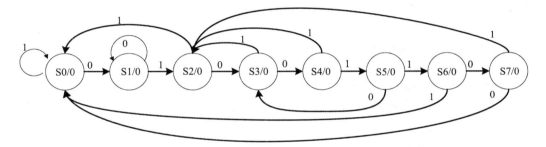

图5-11　序列检测器状态转移图

电路最初处于S0态，每当rst_n=0或序列不符合$(0100110)_2$的顺序时，电路无论处于何种状态也都会回到S0。当检测到串行输入为0时，表示检测到$(0100110)_2$的第1个二进制数，此时进入S1状态，否则停在S0态。在状态S1如果输入为1，转移至S2，如果输入为0，也可以表示检测到$(0100110)_2$的第1个二进制数$(0)_2$，因此停留在S1状态，无需回到S0状态。在状态S2，如果输入为0，转移至S3；如果输入为1则转移至S0。在状态S3，如果输入为0，转移至状态S4；如果输入为1，则转移至S2。由于S3已经输入了序列$(010)_2$，因此如果再输入为1，可认为检测到序列$(0100110)_2$开始的两个二进制数$(01)_2$。同理，后续的状态转移如果按$(0100110)_2$的顺序依次检测的话，则跳转至下一状态。如果未按该顺序，也会检测是否符合序列$(0100110)_2$的规则，是否检测输入序列$(01)_2$或$(010)_2$，如果检测到序列，则跳转至对应的状态。例如，S5状态已检测输入为$(01001)_2$，此时如果输入为1，进入状态S6；如果输入为0，可看作检测到序列$(010)_2$，进入状态S3。最后一个状态S7，已检测输入序列$(0100110)_2$输出变为高电平，如果此时输入为1，则可以认为检测输入序列$(01)_2$，跳转至S2；如果检测输入为0，则跳转至初始状态S0。

根据设计需求和状态转移图梳理该电路的接口，共3个输入，6个输出，具体说明见表5-5。

表5-5 序列检测器端口功能描述

接口名称	输入/输出	位宽/bit	功能描述
clk	Input	1	时钟信号。
rst_n	Input	1	rst_n=0时复位到S0状态
Serial_in	Input	1	串行输入信号
Sout	Output	1	1表示检测到序列

依照接口说明申明模块并定义端口。参考本章介绍的三段式状态机对其建模。

第一个always块用于描述状态触发器。该部分仅做当前状态的存储，说明异步复位至初始状态S0和同步时钟的操作，当复位信号为低电平时当前状态为S0，否则都将Next_state存为当前状态。

第二个always块采用组合逻辑描述下一状态，也就是用于产生Next_state。该部分在整个状态机中非常重要，状态转移规律都由这一段描述。该段代码主要参考图5-11所示的状态转移图编写，参考代码如下。

```
always@（state or Serial_in）
  case（state）
    S0：if（Serial_in==0）
        nextstate=S1；
      else
        nextstate=S0；
    ……

    S7：if（Serial_in==1）
        nextstate=S2；
      else
        nextstate=S0；
    default：nextstate=S0；
  endcase
```

状态是否转移受到当前所处状态和Serial_in的影响，因此这两个信号被当作always块的敏感信号。代码完全按状态转移图进行状态转移的条件判断和描述，直接参照状态转移图，在每个状态下当Serial_in为高电平或低电平时，设置下一个即将转移的状态。例如当状态处于S0时，如果Serial_in=0则达到了状态转移的条件，下一状态转移到S1；当Serial_in=1时停留于S0状态。由于篇幅原因，S1至S6的代码省略，可参照S0和S7的代码自行补充。

第三个always块根据现在的状态和输入产生对应的输出信号，参考代码如下。

```
always@（Rst_n or state）
  if（!Rst_n）
    Sout=0；
  else
    case（state）
      S0：Sout=0；
      S1：Sout=0；
      S2：Sout=0；
      S3：Sout=0；
      S4：Sout=0；
      S5：Sout=0；
      S6：Sout=0；
      S7：Sout=1；
      default：Sout=0；
    endcase
```

输出仅与当前所处状态有关，与状态转移图描述一致，只在S7时输出为高电平，表示检测到完整序列（0100110）$_2$。

5.2.2 测试模块编写

依照该电路的功能描述，电路的设计需要保证：

（1）状态机能够按照状态转移图进行状态转移。

（2）每个状态的输出准确，检测到序列"0100110"后，输出高电平。

（3）rst_n信号为复位信号，低电平时电路能回到S0状态。

为了验证电路是否符合以上要求，设计的Test Bench需要对电路进行一次完整的复位，观察电路复位后能否从S0开始，在功能测试部分应该输入一段序列，测试状态机的转移关系和最后的输出。

系统初始化任务将Serial_in信号初始化为低电平。系统复位任务通过设置rst_n信号完成，具体是高电平触发复位还是低电平触发复位由设计文件决定，此处是低电平复位。

在系统初始化和系统复位完成后调用功能测试任务，首先测试接收到序列"0100110"后，电路能否输出高电平，同时观察状态转移关系。然后测试状态机的状态转移关系除了S0→S1→S2→S3→S4→S5→S6→S7外，能否与状态转移图保持一致。测试的输入序列为"10100110100110"。

5.2.3 测试结果分析

根据上述Test Bench生成的仿真波形图如图5-12所示。

图 5-12　序列检测器的仿真波形图

观察 state 和 nextstate 的变化情况。rst_n 在仿真开始时便设置为低电平，电路复位进入 S_0 状态，输出低电平。rst_n 变为高电平后，由于输入 Serial_in 为低电平，因此保持 S_0 状态。当 Serial_in 为高电平时转移至 S1 状态，此后的输入正好符合序列 $(0100110)_2$ 的顺序，状态依次跳转。状态跳转到 S7 后输出 Sout 变为高电平，然后输入为低电平，此时状态并没有跳转到 S0，而是按状态转移图跳转到 S2，因为前两个状态检测的输入正好为序列 $(01)_2$。输出变为低电平，状态依照状态转移图转换。直到再次回到状态 S7，输出高电平。根据仿真波形图，各个状态都按照状态转移规律进行转移，每个状态的输出都与转移图相对应，验证了电路与设计预期相符。

5.2.4　下板验证

参考指导手册，clk 接 DE1-SoC 的 50 MHz 时钟，也可选择 25 MHz 时钟或生成一个用于分频的 IP 核产生任意小于 50 MHz 的时钟。rst_n 接按键 KEY[0]，Serial_in 需要接序列信号发生器，可自行建模一个序列信号发生器辅助测试。Sout 是与时序相关的，只有某个时钟周期内为高电平，由于时间非常短暂，接 LED 灯不利于人眼观测到现象变化。输出 Sout 可接逻辑分析仪观测，如果没有逻辑分析仪，可应用前序章节的嵌入式逻辑分析仪。

5.3　交通灯控制器

5.3.1　模块设计

设计需求：本小节设计一个智能的十字路口交通灯控制器，该十字路口分为主干道和支道，设计的交通灯控制器模型如图 5-13 所示。

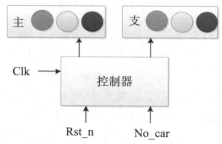

图 5-13　交通灯控制器接口示意图

交通灯控制器并不像普通红绿灯一样按既定时间切换红绿灯的亮灭，而是在支道无车等待的情况下，保证主干道通行为主。在主干道和支道都有车等待的情况下，主干道的绿灯为 90s，黄灯为 3s，红灯为 33s；支道绿灯为 30s，黄灯为 3s，红灯为93s。当主干道即将由绿灯向黄灯切换时，如果支道无车等待通行，主干道继续绿灯，直到检测支道有车等待，主干道的绿灯才切换至黄灯3s，红灯为33s，然后再切换为绿灯。图中Rst_n为复位信号，按下后主干道绿灯开始亮起，90s后判断是否切换为黄灯亮，支道红灯开始亮起。输入信号No_car用于表示支道上是否有车，如果No_car=1表示支道上无车，否则有车。

该电路的输出用于控制红绿灯亮灭，如果选用Moore型状态机建模，输出与状态直接关联，便于建模。该交通灯电路可能会产生主干道绿灯支道红灯、主干道黄灯支道红灯、主干道红灯支道绿灯和主干道红灯支道黄灯4种不同的亮灭状态，因此状态机至少有4个状态。由于支道无车时，红绿灯控制器保持主干道绿灯、支道红灯的状态，但该状态的绿灯时间为随机状态，只由输入No_car控制，因此增加一个状态用于表示支道无车时红绿灯所处的状态，各状态的描述见表5-6。

表5-6　交通灯控制器状态描述表

状态名	状态编码	状态描述
S0	00001	主干道绿灯保持90s，支道亮红灯
S1	00010	支道无车，主干道绿灯，支道亮红灯
S2	00100	主干道黄灯保持3s，支道亮红灯
S3	01000	主干道红灯保持30s，支道亮绿灯
S4	10000	主干道红灯，支道黄灯保持3s

输出需要控制主干道和支道的红绿灯，因此用3个1位端口Ag、Ay和Ar表示主干道的绿灯、黄灯和红灯，用3个1位端口Bg、By和Br表示支道的绿灯、黄灯和红灯。

最后，画出状态转移图如图5-14所示。

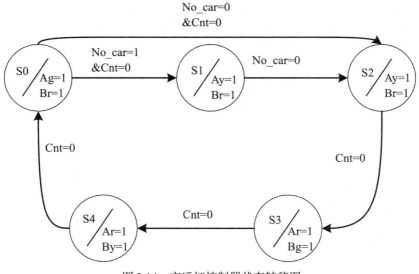

图5-14　交通灯控制器状态转移图

图中Cnt为每个状态需要保持的时间计数值，不同状态下的Cnt转变为不同值。电路最初处于S0态，每当Rst_n=0时，电路无论处于何种状态也都会回到S0态。No_car=0时表示支道有车，此时如果Cnt=0则表示S0态中主干道绿灯已保持了90秒，将转移至S2状态，输出改变为主干道黄灯亮支道红灯亮。Cnt=3代表S2状态需保持3s。如果No_car=1表示支道无车，Cnt=0则转移至S1状态，保持主干道绿灯亮，支道红灯亮。S1状态下不确定保持时间，因此Cnt不计数。S2状态下如果Cnt=0则表示S2态中主干道黄灯已保持了3s，达到了转移到下一状态的条件，此时主干道红灯亮，支道绿灯亮，转移至S3状态，Cnt=30表示S3状态需保持30s。同理，后续的S3状态向S4状态转移，以及S4状态向S0状态转移都与此类似。

根据设计需求和状态转移图梳理该电路的接口，共3个输入，6个输出，具体说明见表5-7。

表5-7 红绿灯控制器端口功能描述

接口名称	输入/输出	位宽/bit	功能描述
clk	Input	1	时钟信号。
rst	Input	1	Rst_n=0时复位至S0状态，主干道绿灯
No_car	Input	1	No_car=1，表示支干道无车 No_car=0，表示支干道有车
Ag	Output	1	0表示主干道绿灯亮，1表示灭
Ay	Output	1	0表示主干道黄灯亮，1表示灭
Ar	Output	1	0表示主干道红灯亮，1表示灭
Bg	Output	1	0表示支道绿灯亮，1表示灭
By	Output	1	0表示支道黄灯亮，1表示灭
Br	Output	1	0表示支道红灯亮，1表示灭

依照接口说明申明模块并定义端口。参考本章介绍的三段式状态机对其进行建模。

第一个always块用于描述状态触发器。

第二个always块采用组合逻辑描述下一状态，也就是用于产生Next_state。该段在整个状态机中非常重要，状态转移规律都由这一段描述。该段代码主要参考图5-14所示的状态转移图编写，参考代码如下。

```
always@（state or No_car or Cnt）
begin
  case（state）
    S0：if（Cnt==0）
      begin
        if（No_car==1）
          nextstate=S1；
```

```
            else
                nextstate=S2；
        end
        else
            nextstate=state；

        ......

        S4：if（Cnt==0）
            nextstate=S0；
        else
            nextstate=state；
        default： nextstate=S0；
    endcase
  end
```

状态是否转移受到当前所处状态、No_car和Cnt的影响，因此这几个信号被当作always块的敏感信号。代码完全按状态转移图进行状态转移的条件判断和描述，例如当状态处于S0时，如果Cnt=0则达到了状态转移的条件，但是具体转移取决于No_car的值，当No_car=1时表示支道无车，则转移到S1；当No_car=0时表示支道有车，则转移至S2。由于篇幅原因，S1至S3的代码省略，可参照S0和S4的代码自行补充。

第三个always块根据现在的状态和输入产生对应的输出信号，参考代码如下。

```
  always@（rst or state）
    if（!rst）
    begin
      Ag=0；Ay=1；Ar=1；
      Bg=1；By=1；Br=0；
    end
    else
      case（state）
      S0：begin
          Ag=0；Ay=1；Ar=1；
          Bg=1；By=1；Br=0；
        end

        ......

      S4：begin
```

```
                Ag=1；Ay=1；Ar=0；
                Bg=1；By=0；Br=1；
            end
        default：begin
                Ag=0；Ay=1；Ar=1；
                Bg=1；By=1；Br=0；
        end
        endcase
```

输出与状态转移图描述一致，仅与当前所处状态有关，当电路处于某状态时，产生相应的输出。由于篇幅原因，S1 至 S3 的代码省略，可参照 S0 和 S4 的代码自行补充。

此外，还需要一个 always 块进行 Cnt 计数，保证不同的状态产生对应的保持时间。参考代码如下。

```
    always@（posedge clk or negedge rst）  //Cnt用于红绿灯亮灭时间计数
    begin
      if（!rst）
        Cnt<=AGreen_Cnt；
      else if（（Cnt1s==CN1s）&&Cnt!=0）
       Cnt<=Cnt-1'b1；
      else
      begin
        case（nextstate）
          S0：begin
            if（Cnt==0）
              Cnt<=AGreen_Cnt；
            else
              Cnt<=Cnt；
            end

          ……

          S4：begin
            if（Cnt==0）
              Cnt<=Yellow_Cnt；
            else
              Cnt<=Cnt；
```

```
            end
          default：
              Cnt<=Cnt；
          endcase
      end
  end
```

Cnt1s用于对系统时钟进行计数，当Cnt1s=CN1s时表示系统时钟计数达到1秒的时间。AGreen_Cnt代表主干道绿灯亮的时间，Yellow_Cnt代表主干道和支道的黄灯亮的时间，ARed_Cnt代表主干道红灯亮的时间。依照状态转移图，当状态进入S0，主干道绿灯亮90秒，因此Cnt= AGreen_Cnt。但只有状态刚开始进入S0时，Cnt等于AGreen_Cnt。此后的时间，Cnt应每秒递减，从而达到计数的目的。状态的切换每次都发生在Cnt等于0时，因此在每个状态置位Cnt时都以Cnt==0为判断条件。与状态转移的always块不同，该部分的Case语句并未以state作为条件，而是以nextstate作为条件。原因在于Cnt需要在状态转移发生时置位。Cnt变为0后，nextstate会同时改变，直到下一个时钟上升沿到来时，state才会发生变化。如果以state作为case的条件，在置位Cnt时总会呈现慢一个时钟周期的状况，导致Cnt的计时不准确。该部分在后续的仿真波形中会更为直观地呈现出来。由于篇幅原因，S1至S3的代码省略，可参照S0和S4的代码自行补充。

5.3.2　测试模块编写

依照该电路的功能描述，电路的设计需要保证：
（1）当支道有车时，该电路按预定的每个状态的停留时间进行状态切换。
（2）当支道无车时，主干道保持绿灯状态，直到支道有车再切换到黄灯。
（3）rst信号为复位信号，低电平时电路返回S0状态。
为了验证电路是否符合以上要求，设计的Test Bench需要对电路进行一次完整的复位，观察电路复位后能否从S0开始，在功能测试部分应该在S0向S1切换时分别验证No_car=0和No_car=1的情况。
设计的Test Bench激励主体部分代码如下。

```
//------------------------------------------
initial
begin
task_sysinit；
task_reset；
task_nocar；
repeat（2）@（posedge clk）；
$stop；
end
```

首先调用系统初始化任务将No_car信号初始化为低电平，然后调用系统复位任务，通过设置Rst信号进行系统复位（具体高电平触发复位或低电平触发复位由设计文件决定），此处为低电平复位。在系统初始化和系统复位完成后调用功能测试任务，测试No_car信号能否在S0即将切换时控制状态的转移。电路在复位后再运行3个时钟周期，然后No_car信号置高电平。此处选取3个时钟周期，原因在于此时S0状态即将执行完毕，即将切换状态。测试No_car信号需要在S0状态执行完毕时使No_car为高电平，此时代表支道没有车停下等待，观察此时能否按预期进入S1状态。再隔一段时间置No_car信号为低电平，这是为了测试状态机能否进入S2状态。

5.3.3 测试结果分析

为了方便观看结果，设置CN1s=3，AGreen_Cnt=3，Yellow_Cnt=2，ARed_Cnt=1。根据上述设置Test Bench生成的仿真波形图如图5-15所示。

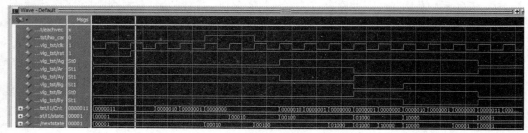

图5-15 交通灯电路的仿真波形图

主要观察state和nextstate的变化情况。rst在仿真开始时便设置为低电平，电路复位进入S0状态，输出只有Ag和Br是低电平。Rst_n变为高电平后，S0状态开始倒数计时，测试用的Cnt=AGreen_Cnt=3。当Cnt=0时，状态开始转移，此时刚好No_car=1，因此置nextstate为S1状态，输出保持与S0状态相同。2个时钟周期后No_car=0，置nextstate为S2状态。此时输出Ay和Br是低电平，表示主干道黄灯支道红灯。Cnt与Yellow_Cnt相符，代表该状态的维持时间等于黄灯维持时间。当Cnt=0时，状态转移至S3，Ar和Bg为低电平，代表主干道红灯亮支道绿灯亮。此时Cnt=1，与ARed_Cnt相符。当Cnt=0时，状态转移至S4，Ar和By为低电平，代表主干道红灯亮支道黄灯亮。此时Cnt=2，与Yellow_Cnt相符。当Cnt=0时，电路返回S0状态。根据仿真波形图，各个状态都按照状态转移规律进行转移，每个状态的输出都与转移图相对应，且保持时间也与设置的一致，验证了电路与设计预期相符。

5.3.4 下板验证

参考指导手册，Clk接DE1-SoC上的50 MHz时钟，也可选择25 MHz时钟或生成一个用于分频的IP核产生任意小于50 MHz的时钟。Rst接按键KEY[0]，nocar接按键KEY[1]，6个输出接6个LED灯，引脚配置如图5-16所示。

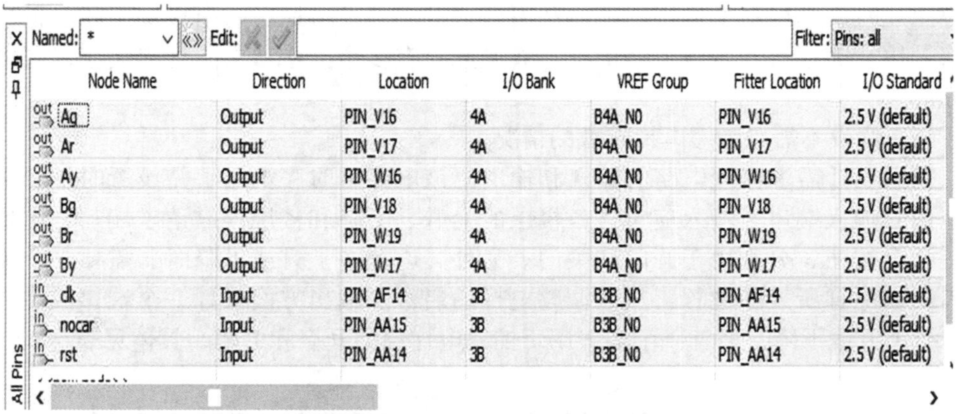

Node Name	Direction	Location	I/O Bank	VREF Group	Fitter Location	I/O Standard
Ag	Output	PIN_V16	4A	B4A_N0	PIN_V16	2.5 V (default)
Ar	Output	PIN_V17	4A	B4A_N0	PIN_V17	2.5 V (default)
Ay	Output	PIN_W16	4A	B4A_N0	PIN_W16	2.5 V (default)
Bg	Output	PIN_V18	4A	B4A_N0	PIN_V18	2.5 V (default)
Br	Output	PIN_W19	4A	B4A_N0	PIN_W19	2.5 V (default)
By	Output	PIN_W17	4A	B4A_N0	PIN_W17	2.5 V (default)
clk	Input	PIN_AF14	3B	B3B_N0	PIN_AF14	2.5 V (default)
nocar	Input	PIN_AA15	3B	B3B_N0	PIN_AA15	2.5 V (default)
rst	Input	PIN_AA14	3B	B3B_N0	PIN_AA14	2.5 V (default)

图5-16　引脚配置图

连接开发板后，按下KEY[0]，LEDR[0]至LEDR[5]交替亮起，且每次只亮2盏灯。当松开KEY[1]时，代表支道无车，主干道绿灯的LEDR[0]和支道红灯的LEDR[4]常亮，直至按下该按键，电路转换其他状态。

5.4　电梯控制器

5.4.1　模块设计

设计需求：设计一个4层电梯控制器电路，每层楼的电梯入口有两个按钮，其中一个用于上楼（上升请求），另一个用于下楼（下降请求），电梯内部有4个楼层停靠按钮用于控制电梯在哪几层楼停靠，同时有1个开门按钮和1个关门按钮。

电梯预设的运行规则如下：

（1）电梯的初始状态停于1楼，电梯门关闭。当按下复位按钮，或电梯已完成所有请求，不再有新请求时，都会处于该状态。

（2）只有电梯处于停止状态时，开门或关门按钮才有作用。电梯处于等待状态时，默认关门，只有开门按钮有作用。

（3）当电梯处于停止状态或等待状态时，如果同时有楼层停靠、上升和下降请求，则优先处理本楼层的楼层停靠、上升和下降请求，然后处理本楼层以上楼层的楼层停靠请求，最后处理本楼层以下的楼层停靠请求。在不存在本楼层的请求和楼层停靠请求的情况下，才会处理上升和下降请求。优先处理当前楼层之上的请求，最后处理当前楼层之下的请求。例如，电梯处于2楼时同时接到3楼的楼层停靠和1楼的上升请求，优先响应3楼的楼层停靠请求，电梯上升至3楼停靠后再下降至1楼。

（4）当电梯处于上升状态时，如果同时出现上楼、下楼和楼层停靠请求，优先响应比此时所在楼层高的楼层停靠和上楼请求，直至将最后一个楼层停靠和上楼请求信号执行完毕后才响应下楼请求。如果此时有多个下楼请求，优先响应楼层最高的下楼请求。

（5）当电梯处于下降状态时，如果同时出现上楼、下楼和楼层停靠请求，优先響應比此時所在樓層低的樓層停靠和下樓請求，直至將最後一個樓層停靠和下樓請求信號執行完畢後才響應上樓請求。如果此時有多個上樓請求，優先響應樓層最低的上樓請求。

（6）假設不需要考慮電梯超載的情況。

根據設計需求梳理電路的輸入和輸出。該電路是時序電路，需設置時鐘和一個復位信號輸入端口。輸入應包含各樓層的上升、下降和樓層停靠請求端口。電梯內部有兩個按鈕，分別用於開門和關門。另外，電梯在上升或下降時，需要一個輸入端口反饋電梯所處的位置，從而調整電梯的啟停。輸出方面設計一個端口控制電梯的電機上升或下降，另外一個端口用於控制電梯門的開啟和關閉，具體見表5-8。

表5-8　電梯控制器端口功能描述

接口名稱	輸入/輸出	位寬/bit	功能描述
Clk	Input	1	時鐘信號
Reset	Input	1	Rst=0時復位到WAIT狀態
Call_up_1	Input	1	位於1樓的上升請求
Call_up_2	Input	1	位於2樓的上升請求
Call_up_3	Input	1	位於3樓的上升請求
Call_down_2	Input	1	位於2樓的下降請求
Call_down_3	Input	1	位於3樓的下降請求
Call_down_4	Input	1	位於4樓的下降請求
Request_1	Input	1	位於1樓的樓層停靠請求
Request_2	Input	1	位於2樓的樓層停靠請求
Request_3	Input	1	位於3樓的樓層停靠請求
Request_4	Input	1	位於4樓的樓層停靠請求
Current_Floor	Input	4	外部傳感器感應到的樓層信息
Open_Door	Input	1	開門按鈕
Close_Door	Input	1	關門按鈕
Door_State	Output	2	用於控制電梯門的狀態：01表示開，10表示關
Motor_State	Output	2	用於控制電機的狀態：00表示靜止，01表示上升，10表示下降

由於1樓的下降請求和4樓的上升請求都沒有作用，因此表中上升請求和下降請求都只有3個。Current_Floor是外部傳感器感應到電梯到達樓層後，向電梯控制器反饋的樓層信息。

首先，確定該狀態機是Moore型狀態機還是Mealy型狀態機。兩種狀態機都可用於描述該電路。由於輸出不僅與電梯狀態相關，還與輸入的請求類型相關，因此選用Mealy型狀態機描述該控制器。

　　然后，列出所有状态并编码。该电梯控制器电路采用六个状态实现有限状态机。电梯的控制状态包括向上运行、向下运行、停止状态、开门状态、关门状态和等待状态。各状态的描述见表5-9。

表5-9　电梯控制器状态描述表

状态名	状态编码	状态描述
WAIT	000001	电梯初始状态，也是空闲时的状态。此时电梯静止，电梯门关闭，清除本楼层的上升、下降和停靠请求
UP	000010	向上运行状态。此时电梯电机向上运行，电梯门关闭，清除本楼层的上升、下降和停靠请求
DOWN	000100	向下运行状态。此时电梯电机向下运行，电梯门关闭，清除本楼层的上升、下降和停靠请求
STOP	001000	电梯到达目标楼层而停止的状态。电梯静止，电梯门关闭，清除本楼层的上升、下降和停靠请求
OPENDOOR	010000	电梯门打开状态。此时电梯静止且电梯门打开。通常需要持续一段时间供行人通行，清除本楼层的上升、下降和停靠请求
CLOSEDOOR	100000	电梯门关闭状态。此时电梯静止且电梯门关闭，清除本楼层的上升、下降和停靠请求

　　表中涵盖了电梯运行过程中可能出现的所有状态，即等待、上升、停止、下降、开门和关门。

　　最后，画出状态转移图，如图5-17所示。

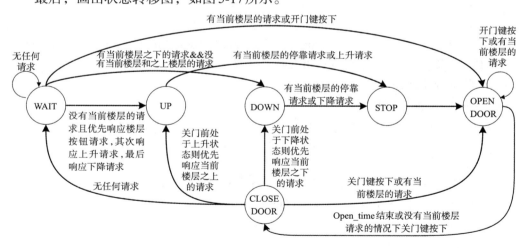

图5-17　电梯控制器状态转移图

　　由于该状态转移图的输入和输出较多，不便于在图中标明，转移条件用语言描述，并且图中未标注每个状态的输出。电机状态和电梯门状态在状态描述表中都已标注，输出信号仅在响应某个请求后才会改变，情况较为复杂，由于篇幅关系此处不在图中标明。

为了方便判断电梯的请求状态，在描述状态转移前需要将各楼层的上升请求、下降请求和停靠请求分别合并。合并向上请求call_up的参考代码如下。

```
//---合并向上请求call_up信号
always @（Reset or Call_up_3 or Call_up_2 or Call_up_1）begin
    if（Reset）
        Up_all=4'b0000;
    else
        Up_all={1'b0，Call_up_3，Call_up_2，Call_up_1}；
    end
```

同理，合并下降请求为Down_all，停靠请求为Request_all。

电路最初处于WAIT状态。首先判断是否有开门请求、当前楼层的请求、上升或下降请求，如果有的话，状态转移至OPENDOOR；否则判断是否有楼层按钮的请求，如果同时存在当前楼层之上和当前楼层之下的请求，则优先响应当前楼层之上的请求，状态转移至UP。否则判断是否有当前楼层之上的上升请求或下降请求，如果有则状态转移至UP。否则判断是否有当前楼层之下的上升请求或下降请求，如果有则状态转移至DOWN。最后，如果没有任何请求，状态停留在WAIT不变。该状态下响应的优先级为：当前楼层的任意请求和开门请求＞当前楼层之上的停靠请求＞当前楼层之下的停靠请求＞当前楼层之上的上升或下降请求＞当前楼层之下的上升或下降请求。相关参考代码如下。

```
    if（（Request_all&Current_Floor）||（Up_all&Current_Floor）||（Down_all&Cur-
rent_Floor）||Open_Door）//停靠或上升请求中有当前楼层的请求
        N_state=OPENDOOR；
    else if（Request_all>0）
        if（（Request_all>Current_Floor））
        N_state=UP；//有当前楼层之上的停靠请求（优先向上的请求）
    else
        N_state=DOWN；//有当前楼层之下的停靠请求
    else if（（Up_all>Current_Floor）||（Down_all>Current_Floor））//上、下请求中有当
前楼层之上的请求
        N_state=UP；
    else if（Up_all||Down_all）//上、下请求中只剩当前楼层之下的请求
        N_state=DOWN；
    else
        N_state=WAIT；//无任何请求,继续处于WAIT模式
```

电梯处于 UP 状态时，如果已到达上升请求或停靠请求的楼层，转 STOP 状态。此时不是收到任何楼层的下降请求都停靠开门，而是在没有当前楼层以上的上升请求和停靠请求，且当前楼层是提出下降请求的楼层中的最高楼层的情况下，才转 STOP 状态。其余状态都说明电梯未升至目标楼层，因而电梯继续上升。参考代码如下。

```
if（（Request_all&Current_Floor）||（Up_all&Current_Floor））
//停靠或上升请求中有当前楼层的请求
    N_state=STOP；
else if（（Request_all>Current_Floor）||（Up_all>Current_Floor））
//停靠或上升请求中有当前楼层之上的请求
    N_state=UP；
else if（（Down_all^Current_Floor）<Current_Floor）
//因高层下降请求而上升，并抵达最高请求楼层
    N_state=STOP；
else
    N_state=UP；                    //继续上楼
```

电梯处于 DOWN 状态时，如果已到达下降请求或停靠请求的楼层，转 STOP 状态。此时不是收到任何楼层的上升请求都停靠开门，而是在没有当前楼层以下的下降请求和停靠请求，且当前楼层是提出上升请求的楼层中的最低楼层的情况下，才转 STOP 状态。其余状态都说明电梯未降至目标楼层，因而电梯继续下降。代码与 UP 状态类似。

电梯处于 STOP 状态时，在没有任何请求的情况下，直接转移至 OPENDOOR。

电梯处于 OPENDOOR 状态时，门打开供乘客通行，此时需要保证门打开的时间足够长，因此从进入该状态开始计时，直到计数达到 5 秒后才转入 CLOSEDOOR 状态。如果计时未到 5 秒，但没有当前楼层请求的情况下按下关门按钮，电梯也会提前进入 CLOSEDOOR 状态。参考代码如下。

```
if（（Count>=Open_time）||（Close_Door&&（（（Request_all&Current_Floor）||
（Down_all&Current_Floor）||（Up_all&Current_Floor））==0））
        N_state=CLOSEDOOR；//开门时间已到,或者在没有当前楼层请求的情况
    下有关门请求
    else
        N_state=OPENDOOR；
```

电梯处于 CLOSEDOOR 状态时，状态转移与电梯之前所处的状态相关。例如电梯此时处于 2 楼，如果这时同时存在 3 楼的下降请求和 1 楼的上升请求，那么电梯上

升还是下降取决于电梯之前处于上升过程还是下降过程。如果电梯在停止前处于上升过程，则此时转移至UP状态；如果电梯在停止前处于下降过程，则此时转移至DOWN状态。如果此时遵循WAIT状态的优先级，电梯效率将会降低。Operating_state用于表示电梯在关门前所处的状态，C_state为UP时，Operating_state为UPFLAG；C_state为DOWN时，Operating_state为DOWNFLAG。其余状态下，Operating_state均保持原值。电梯关门前所处的状态，对于电梯关门后重新响应其他请求至关重要，尤其在电梯同时存在多种请求时，Operating_state决定了电梯接下来响应任务的优先级。Count用于对时钟进行计数，保证电梯开门动作的持续时长。参考代码如下。

```verilog
    always @(posedge Clk or posedge Reset)begin//用于记录电梯处于何种运行过
程中,有上升、下降和静止
    if(Reset)
    Operating_state<=STATIC；

    else begin
    case(C_state)
        WAIT：
            Operating_state<=STATIC；
        UP：
            Operating_state<=UPFLAG；
        DOWN：
            Operating_state<=DNFLAG；
        STOP：
            Operating_state<=Operating_state；

        OPENDOOR：
            Operating_state<=Operating_state；
        CLOSEDOOR：
            Operating_state<=Operating_state；
        default：
            Operating_state<=STATIC；
    endcase
    end
end
```

如果电梯在停止前处于UP状态，响应的优先级：本楼层的请求或开门按键（转OPENDOOR状态）＞当前楼层之上的上升和停靠请求（转UP状态）＞当前楼层之上的下降请求（转UP状态）＞当前楼层之下的请求（转DOWN状态）＞没有任何请求（转WAIT状态）。同理，如果停止前电梯处于DOWN状态，响应的优先级：本楼层的请求（转 OPENDOOR 状态）＞当前楼层之下的下降和停靠请求（转 DOWN 状态）＞当前楼层之下的上升请求（转 DOWN 状态）＞当前楼层之上的请求（转 UP 状态）＞没有任何请求（转 WAIT 状态）。

　　参考代码如下。

```
    if(Operating_state==UPFLAG)begin
//开门、关门前电梯是处于上升过程中
        if((Request_all&Current_Floor)||(Up_all&Current_Floor))
        //上升或停靠请求中有当前楼层的请求否？有可能关门的瞬间又有新的请求
          N_state=OPENDOOR;
        else if((Request_all>Current_Floor)||(Up_all>Current_Floor))
        //上升或停靠请求中有当前楼层之上的请求否？
          N_state=UP;
        else if(Down_all>0)begin//有下降请求
                              if((Down_all>Current_Floor)&&
        ((Down_all^Current_Floor)>Current_Floor))//有当前楼层之上的下降请求,则下一状态转移上升
            N_state=UP;
        else if((Down_all&Current_Floor)>0)
        //有当前楼层的下降请求信号,且更上层无下降请求
            N_state=OPENDOOR;
        else //仅有低于当前层的下降请求
            N_state=DOWN;
    end
     else if(Request_all||Up_all) //仅有低层请求
        N_state=DOWN;
    else
        N_state=WAIT; //无任何请求,转为 WAIT 模式
    end
```

　　第三个 always 块根据现在的状态和输入产生对应的输出信号。Door_State 和 Motor_State 用于输出电梯的门状态和电梯电机状态，这两个状态只与电梯当前所处的状态有关，与输入无关，参考代码如下。

```
always @(C_state or  Reset)//output
    if(Reset)begin
//复位后初始化当前楼层为第一层,门是关闭的,电梯是静止的
        Door_State=CLOSED;
```

```
            Motor_State=STATIC;
        end
        else begin
          case(C_state)
            WAIT: begin
                Door_State=CLOSED;
                Motor_State=STATIC;
              end
            UP:begin
                Door_State=CLOSED;
                Motor_State=UPFLAG;
              end
            DOWN: begin
                Door_State=CLOSED;
                Motor_State=DNFLAG;
              end
            STOP:begin
                Door_State=CLOSED;
                Motor_State=STATIC;
              end
            OPENDOOR:begin
                Door_State=OPEN;
                Motor_State=STATIC;
              end
            CLOSEDOOR:begin
                Door_State=CLOSED;
                Motor_State=STATIC;
              end
            default:begin
                Door_State=CLOSED;
                Motor_State=STATIC;
              end
          endcase
        end
```

5.4.2   测试模块编写

依照该电路的功能描述，电路的设计需要保证：

（1）该电路按状态转移图进行状态切换。

（2）电梯每个阶段的输出与设计目标相符。

（3）Reset信号为复位信号，低电平时电路能回到WAIT状态。

为了验证电路是否符合以上要求，设计的Test Bench需要对电路进行一次完整的复位，观察电路复位后能否回到WAIT状态，在功能测试部分应该测试状态机所有可能的状态转移情况，由于篇幅有限，本部分仅演示其中4种情况的测试。

设计的Test Bench激励主体部分代码如下。

```
//-------------------------------------------
task_sysinit;
    task_reset;
    task_WAIT_TO_OPENDOOR_TO_UP;
    task_OPENDOOR_TO_CLOSEDOOR;
    task_WAIT_To_DOWN;
    task_CLOSEDOOR_To_UP;
    task_CLOSEDOOR_To_DOWN;
```

首先调用系统初始化任务将各请求信号初始化为低电平，当前所处楼层初始化为1楼。然后调用系统复位任务，具体是高电平触发复位还是低电平触发复位由设计文件决定，此处是高电平复位，代码与前几节类似，此处省略。

功能测试任务首先测试WAIT状态向OPENDOOR转移后又向UP转移的情况。此处设计电梯处于1楼时，1楼的上升请求和2楼的停靠请求同时被按下的情景。为了便于查看仿真，OPENDOOR状态的持续时间由5秒改为3个时钟周期，参考代码如下。

```
//-------------------------------------------
task task_WAIT_TO_OPENDOOR_TO_UP;
  begin
    Request_2 = 1'b1;
    Call_up_1 = 1'b1;
    repeat(4) @(posedge Clk);
    Call_up_1 = 1'b0;
    repeat(5) @(posedge Clk);
    Current_Floor = 4'b0010;
    repeat(2) @(posedge Clk);
    Request_2 = 1'b0;
    repeat(1) @(posedge Clk);
  end
endtask
```

测试门打开的情况下，没有任何请求，Close_Door 按钮被提前按下，OPEN-DOOR 向 CLOSEDOOR 提前转移的情况。参考代码如下。

```
//-------------------------------------------
task task_OPENDOOR_TO_CLOSEDOOR;
    begin
            Close_Door = 1'b1;
            repeat(1) @(posedge Clk);
            Close_Door = 1'b0;
repeat(3) @(posedge Clk);
    end
endtask
```

测试 WAIT 向 DOWN 转移的情况，设计电梯处于 2 楼，响应 1 楼上升请求的情况。参考代码如下。

```
//-------------------------------------------
task task_WAIT_TO_DOWN;
    begin
        Call_up_1 = 1'b1;
        repeat(2) @(posedge Clk);
        Current_Floor = 4'b0001;
      repeat(2) @(posedge Clk);
      Call_up_1 = 1'b0;
        repeat(3) @(posedge Clk);
    end
endtask
```

测试 CLOSEDOOR 向 UP 转移的情况，设计电梯在响应 1 楼的上升请求后，处于 CLOSEDOOR 状态，然后 4 楼的下降请求按钮被按下的情景。参考代码如下。

```
//-------------------------------------------
task task_CLOSEDOOR_To_UP;
    begin
        Call_down_4 =1'b1;
        repeat(1) @(posedge Clk);
        Current_Floor = 4'b0010;
        repeat(1) @(posedge Clk);
```

```
            Current_Floor = 4'b0100;
            repeat(1) @(posedge Clk);
            Current_Floor = 4'b1000;
            repeat(2) @(posedge Clk);
            Call_down_4 =1'b0;
            repeat(3) @(posedge Clk);
        end
    endtask
```

测试 CLOSEDOOR 向 DOWN 转移的情况，设计电梯在响应 4 楼的下降请求后又同时收到 2 楼和 3 楼的上升请求的情景，此时可以同时测试电梯在 CLOSEDOOR 状态中根据现有的请求判断下一步转移的状态是否准确，另外还可以测试在下降过程中同时存在两个低于本楼层的上升请求的情况下，能否先响应最低楼层的上升请求，然后再响应次高楼层的请求。参考代码如下。

```
    //-------------------------------------------
    task task_CLOSEDOOR_To_DOWN;
      begin
        Call_up_2 = 1'b1;
        Call_up_3 = 1'b1;
        repeat（2）@（posedge Clk）;
        Current_Floor = 4'b0100;
        repeat（1）@（posedge Clk）;
        Current_Floor = 4'b0010;
        repeat（2）@（posedge Clk）;
        Call_up_2 = 1'b0;
        repeat（5）@（posedge Clk）;
        Current_Floor = 4'b0100;
        repeat（2）@（posedge Clk）;
        Call_up_3 = 1'b0;
        repeat（4）@（posedge Clk）;
      end
    endtask
```

该电路为时序电路，因此设计一个 50 MHz 的时钟发生器，代码可参考前序章节。

5.4.3　测试结果分析

为了方便观看结果，设置 Cut_1s=28'b1，Open_time=3'b1。电梯门状态和电机状态等符号常量的定义如下。

```
    //定义楼层的符号常量
    parameter    FLOOR1=4'b0001，    FLOOR2=4'b0010，    FLOOR3=4'b0100，
FLOOR4=4'b1000；

    //定义门打开和门关闭的符号常量
    parameter OPEN=2'b01，CLOSED=2'b10；

    //定义电梯上升，下降和静止的符号常量
    parameter UPFLAG=2'b01,DNFLAG=2'b10,STATIC=2'b00；

    //定义1秒所用的计数值和开门时间长度计数值
    parameter Cut_1s=28'b1，  Open_time=3'b1；
```

task_WAIT_TO_OPENDOOR_TO_UP 和 task_OPENDOOR_TO_CLOSEDOOR 生成的仿真波形图如图5-18所示。

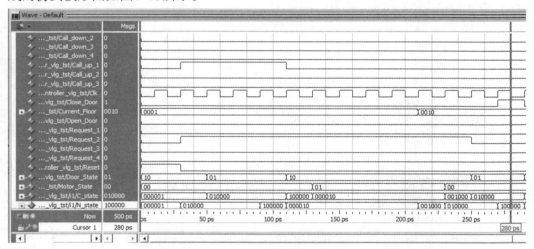

图 5-18　电梯控制器的仿真波形图1

主要观察C_state和N_state的变化情况。Reset在仿真开始时便设置为高电平，电路复位进入WAIT状态，输出电梯门状态为关闭，电机状态为静止。30 ps后Reset变为低电平，call_up_1和Request_2变为高电平，此时电梯由于1楼有上升请求，因此从WAIT状态进入OPENDOOR状态，输出电梯门状态为打开，电机状态为静止。开门状态持续3个时钟周期后进入CLOSEDOOR状态。在CLOSEDOOR状态中收到2楼的停靠请求，因此电梯转入UP状态。到达2楼后进入OPENDOOR状态，但由于Close_Door被按下且此时没有其他请求，因此开门只持续2个时钟周期便提前进入CLOSEDOOR状态。此后由于没有任何请求，电梯进入WAIT状态待命。

task_WAIT_To_DOWN和task_CLOSEDOOR_To_UP的仿真波形如图5-19所示。

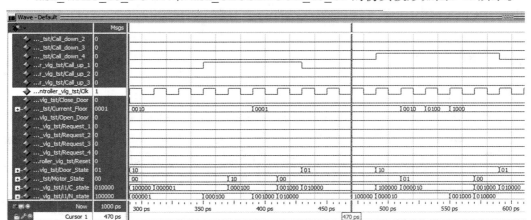

图5-19　　电梯控制器的仿真波形图2

290 ps时电梯进入WAIT状态，然后在350 ps处出现1楼的上升请求，电梯由WAIT状态转变为DOWN状态，随着电梯到达1楼，电梯状态由DOWN转入STOP，然后开门和关门，在此过程中，输出的电梯门状态和电机状态的变化均与设计需求一致。490 ps处出现call_down_4请求，电梯由CLOSEDOOR转UP，上升至4楼响应下降请求。

task_CLOSEDOOR_To_DOWN的仿真波形如图5-20所示。

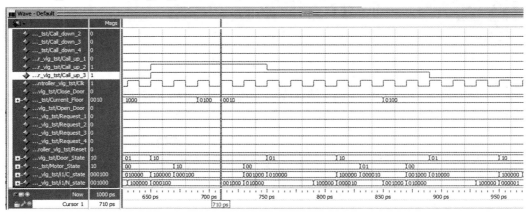

图5-20　电梯控制器的仿真波形图3

650 ps同时出现2楼和3楼的上升请求，在CLOSEDOOR状态中同时收到多个请求，这是该状态机中最为复杂的一种情况，此时需要考虑电梯关门前的状态以及当前楼层，从而判断优先响应哪个请求。此时电梯处于4楼，关门前是上升状态。按照设计需求，在没有比当前楼层高的上升、下降和停靠请求的前提下，进入DOWN状态，电梯下降。DOWN状态中判断当前是否已经到达上升请求的最低楼层（此处应为2楼），如果到达则转移至STOP状态。图中电梯一开始并未在3楼进入STOP状态，而是在2楼停止，状态转移变化与设计需求完全相符。响应2楼的上升请求后，电梯从 CLOSEDOOR 状态进入 UP 状态，升至3楼响应3楼的上升请求。电梯响应完毕3楼的上升请求后，由于没有收到新的请求，电梯进入 WAIT 状态。整个过程中，电梯的输出与预期一致。

5.4.4　下板验证

参考指导手册，CLK 接 DE1-SoC 上的 50 MHz 时钟，Cut_1s 设置为 1 s 需要的计数值，Open_time 设置为 5 s。由于按键和滑动开关数量不够，Reset 接 GPIO_0 的 0 端口。其余的输入接按键和滑动开关，输出接 LED 灯。引脚配置如图 5-21 所示。

Node Name	Direction	Location	I/O Bank	VREF Group	I/O Standard	Reserved	Current Streng	Slew Rate
Call_down_2	Input	PIN_Y16	3B	B3B_N0	2.5 V ...fault)		12mA ...ault)	
Call_down_3	Input	PIN_W15	3B	B3B_N0	2.5 V ...fault)		12mA ...ault)	
Call_down_4	Input	PIN_AA15	3B	B3B_N0	2.5 V ...fault)		12mA ...ault)	
Call_up_1	Input	PIN_AA14	3B	B3B_N0	2.5 V ...fault)		12mA ...ault)	
Call_up_2	Input	PIN_AE12	3A	B3A_N0	2.5 V ...fault)		12mA ...ault)	
Call_up_3	Input	PIN_AD10	3A	B3A_N0	2.5 V ...fault)		12mA ...ault)	
Clk	Input	PIN_AF14	3B	B3B_N0	2.5 V ...fault)		12mA ...ault)	
Current_Floor[3]	Input	PIN_AC9	3A	B3A_N0	2.5 V ...fault)		12mA ...ault)	
Current_Floor[2]	Input	PIN_AE11	3A	B3A_N0	2.5 V ...fault)		12mA ...ault)	
Current_Floor[1]	Input	PIN_AD12	3A	B3A_N0	2.5 V ...fault)		12mA ...ault)	
Current_Floor[0]	Input	PIN_AD11	3A	B3A_N0	2.5 V ...fault)		12mA ...ault)	
Door_State[1]	Output	PIN_Y19	4A	B4A_N0	2.5 V ...fault)		12mA ...ault)	1 (default)
Door_State[0]	Output	PIN_W19	4A	B4A_N0	2.5 V ...fault)		12mA ...ault)	1 (default)
Down_dear	Output	PIN_V17	4A	B4A_N0	2.5 V ...fault)		12mA ...ault)	1 (default)
Motor_State[1]	Output	PIN_W17	4A	B4A_N0	2.5 V ...fault)		12mA ...ault)	1 (default)
Motor_State[0]	Output	PIN_V18	4A	B4A_N0	2.5 V ...fault)		12mA ...ault)	1 (default)
Request_1	Input	PIN_AF10	3A	B3A_N0	2.5 V ...fault)		12mA ...ault)	
Request_2	Input	PIN_AF9	3A	B3A_N0	2.5 V ...fault)		12mA ...ault)	
Request_3	Input	PIN_AC12	3A	B3A_N0	2.5 V ...fault)		12mA ...ault)	
Request_4	Input	PIN_AB12	3A	B3A_N0	2.5 V ...fault)		12mA ...ault)	
Request_dear	Output	PIN_W16	4A	B4A_N0	2.5 V ...fault)		12mA ...ault)	1 (default)
Reset	Input	PIN_AC18	4A	B4A_N0	2.5 V ...fault)		12mA ...ault)	
Up_dear	Output	PIN_V16	4A	B4A_N0	2.5 V ...fault)		12mA ...ault)	1 (default)

图 5-21　引脚配置图

连接开发板后，GPIO_0 的 0 端口先给高电平再给稳定的低电平，拨动滑动开关和按键改变请求和楼层，观察 LED 灯的亮灭情况。

基于 FPGA 的数字逻辑系统实验教程

第6章   Verilog HDL的I/O外设与总线设计实例

6.1   七段数码管

设计目标：设计10位二进制转十进制的电路，并通过DE1-SoC的10个滑动开关控制二进制数的输入，通过4个七段数码管显示二进制输入转换得到的十进制数。例如当10个滑动开关分别为 $(00\_0000\_1111)_2$ 时，4个数码管 HEX0 至 HEX3 显示"0015"。

DE1-SoC有6个七段数码管，图6-1显示了数码管 HEX0 的七个段与 FPGA 的连接。所有发光二极管的阳极接到一起形成公共阳极，当某一字段发光二极管的阴极为低电平时，相应字段就点亮；当某一字段的阴极为高电平时，相应字段就不亮。例如，显示数字0则 HEX0[0]、HEX0[1]、HEX0[2]、HEX0[3]、HEX0[4]、HEX0[5] 为低电平，HEX0[6]为高电平。

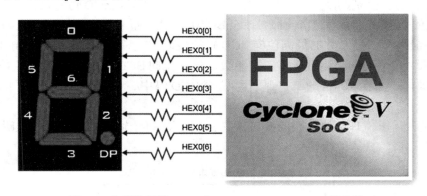

图6-1   七段数码管 HEX0 与 Cyclone V SoC FPGA 的连接

6.1.1   模块设计

需要根据输入的10位二进制得到相应十进制的千、百、十、个位。为避免除法取模运算占用大量资源，采用加三移位法将二进制数转换成 BCD 码。例如：输入的10位二进制数为 $(1101011010)_2$，4个七段数码管显示0858，此时需要4个8421的BCD码0000、1000、0101、1000分别控制4个数码管。因此需要将10位二进制数转换为4个8421的BCD码。利用加三移位法换算 $(1101011010)_2$ 的步骤如下。

BCD码	待转换的二进制数	加三移位算法操作
0000 0000 0000 0000	1101011010	初始化
0000 0000 0000 0001	101011010	左移1位
0000 0000 0000 0011	01011010	左移1位
0000 0000 0000 0110	1011010	左移1位
0000 0000 0000 1001	1011010	个位的0110大于4，因此加3
0000 0000 0001 0011	011010	左移1位
0000 0000 0010 0110	11010	左移1位
0000 0000 0010 1001	11010	个位的0110大于4，因此加3
0000 0000 0101 0011	1010	左移1位
0000 0000 1000 0011	1010	十位的0101大于4，因此加3
0000 0001 0000 0111	010	左移1位
0000 0001 0000 1010	010	个位的0111大于4，因此加3
0000 0010 0001 0100	10	左移1位
0000 0100 0010 1001	0	左移1位
0000 0100 0010 1100	0	个位的1001大于4，因此加3
0000 1000 0101 1000		左移1位

0　　8　　5　　8

　　该算法先将BCD码清零，然后将二进制数的最高位向BCD码的最低位左移1 bit。左移后，分别判断用于指代千、百、十或个位的4组BCD码（4 bit）是否大于4。若任何一组BCD码大于4，都对该组BCD码加3。加3后无论该组BCD码是否大于4，都继续将二进制数的最高位向BCD码的最低位左移1 bit。若任何一组BCD码（4 bit）都小于等于4，则直接将二进制数的最高位向BCD码的最低位左移1 bit。重复上述操作，直至10 bit的二进制皆移位至BCD码中，得到的BCD码与十进制的千、百、十、个位对应。

　　由设计需求梳理整体电路的接口，共3个输入，4个输出，依照接口说明申明模块并定义端口。具体说明见表6-1。

表6-1　七段数码管电路接口说明表

接口名称	输入/输出	位宽/bit	功能描述
clk	Input	1	时钟信号
rst	Input	1	rst=0时复位,数码管不输出任何字形
sw	Input	10	输入的十位二进制数
hex3	Output	7	用于控制数码管HEX3七个段的亮灭,表示输出十进制数的千位
hex2	Output	7	用于控制数码管HEX2七个段的亮灭,表示输出十进制数的百位
hex1	Output	7	用于控制数码管HEX1七个段的亮灭,表示输出十进制数的十位
hex0	Output	7	用于控制数码管HEX0七个段的亮灭,表示输出十进制数的个位

利用加三移位法转换二进制数可通过状态机实现，列出所有状态并编码，共有 IDLE、SHIFT、JUDGE、ADD、DONE 五种状态。各状态的描述见表6-2。

表6-2 二进制转BCD电路状态描述表

状态名	状态编码	状态描述
IDLE	3'd1	初始状态，获取输入，各寄存器清零
SHIFT	3'd2	移位状态
JUDGE	3'd3	判断状态，判断每一位的BCD码是否大于4
ADD	3'd4	加3调整状态
DONE	3'd5	完成状态，移位10次后完成

该电路的输出为转换后的BCD码和指示信号，二进制数和复位信号作为输入会导致输出发生改变，因此选用Mealy型状态机。状态转移图如图6-2所示。

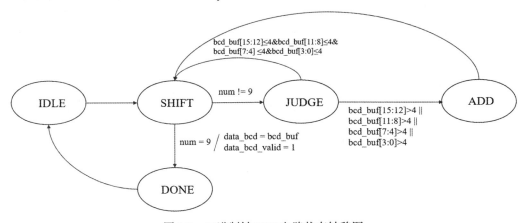

图6-2 二进制转BCD电路状态转移图

16位的data_bcd输出表示千、百、十、个位的BCD码。1位的data_bcd_valid指示转换完成、结果有效。该电路最初处于IDLE态，接着进入SHIFT状态。此时状态机根据移位次数是否满10次（num是否等于9）决定下一状态是DONE还是JUDGE，如果满10次，则进入DONE状态，置位data_bcd_valid；如果不满10次，则进入JUDGE状态，判断每一位BCD码是否大于4，若是则进入ADD状态，否则回到SHIFT状态。在ADD状态时，对相应大于4的BCD码执行加3的操作，然后回到SHIFT状态。最后，根据BCD码控制数码管hex3～hex0输出相应的字形。该状态机核心代码如下。

```
case(state)
    IDLE:begin
        num <= 4'd0;
        data_bcd_valid <= 0;
```

```
                    data_bin_reg <= data_bin ;
                    bcd_buf <= 16'd0;
                    data_bcd <= 16'd0;
                    state <= SHIFT;
                end
                SHIFT:begin
                    bcd_buf <= bcd_buf << 1;
                    data_bin_reg <= data_bin_reg << 1;
                    bcd_buf[0] <= data_bin_reg[9];
                    num <= num + 4'd1;
                    if(num == 4'd9)begin
                        state <= DONE;
                    end
                    else
                        state <= JUDGE;
                end
                JUDGE:begin
                    if(bcd_buf[15:12]>4 || bcd_buf[11:8]>4 || bcd_buf[7:4]>4 || bcd_buf
[3:0]>4)

                        state <= ADD;
                    else
                        state <= SHIFT;
                end
                ADD:begin
                                if(bcd_buf[15:12]>4)
                                        bcd_buf[15:12] <= bcd_buf[15:12] + 4'd3;
                    if(bcd_buf[11:8]>4)
                        bcd_buf[11:8] <= bcd_buf[11:8] + 4'd3;
                    if(bcd_buf[7:4]>4)
                        bcd_buf[7:4] <= bcd_buf[7:4] + 4'd3;
                    if(bcd_buf[3:0]>4)
                        bcd_buf[3:0] <= bcd_buf[3:0] + 4'd3;
                    state <= SHIFT;
                end
                DONE:begin
                  state <= IDLE;
                  data_bcd <= bcd_buf;
                  data_bcd_valid <= 1'd1;
```

```
            end
        default：begin
            bcd_buf <= bcd_buf；
            data_bcd <= data_bcd；
            data_bcd_valid <= 1'd0；
            state <= IDLE；
            num <= 3'd0；
        end
    endcase
```

该段代码主要描述二进制码转换成BCD码的状态和状态跳转。复位后，电路进入IDLE状态，再根据状态转移图实现相应的跳转。num用于存储当前的移位次数，bcd_buf和data_bin_reg分别存储移位等操作过程中产生的BCD码和二进制码中间值。转换完成时令输出data_bcd为bcd_buf，并置位data_bcd_valid。

数字0至9的字形存储在display数组中。根据BCD码索引display数组中的对应输出，控制数码管显示相应的字形。复位时则不显示任何字形，display数组如下。

```
    display[0]=7'b1000000；
    display[1]=7'b1111001；
    display[2]=7'b0100100；
    display[3]=7'b0110000；
    display[4]=7'b0011001；
    display[5]=7'b0010010；
    display[6]=7'b0000010；
    display[7]=7'b1111000；
    display[8]=7'b0000000；
    display[9]=7'b0010000。
```

6.1.2　测试模块编写

依照功能描述，电路设计需要保证：

（1）reset信号为复位信号，按下后电路回到初始状态。

（2）该电路通过DE1-SoC的10个滑动开关控制二进制数的输入，通过4个七段数码管显示二进制输入转换得到的十进制数。

为了验证电路是否符合以上要求，设计的Test Bench需要对电路进行一次完整的复位，观察电路复位后能否回到初始状态，不显示任何字形。在功能测试部分验证电路能否根据输入的10位二进制数输出相应的十进制数码管字形。

task_sysinit为系统初始化任务，为clk和rst信号赋初始值，sw初始值为$(15)_{10}$。task_reset为系统复位任务，通过设置rst信号进行系统复位，具体是高电平触发复位还是低电平触发复位由设计文件决定，此处是低电平复位。

task_test为功能测试任务，修改二进制输入分别为1023和783（十进制），验证字形是否也相应地改变。参考代码如下。

```
//----------------------------------------
task task_test;
  begin
    repeat（100）@（posedge clk）;
    sw=10'b1111111111;
    repeat（100）@（posedge clk）;
    sw=10'b1100001111;
    repeat（100）@（posedge clk）;
  end
endtask
```

该电路为时序电路，因此设计一个50 MHz的时钟发生器，代码参考前序章节。

6.1.3 测试结果分析

生成的仿真波形图如图6-3所示。

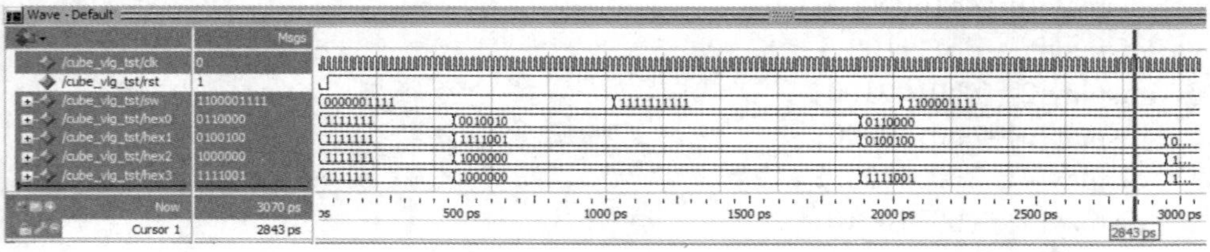

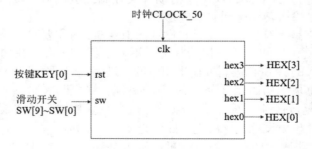

图6-3 仿真波形图

rst初始化为高电平，设置低电平复位时数码管输出全为1，此时不显示任何字形。停止复位后一段时间电路根据输入转换成相应的十进制，当输入 sw=10'b0000001111时，hex3至hex0分别显示为0、0、1、5的字形。后续改变输入的结果也与预期相符。

6.1.4 下板验证

根据电路模块的特点设计便于操作的下板验证方案，如图6-4所示。

时钟CLOCK_50

clk

按键KEY[0] → rst   hex3 → HEX[3]
                        hex2 → HEX[2]
滑动开关 → sw   hex1 → HEX[1]
SW[9]~SW[0]   hex0 → HEX[0]

图6-4 七段数码管电路的下板验证方案

参考本书第2章，clk直接接DE1-SoC上的50 MHz时钟，rst接按键KEY[0]，SW接滑动开关SW[9]～SW[0]。4×7 bit的输出接4个七段数码管。引脚配置如图6-5所示。

Node Name	Direction	Location	I/O Bank	VREF Group	I/O Standard
in clk	Input	PIN_AF14	3B	B3B_N0	2.5 V (default)
out hex0[6]	Output	PIN_AH28	5A	B5A_N0	2.5 V (default)
out hex0[5]	Output	PIN_AG28	5A	B5A_N0	2.5 V (default)
out hex0[4]	Output	PIN_AF28	5A	B5A_N0	2.5 V (default)
out hex0[3]	Output	PIN_AG27	5A	B5A_N0	2.5 V (default)
out hex0[2]	Output	PIN_AE28	5A	B5A_N0	2.5 V (default)
out hex0[1]	Output	PIN_AE27	5A	B5A_N0	2.5 V (default)
out hex0[0]	Output	PIN_AE26	5A	B5A_N0	2.5 V (default)
out hex1[6]	Output	PIN_AD27	5A	B5A_N0	2.5 V (default)
out hex1[5]	Output	PIN_AF30	5A	B5A_N0	2.5 V (default)
out hex1[4]	Output	PIN_AF29	5A	B5A_N0	2.5 V (default)
out hex1[3]	Output	PIN_AG30	5A	B5A_N0	2.5 V (default)
out hex1[2]	Output	PIN_AH30	5A	B5A_N0	2.5 V (default)
out hex1[1]	Output	PIN_AH29	5A	B5A_N0	2.5 V (default)
out hex1[0]	Output	PIN_AJ29	5A	B5A_N0	2.5 V (default)
out hex2[6]	Output	PIN_AC30	5B	B5B_N0	2.5 V (default)
out hex2[5]	Output	PIN_AC29	5B	B5B_N0	2.5 V (default)
out hex2[4]	Output	PIN_AD30	5B	B5B_N0	2.5 V (default)
out hex2[3]	Output	PIN_AC28	5B	B5B_N0	2.5 V (default)
out hex2[2]	Output	PIN_AD29	5B	B5B_N0	2.5 V (default)
out hex2[1]	Output	PIN_AE29	5B	B5B_N0	2.5 V (default)
out hex2[0]	Output	PIN_AB23	5A	B5A_N0	2.5 V (default)
out hex3[6]	Output	PIN_AB22	5A	B5A_N0	2.5 V (default)
out hex3[5]	Output	PIN_AB25	5A	B5A_N0	2.5 V (default)
out hex3[4]	Output	PIN_AB28	5B	B5B_N0	2.5 V (default)
out hex3[3]	Output	PIN_AC25	5A	B5A_N0	2.5 V (default)
out hex3[2]	Output	PIN_AD25	5A	B5A_N0	2.5 V (default)
out hex3[1]	Output	PIN_AC27	5A	B5A_N0	2.5 V (default)
out hex3[0]	Output	PIN_AD26	5A	B5A_N0	2.5 V (default)
in rst	Input	PIN_AA14	3B	B3B_N0	2.5 V (default)
in sw[9]	Input	PIN_AE12	3A	B3A_N0	2.5 V (default)
in sw[8]	Input	PIN_AD10	3A	B3A_N0	2.5 V (default)
in sw[7]	Input	PIN_AC9	3A	B3A_N0	2.5 V (default)
in sw[6]	Input	PIN_AE11	3A	B3A_N0	2.5 V (default)
in sw[5]	Input	PIN_AD12	3A	B3A_N0	2.5 V (default)
in sw[4]	Input	PIN_AD11	3A	B3A_N0	2.5 V (default)
in sw[3]	Input	PIN_AF10	3A	B3A_N0	2.5 V (default)
in sw[2]	Input	PIN_AF9	3A	B3A_N0	2.5 V (default)
in sw[1]	Input	PIN_AC12	3A	B3A_N0	2.5 V (default)
in sw[0]	Input	PIN_AB12	3A	B3A_N0	2.5 V (default)
<<new node>>					

图 6-5 引脚配置示意图

连上开发板下载程序后，按下按键KEY[0]，数码管不显示任何字形。拨动滑动开关SW[9]～SW[0]，数码管显示相应的十进制字形。

6.2 4×4 矩阵键盘

设计目标：利用DE1-SoC的GPIO接通4×4矩阵键盘，为16个按键编号，并控制数码管显示当前按下的键值。

4×4矩阵键盘分别包含四根行线和列线，原理图如图6-6所示。

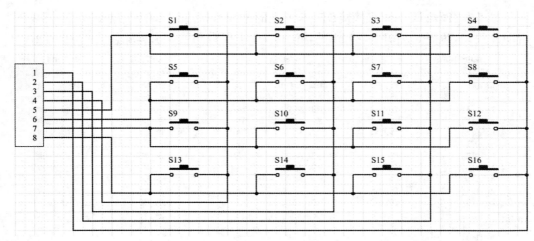

图6-6 4×4矩阵键盘原理图

行扫描法是一种常用的判断矩阵键盘的按键识别方法，其原理为：依次将行线置低电平（即置某行线为低电平时，置其他行线为高电平），然后逐列检测各列线的电平状态。若某列为低，则该列线与低电平的行线交叉处的按键为闭合的按键。例如，图6-6中置标号5的行线为低电平，置标号6，7，8的行线为高电平。此时读取列线，若标号1的列线为低电平，其他都为高电平，则可判断S4被按下。

普通按键为机械弹性开关。当机械触点断开、闭合时，由于机械触点的弹性作用，按键开关在闭合时无法马上稳定地接通，在断开时也不会立刻断开，而是在闭合和断开的瞬间都伴随一连串的抖动。如果不对按键抖动进行处理，则可能产生按键信号的误判。例如，将按下一次按键误判为多次按下按键。为了消除按键抖动的影响，需要进行按键消抖。由于按键抖动的时间一般在10～20 ms，而按键稳定的时间一般为数百毫秒，所以可以设置多个寄存器，延时读取按键的电平信号，再综合判断按键是否按下。

6.2.1 模块设计

通过设计需求梳理整体电路的接口，共3个输入，2个输出。具体说明见表6-3。

表6-3 4×4矩阵键盘电路接口说明表

接口名称	输入/输出	位宽/bit	功能描述
clk	Input	1	时钟信号
rst_n	Input	1	rst=0时复位，数码管不输出任何字形
col_in	Input	4	输入的四根列线
row_out	Output	4	输出的四根行线，通过修改其值实现行扫描
seven_segment	Output	7	控制七段数码管的亮灭，表示按下的按键

矩阵键盘行扫描的过程为：依次设置输出的行线 row_out 为1110、1101、1011、0111，检测列线的状态。若某列为低，则进行按键消抖并继续检测，否则重新扫描。

该过程可视为一个状态机,列出所有状态并编码,共有IDLE、START、SHIFT、P_FILTER、READ五种状态,各状态的描述见表6-4。

表6-4　矩阵键盘扫描电路状态描述表

状态名	状态编码	状态描述
IDLE	3'd1	初始状态,各寄存器清零,不进行行扫描(row_r = 4'b1111)
START	3'd2	开始扫描,令row_r = 4'b1110
SHIFT	3'd3	检测列线,令row_r循环移位继续扫描
P_FILTER	3'd4	通过计20 ms来消除按键抖动
READ	3'd5	根据行和列的数值判断被按下的按键

该电路的输出为行线和七段数码管的段选信号,列线和复位信号作为输入会导致输出发生改变,因此选用Mealy型状态机。状态转移图如图6-7所示。该电路最初处于IDLE态,初始化输出row_r为(1111)₂后直接进入下一状态START。在START状态中,首先,修改输出row_r为(1110)₂开启行扫描。接着,直接由START状态进入SHIFT状态。然后,检测列线col_r,若其值为(1111)₂,代表没有键被按下,此时仍为SHIFT状态,继续通过移位来实现行扫描;若col_r不等于(1111)₂,则可能有按键被按下,进入P_FILTER状态。P_FILTER状态通过对cnt_delay进行计数来滤除小于20 ms的按键抖动。若消抖后列检测仍不为4'b1111,则代表有按键被按下,进入READ状态读取该按键,否则视作抖动并回到IDLE状态。在READ状态时,读取完毕之后也回到IDLE状态。

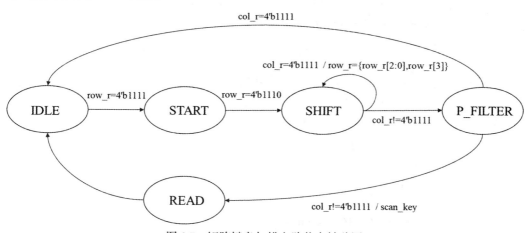

图6-7　矩阵键盘扫描电路状态转移图

最后,根据获取的按键值输出至数码管HEX0显示相应的字形。原理图按键与对应数码管显示的字形见表6-5。

表6-5　按键与数码管字形对应表

按键	字形
S1~S4	1，2，3，4
S5~S8	5，6，7，8
S9~S12	9，A，b，C
S13~S16	D，E，F，G

矩阵键盘扫描在always块中完成，描述状态和状态跳转的核心代码如下。

```
case（state）
  IDLE：begin
    row_r <= 4'b1111；
      cnt_delay <= 0；
      state<=START；
    end
  START：begin
    row_r<=4'b1110；
      state<=SHIFT；
  end
  SHIFT：begin
      if（col_r!=4'b1111）state<=P_FILTER；
    else row_r<={row_r[2：0]，row_r[3]}；
  end
  P_FILTER：begin
    if（cnt_delay==DELAY_20MS）
      if（col_r!=4'b1111）state<=READ；
      else state<=IDLE；
    else cnt_delay<=cnt_delay+1；
  end
  READ：begin
    case（{row_r，col_r}）
    8'b11101110：scan_key<=1；
      ……
    8'b01110111：scan_key<=16；
    default：
    state<=IDLE；
    endcase
    cnt_delay<=0；
```

```
                state<=IDLE;
            end
        default: begin
            state<=IDLE;
        end
    endcase
```

上述代码主要描述了矩阵键盘扫描的状态跳转。其中，cnt_delay 用于存储当前计数的次数，从而消除按键抖动，便于延时读取。确认按键按下后再根据行线和列线的值判断哪个按键被按下。

数码管显示由键值 scan_key 决定。按键 1 至 16 对应的字形存储于 display 数组中。READ 状态下，为 scan_key 赋 display 数组的不同值，数码管输出相应的字形。显示代码可参考上节。

6.2.2　测试模块编写

依照功能描述，电路的设计需要保证：

（1）reset 信号为复位信号，按下后电路回到初始状态。

（2）该电路通过 DE1-SoC 的 GPIO 连接 4×4 矩阵键盘，控制数码管显示当前按下的键值。

为了验证电路是否符合以上要求，设计的 Test Bench 需要对电路进行一次完整的复位，观察电路复位后能否回到初始状态，不显示任何字形。在功能测试部分根据矩阵键盘的特性模拟相应的列线输入，验证按下不同的按键时字形也相应地改变并能够滤除按键抖动。为了减少仿真用时，将程序代码中的 DELAY_20MS 改为 5。

设计的 Test Bench 代码如下，根据矩阵键盘的特性模拟相应的列线输入，key 的不同位代表不同的按键。

```
    assign col_in[0]=(key[1]==1?row_out[0]:1)&(key[5]==1?row_out[1]:1)&(key
[9]==1?row_out[2]:1)&(key[13]==1?row_out[3]:1);
    assign col_in[1]=(key[2]==1?row_out[0]:1)&(key[6]==1?row_out[1]:1)&(key
[10]==1?row_out[2]:1)&(key[14]==1?row_out[3]:1);
    assign col_in[2]=(key[3]==1?row_out[0]:1)&(key[7]==1?row_out[1]:1)&(key
[11]==1?row_out[2]:1)&(key[15]==1?row_out[3]:1);
    assign col_in[3]=(key[4]==1?row_out[0]:1)&(key[8]==1?row_out[1]:1)&(key
[12]==1?row_out[2]:1)&(key[16]==1?row_out[3]:1);
```

首先调用系统初始化任务，将 clk 和 rst_n 信号赋初始值，key 赋初始值为 0。然后调用系统复位任务，通过设置rst_n信号进行系统复位，具体是高电平触发复位还是低电平触发复位由设计文件决定，此处是低电平复位。在系统初始化和系统复位完成后调用功能测试任务，修改按键值key的某一位为1，表示按下该按键，验证字形是否也相应地改变，并测试按下较短的时间时能否实现消抖。具体代码如下。

```
//-------------------------------------------
task task_test;   begin
    key[2]=1;
    repeat（50） @（posedge clk）;
    key[2]=0;
    key[11]=1;
    repeat（3） @（posedge clk）;
    key[11]=0;
    key[14]=1;
    repeat（50） @（posedge clk）;
end
endtask
```

该电路是时序电路，因此设计一个50 MHz的时钟发生器，代码可参考前序章节。

6.2.3　测试结果分析

生成的仿真波形图如图6-8所示。

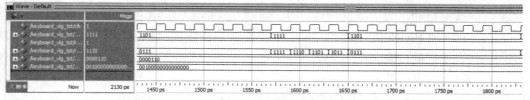

图6-8　仿真波形图

rst_n初始化为低电平复位，数码管输出全为1，此时不显示任何字形。rst_n为高电平后，电路进行键盘扫描并显示键值，当key[2]=1并持续较长时间时，七段数码管HEX0显示"2"的字形。接着改变key[11]=1，但只持续较短时间，可以看到电路并未被识别和显示，验证了消抖功能。接着改变key[14]=1，可以看到显示了"E"的字形，与预期相符。

6.2.4　下板验证

根据电路模块的特点设计便于操作的下板验证方案，如图6-9所示。

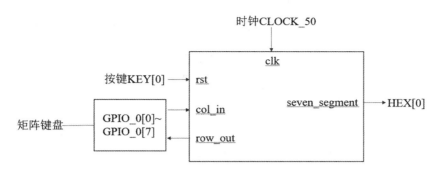

图6-9 矩阵键盘电路的下板验证方案

参考本书第2章，clk直接接DE1-SoC上的50 MHz时钟，rst接按键KEY[0]，行线和列线通过GPIO连接矩阵键盘。7 bit的数码管输出seven_segment接数码管HEX[0]。引脚配置如图6-10所示。

Node Name	Direction	Location	I/O Bank	VREF Group	I/O Standard
row_out[0]	Output	PIN_AC18	4A	B4A_N0	2.5 V (default)
row_out[1]	Output	PIN_Y17	4A	B4A_N0	2.5 V (default)
row_out[2]	Output	PIN_AD17	4A	B4A_N0	2.5 V (default)
row_out[3]	Output	PIN_Y18	4A	B4A_N0	2.5 V (default)
col_in[0]	Input	PIN_AK16	4A	B4A_N0	2.5 V (default)
col_in[1]	Input	PIN_AK18	4A	B4A_N0	2.5 V (default)
col_in[2]	Input	PIN_AK19	4A	B4A_N0	2.5 V (default)
col_in[3]	Input	PIN_AJ19	4A	B4A_N0	2.5 V (default)
clk	Input	PIN_AF14	3B	B3B_N0	2.5 V (default)
rst_n	Input	PIN_AA14	3B	B3B_N0	2.5 V (default)
seven_segment[0]	Output	PIN_AE26	5A	B5A_N0	2.5 V (default)
seven_segment[1]	Output	PIN_AE27	5A	B5A_N0	2.5 V (default)
seven_segment[2]	Output	PIN_AE28	5A	B5A_N0	2.5 V (default)
seven_segment[4]	Output	PIN_AF28	5A	B5A_N0	2.5 V (default)
seven_segment[3]	Output	PIN_AG27	5A	B5A_N0	2.5 V (default)
seven_segment[5]	Output	PIN_AG28	5A	B5A_N0	2.5 V (default)
seven_segment[6]	Output	PIN_AH28	5A	B5A_N0	2.5 V (default)
<<new node>>					

图6-10 引脚配置示意图

连上开发板下载程序后，按下复位按键KEY[0]，数码管不显示任何字形。按下矩阵键盘上的某一按键，数码管会显示为相应的字形。

6.3 UART异步串口通信

设计目标：设计一个异步串行接口电路用于通用异步收发传输，传输数据位和传输速率可调，并且执行奇校验。

通用异步收发传输（universal asynchronous receiver/transmitter，UART）以位（bit）为单位进行数据传输。UART在工作过程中不需要数据收发双方之间具有同步的时钟信号，仅需要一条数据线即可实现系统与系统之间的数据传输。一个常见的UART串口结构如图6-11所示。

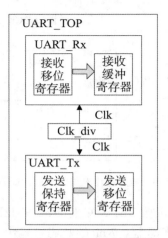

图 6-11　UART 串口结构图

顶层（UART_TOP）包含发送模块（UART_Tx）和接收模块（UART_Rx）。UART传输时，收发双方都按约定的数据帧格式进行，如图6-12所示。

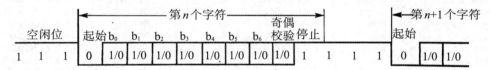

图 6-12　异步串行通信的帧数据格式

UART每次只传输1位，每个字符传输总是以"起始位"开始，以"停止位"结束。一个数据帧包含"起始位""数据字符""奇偶校验位"和"停止位"等，用于传输由5～8位数据位组成的数据字符。数据帧与数据帧之间没有固定的时间间隔要求。每个数据帧位的意义如下。

起始位：逻辑"0"信号，表示传输字符的开始。

数据字符：在起始位之后，由5～8位数据构成，表示待传输数据。

奇偶校验位：所有数据位加上这一位后，使得"1"的位数应为偶数（偶校验）或奇数（奇校验），以此来校验资料传送的正确性。

停止位：字符数据的结束标志。可以是1位、1.5位、2位的高电平。

空闲位：处于逻辑"1"状态，表示当前线路没有资料传送。

传输率是UART中非常重要的概念，即单位时间内传送二进制数据的位数，单位为bps（bits per second），用于衡量串行通信的速度。

在串行通信中，发送和接收需要时钟信号对数据位进行定位和同步控制。为了提高异步串行通信的抗干扰能力，一般使用多个收/发时钟传输一位二进制数据位。

一个二进制数据位的收/发时钟个数，被称为波特率因子。在异步串行通信中，波特率因子常取为16。图6-13显示了异步串行通信同步检测与采样的原理。

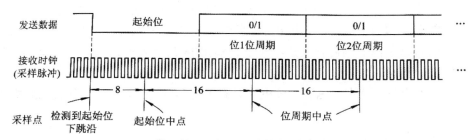

图 6-13　异步串行通信同步检测与采样原理

波特率因子为 16 时，发送 1 位数据需要持续 16 个发送系统时钟，接收端在接收系统时钟的偏中间时间点进行采样，尽量在位周期中点进行。但是在异步传输中通常发送时钟和接收时钟不同步，因此接收点通常无法准确定位在发送数据的位周期中点。

6.3.1　模块设计

1. 发送部分

发送模块结构如图 6-14 所示。

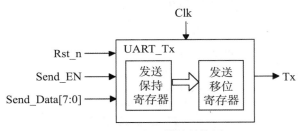

图 6-14　发送模块结构图

Send_Data 用于存放即将发送的数据，该示例假设数据长度为 8 位。Send_EN 用于表示发送数据是否准备好，如果准备好了 Send_EN 为高电平，如果未准备好 send_EN 则为低电平。Tx 用于输出异步串行通信数据，具体的接口说明见表 6-6。

表 6-6　发送模块接口说明表

接口名称	输入/输出	位宽/bit	功能描述
Clk	Input	1	时钟信号
Rst_n	Input	1	复位信号，低电平有效
Send_EN	Input	1	发送有效信号，Send_EN=1 表示发送数据已准备好
Send_Data	Input	8	待发送的数据
Tx	Output	1	输出的串行数据

发送数据的过程：首先发送起始位，即发送端口 Tx 从逻辑 1 变化到逻辑 0，然后发送 8 个有效数据位（数据位发送时低位在前，高位在后）和奇偶校验位，最后发送 1 位停止位。

对电路建模时，首先，确定该状态机选用Moore型状态机还是Mealy型状态机。UART的发送部分较简单，用等待和发送两个状态即可完成，Send_EN作为状态从等待到发送的转移条件，因此在发送状态下，输出Tx与输入可以无关，以Moore型状态机为例进行建模。

其次，列出所有状态并编码。该电路只有等待和发送2个状态，各状态的描述见表6-7。

表6-7 交通灯控制器状态描述表

状态名	状态编码	状态描述
WAIT	01	串口空闲状态,输出Tx为高电平,监测Send_EN的电平变化
SEND	10	1.将待发送数据移入发送移位寄存器。 2.发送起始位Tx=0,维持一个位周期(16个时钟周期)。 3.发送数据,首先发送移位寄存器的最低位,同时右移一位,发送完8位数据后发送校验位(自行计算得出),每位数据维持16个时钟周期。 4.发送停止位,数据发送完毕

最后，画出状态转移图如图6-15所示。

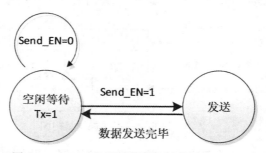

图6-15 UART发送部分状态转移图

电路最初处于WAIT态，每当Rst_n=0时，电路无论处于何种状态都会回到WAIT。当检测到Send_EN=1时表示待发送的数据已经准备好，可以开始发送，此时进入SEND状态，否则停在WAIT态。在SEND状态时，依次发送起始位、数据字符、校验位和停止位，发送完毕后转入WAIT状态。

依照接口说明申明模块并定义端口。参考本章介绍的三段式状态机对其建模，第一个always块用于描述状态触发器。

第二个always块采用组合逻辑描述下一状态，也就是用于产生Next_state。该段代码主要参考上述的状态转移图（图6-15）编写，参考代码如下。

```
always@(State_C or Send_EN or dcnt)begin
  case(State_C)
    WAIT:begin
```

```
        if(Send_EN == 1'b1)//待发送数据已准备好
          State_N = SEND;
        else
          State_N = WAIT;
      end

      SEND:begin
        if(dcnt==4'd11) //1 位起始位+8 位数据位+1 位校验位+1 位停止位
          State_N = WAIT;
        else
          State_N = SEND;
      end
      default:
        State_N = WAIT;
    endcase
  end
```

状态是否转移受到当前所处状态、Send_EN 和 dcnt 的影响，因此这三个信号被当作 always 块的敏感信号。代码完全按状态转移图进行状态转移的条件判断和描述，Send_EN 为高电平时，代表待发送数据已准备好，进入 SEND 状态。dcnt 是在 SEND 状态下用于记录已发出的数据位数。当起始位、数据位、校验位和停止位都发送完毕后，转到 WAIT 状态。cnt 和 dcnt 相关代码如下。

```
always@（posedge Clk or negedge Rst_n）begin
  if（!Rst_n）begin
    cnt <= 4'b0;
    dcnt<= 4'b0;
  end
  else if（State_C==SEND）begin
    if（cnt ==（Cnt_1bit-1））begin
      cnt <= 4'b0;
      dcnt<= dcnt+1'b1;
    end
    else
      cnt <= cnt+1'b1;
  end
  else begin
    cnt <= 4'b0;
    dcnt<= 4'b0;
  end
end
```

Cnt_1bit为波特率因子，cnt对系统时钟进行计数，当计数量达到波特率因子后清零重新计数，假如此时处于SEND状态，dcnt的计数值加1。

第三个always块是根据当前的状态和输入产生对应的输出信号，参考代码如下。

```verilog
always@(State_C or Rst_n or dcnt)
    begin
       if(!Rst_n)
          Tx = 1'b1;
       else begin
          if(State_C == SEND)begin
             if(dcnt == 4'd0) //发送起始位
                Tx = 1'b0;
             else if((dcnt>4'd0)&&(dcnt<(Data_Bit_Width+1)))
                Tx = Send_Data[dcnt-1];
             else if(dcnt==(Data_Bit_Width+1))
                Tx = ^Send_Data;
             else
                Tx = 1'b1;
          end
          else
             Tx = 1'b1;
       end
    end
```

Tx在WAIT状态输出高电平，在SEND状态根据dcnt的计数值决定输出，规则参照异步串行通信发送机制。

2. 接收部分

接收模块结构如图6-16所示。

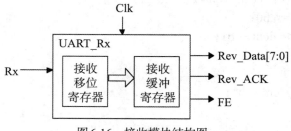

图6-16　接收模块结构图

Rx为数据接收输入。Rev_Data用于存放收到的数据，该示例假设数据长度为8位。Rev_ACK用于表示数据是否接收完成，若接收完成则置高电平。FE用于表示数据校验是否成功，具体的接口说明见表6-8。

表6-8　接收模块接口说明表

接口名称	输入/输出	位宽/bit	功能描述
Clk	Input	1	时钟信号
Rx	Input	1	串行输入信号
Rev_Data	Output	8	接收到的8位数据
Rev_ACK	Output	1	数据接收完成信号，Rev_ACK=1表示接收完成，用于通知接收端取走数据
FE	Output	1	校验出错信号，FE=1表示校验出错，该次数据丢弃

UART 接收数据的过程如下：首先检测起始位是否到来，如果检测 Rx 有下降沿，则说明可能收到了起始位，此时如果在位周期中点附近采样，Rx 收到的还是低电平，则说明确实收到了起始位，开始准备接收数据。接收数据位和校验位时，也都在位周期中点进行采样。在接收完停止位后进行数据校验，如果校验通过则保存数据，并将 Rev_ACK 置高电平，通知接收端取走 Rev_Data 内的数据。如果校验未通过则说明接收到的数据有问题，舍弃数据并将 FE 置高电平。

首先，确定该状态机选用 Moore 型状态机还是 Mealy 型状态机。UART 的接收部分比发送部分略复杂，需要比对起始位、数据字符和校验位等是否符合异步串行传输规则，而输出 Rev_Data 不仅取决于当前所处的状态，还与输入 Rx 相关，因此以 Mealy 型状态机为例进行建模。

其次，列出所有状态并编码。各状态的描述见表6-9。

表6-9　接收模块的状态描述表

状态名	状态编码	状态描述
空闲等待	5'b 00001	串口空闲状态，Rx 为高电平，监测是否有下降沿出现
开始位检测	5'b 00010	检测到 Rx 产生下降沿，监测 Rx 是否连续8个时钟周期都保持低电平
开始接收数据	5'b 00100	开始接收数据位和校验位，每隔16个时钟周期接收一位数据，接的8位数据暂存入移位寄存器中，1位校验位暂存入寄存器
停止位检测	5'b 01000	检测是否收到停止位
校验数据	5'b 10000	如果校验成功，将移位寄存器的数据存入缓冲寄存器，并将 Rev_ACK 置高电平，如果失败，则抛弃数据并将 FE 置高电平

最后，画出状态转移图如图6-17所示。

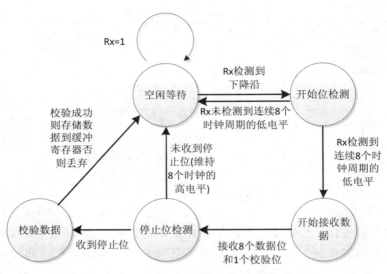

图6-17 UART接收部分状态转移图

电路最初处于空闲等待的状态，每当Rst_n=0时，电路无论处于何种状态都会回到该状态。当检测到Rx=1时表示有可能检测到起始位，进入开始位检测状态。开始位检测状态继续接收Rx端口的数据，在位周期中点附近进行采样，如果Rx端口收到的还是低电平，则说明确实收到了起始位，转入开始接收数据状态；如果在位周期中点附近采样得到高电平，说明不是起始位，则回到空闲等待状态。在开始接收数据状态中，采样得到数据位和校验位后进入停止位检测状态，如果收到Rx在一开始和位周期中点附近都为高电平，则说明收到停止位，进入校验数据状态，否则回到空闲等待状态。校验数据状态利用偶校验进行数据校验，如果通过，则存储数据至Rev_Data并且Rev_ACK端口输出为高电平，否则不发送Rev_ACK并且置FE为高电平。

依照接口说明申明模块并定义端口。参考本章介绍的三段式状态机对其建模，第一个always块用于描述状态触发器，与发送部分类似。第二个always块采用组合逻辑描述下一状态，也就是用于产生Next_state。该段代码主要参考上述的状态转移图（图6-17）编写，参考代码如下。

```
always @(State_C or Rx or cnt or dcnt)begin
    case(State_C)
        Idle:begin
            if(Rx==0)
                State_N=StartBit;
            else
                State_N=Idle;
        end
        StartBit:begin
```

```
                if((Rx==0)&&(cnt==(Cnt_1bit-2)))//在检测到低电平后,检测位周
期中间值是否也为低电平,确认收到的是否为起始位
                    State_N=DataBit;
                else if(Rx==1)
                    State_N=Idle;
                else
                    State_N=StartBit;
            end
            DataBit:begin
                if((dcnt==(Data_Bit_Width+1))&&(cnt==(Cnt_1bit-2)))//计满10
位,起始位1位,数据8位,校验位1位
                    State_N=StopBit;
                else
                    State_N=DataBit;
            end
            StopBit:begin
                if((Rx==1)&&(cnt==(Cnt_1bit-2)))
                    State_N=CheckBit;
                else if(Rx==0)
                    State_N=Idle;
                else
                    State_N=StopBit;
            end
            CheckBit:
                State_N=Idle;
            default:
                State_N=Idle;
            endcase
        end
```

cnt 和 dcnt 的功能与发送部分类似，cnt 对系统时钟进行计数，dcnt 在接收起始位时开始计数，接收完停止位后结束计数。

输出信号 Rev_ACK 和 FE 只在校验数据状态时改变，当校验成功时 Rev_ACK 为高电平，校验失败 FE 为高电平。

Rev_Data 在接收数据状态时接收 Rx 的数据。Check_Bit 用于暂存 Rx 接收的校验位。参考代码如下。

```
    always @（negedge Rst_n or posedge Clk）begin
        if（!Rst_n）begin
```

```
            Rev_Data <= 8'b0;
            Check_Bit <= 0;
        end
        else if(State_C==DataBit)begin
            if(cnt==(Cnt_1bit/2-1))//在每位数据接收的中间时刻读取数据
                if(dcnt==9)
                    Check_Bit <= Rx;
                else
                    Rev_Data[dcnt-1] <= Rx;
            else begin
                Rev_Data[dcnt] <= Rev_Data[dcnt];
                Check_Bit <= Check_Bit;
            end
        end
        else begin
            Rev_Data[dcnt] <= Rev_Data[dcnt];
            Check_Bit <= Check_Bit;

        end
    end
```

3. 发送+接收

构建一个全双工的异步串行通信模块，如图6-11所示。创建 Serial_Interface 模块，并将之前设计的发送模块与接收模块实例化。添加一个时钟分频器，用于控制传输的波特率。模块实例化代码可参考前序章节，此处不再赘述。

6.3.2 测试模块编写

1. 发送部分

依照该电路的功能描述，电路的设计需要保证：

（1）状态机能够按照状态转移图进行状态转移。

（2）Tx的输出符合异步串行通信规格。

（3）Rst_n信号为复位信号，低电平时电路能回到WAIT状态。

为了验证电路是否符合以上要求，设计的 Test Bench 需要对电路进行一次完整的复位，观察电路复位后能否从WAIT开始，在功能测试部分给寄存器Send_Data输入8位数据，置Send_EN为高电平，测试Tx的输出是否符合预期。

系统初始化任务将Send_Data和Send_EN初始化为低电平。系统复位任务通过设置Rst_n信号实现，具体是高电平触发复位还是低电平触发复位由设计文件决定，此处是低电平复位。在系统初始化和系统复位完成后调用功能测试任务。参考代码如下。

```
//------------------------------------------
task task_send;
  begin
    Send_EN=1;
    Send_Data = 8'b10101010;
    repeat（161）@（posedge Clk）;
    Send_EN=0;
  end
endtask
```

该电路是时序电路因此设计一个 50 MHz 的时钟发生器，代码与前序章节相同。

2. 接收部分

依照该电路的功能描述，电路的设计需要保证：

（1）状态机能够按照状态转移图进行状态转移。

（2）Rev_Data 依照异步串行传输规则接收数据。

（3）Rst_n 信号为复位信号，低电平时电路转移至空闲状态。

（4）Rev_ACK 在数据校验正确时收到一段高电平，FE 在数据校验错误时输出一段高电平。

为了验证电路是否符合以上要求，设计的 Test Bench 需要对电路进行一次完整的复位，观察电路复位后能否从空闲状态开始。在功能测试部分首先测试检测到下降沿，进入开始位检测，但在位周期中间采样点处无法采样到低电平，电路转入空闲状态。然后测试成功收到起始位，进入数据接收状态，但未接收到停止位时，电路能否回到空闲状态。最后测试一个完整的接收数据过程和接收到的数据校验错误的过程。

设计的 Test Bench 激励主体部分代码如下。

```
//------------------------------------------
initial begin
  task_sysinit;
  task_reset;
  task_start_to_idle;
  task_start_to_rev;
  task_stop_to_idle;
  task_start_to_rev;
  task_stop_to_check;
  task_start_to_checkerror;

  repeat（4）@（posedge Clk）;
  $stop;
end
```

系统初始化任务将Rx初始化为高电平。系统复位任务通过设置Rst_n信号实现，具体是高电平触发复位还是低电平触发复位由设计文件决定，此处是低电平复位。在系统初始化和系统复位完成后调用功能测试任务。task_start_to_idle中Rx开始为0，仅保持1个时钟周期后变为1，因此状态机跳转至Idle状态。参考代码如下。

```
//--------------------------------------------
task task_start_to_idle;
  begin
    Rx = 0;
    repeat（1）@（posedge Clk）;
    Rx = 1;
    repeat（2）@（posedge Clk）;
  end
endtask
```

task_start_to_rev的Rx保持16个时钟周期后，状态机跳转至rev状态，参考代码如下。

```
task task_start_to_rev;
  begin
    Rx = 0;
    repeat（16）@（posedge Clk）;
    Rx = 1;
    repeat（16）@（posedge Clk）;
    Rx = 0;
    repeat（16）@（posedge Clk）;
    Rx = 1;
    repeat（16）@（posedge Clk）;
    Rx = 0;
    repeat（16）@（posedge Clk）;
    Rx = 1;
    repeat（16）@（posedge Clk）;
    Rx = 0;
    repeat（16）@（posedge Clk）;
    Rx = 1;
    repeat（16）@（posedge Clk）;
    Rx = 0;
    repeat（16）@（posedge Clk）;
    Rx = 1;
    repeat（16）@（posedge Clk）;
  end
endtask
```

task_stop_to_idle、task_stop_to_rev 和 task_start_to_checkerror 与上述代码类似，不再赘述。该电路是时序电路，因此设计一个50 MHz的时钟发生器，代码与上述几节相同。

3. 发送+接收

创建一个UART模块，将发送部分和接收部分都实例化，并且将发送部分的Tx和接收部分的Rx相连用于测试。此处为了模仿真实传输场景，发送部分和接收部分的时钟采用异步时钟。

依照该电路的功能描述，电路的设计需要保证：

（1）Rst_n信号为复位信号，低电平时电路能复位。

（2）Rev_Data依照异步串行传输规则收到Data_Send发送的数据，并且Rev_ACK输出高电平。

（3）Rev_Data收到数据校验错误时，FE输出一段高电平。

生成两个频率相同但不同步的时钟Clk1和Clk2，分别为发送模块和接收模块提供时钟信号。

设计的Test Bench激励主体部分代码如下。

```
//------------------------------------------
initial begin
  task_sysinit;
  task_reset;
  task_send;
  repeat（32）@（posedge clk1）;
  $stop;
end
```

初始化和复位操作与之前的案例类似，task_send中主要置位Send_EN信号，然后把待发送的数据放至Data_Send。测试代码较简单，此处省略。

6.3.3 测试结果分析

1. 发送部分

根据上述Test Bench生成的仿真波形图如图6-18所示。

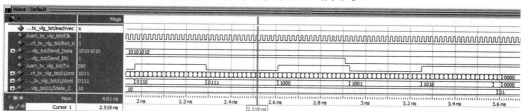

图6-18 UART发送部分的仿真波形图

Rst_n在仿真开始时便设置为低电平，电路复位进入WAIT状态，Tx输出为高电平。rst_n变为高电平后，由于输入Send_EN为高电平，因此进入SEND状态。SEND

状态下首先发送起始位，保持16个时钟周期后发送数据位的最低位0，然后依次从低到高发送数据位。8位数据都发送完毕后，发送偶校验位，此处为0，再发送停止位高电平。停止位发送完毕后，状态跳转到WAIT。根据仿真波形图，各个状态都按照状态转移规律进行转移，每个状态的输出都与转移图相对应，验证了电路与设计预期相符。

2. 接收部分

根据上述Test Bench生成的仿真波形图如图6-19所示。

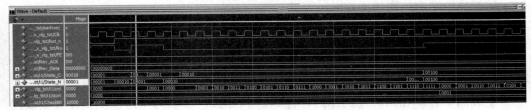

图6-19　UART接收部分的仿真波形图1

图6-19显示复位后状态机进入空闲状态，然后检测到Rx有下降沿进入开始位检测状态，但是在该状态下Rx变为高电平，所以状态机回到空闲状态。然后再次检测到起始位，并且持续了16个时钟周期，状态机进入数据接收状态。

如图6-20所示，在数据接收状态下，成功接收Rx上传输的8位二进制数01010101。

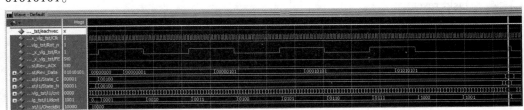

图6-20　UART接收部分的仿真波形图2

但是Rx接收的停止位并未持续16个时钟周期，因此状态机判定该次传输不满足异步串行通信规则，不进行数据校验直接进入空闲状态等待下一次传输。

如图6-21所示，再次进行数据传输，此时Rx上传输的数据完全满足异步串行通信规则，Rev_Data存储收到的8位二进制数01010101，在6857 ps处Rev_ACK发出数据接收成功的上升沿。

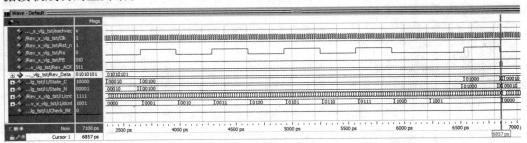

图6-21　UART接收部分的仿真波形图3

如图 6-22 所示，发送 8 位二进制数 10101010，并将校验位改变为 1，此时执行偶校验将提示错误，因此在停止位接收完毕后 FE 出现上升沿。

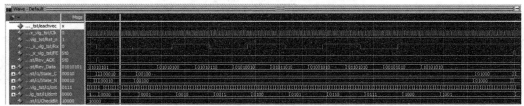

图 6-22　UART 接收部分的仿真波形图 4

3. 发送+接收

根据上述 Test Bench 生成的仿真波形图如图 6-23 所示。

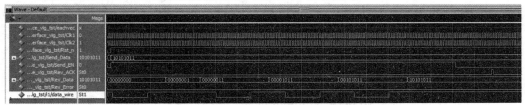

图 6-23　Serial_Interface 的仿真波形图 4

Clk1 为发送端时钟，Clk2 为接收端时钟，两个时钟频率相同但不同步。Send_Data 上的待发送数据为 8 位二进制数 10101011，可以看到 data_wire 上的数据与异步串行传输规则相符，先传输最低位 1，然后由低到高依次传输 1010101。最后，传输偶校验位 1 和停止位。Rev_Data 收到 8 位二进制数 10101011 并且 Rev_ACK 收到高电平，传输成功。

6.3.4　下板验证

准备两块开发板，一块用于发送数据，一块用于接收数据。参考指导手册，Clk 接 DE1-SoC 上的 50 MHz 时钟，也可选择 25 MHz 时钟。Rst_n 接按键 KEY[0]，Send_Data 接 SW[0]～SW[7]，Send_EN 接滑动开关 8，Rx 接 GPIO_0[0]。Tx 接 GPIO_0[1]，Rev_Data 接 LEDR[0]～LEDR[7]，Rev_Error 接 LEDR[8]，Rev_ACK 接 LEDR[9]。引脚分配如图 6-24 所示。

Node Name	Direction	Location	I/O Bank	VREF Group	itter Location	I/O Standard
Tx	Output	PIN_Y17	4A	B4A_N0	PIN_AH2	2.5 V ...fault)
Send_EN	Input	PIN_AJ17	4A	B4A_N0	PIN_C8	2.5 V ...fault)
Send_Data[7]	Input	PIN_AJ19	4A	B4A_N0	PIN_AB21	2.5 V ...fault)
Send_Data[6]	Input	PIN_AK19	4A	B4A_N0	PIN_AF26	2.5 V ...fault)
Send_Data[5]	Input	PIN_AK18	4A	B4A_N0	PIN_C9	2.5 V ...fault)
Send_Data[4]	Input	PIN_AK16	4A	B4A_N0	PIN_AJ14	2.5 V ...fault)
Send_Data[3]	Input	PIN_Y18	4A	B4A_N0	PIN_AE11	2.5 V ...fault)
Send_Data[2]	Input	PIN_AD17	4A	B4A_N0	PIN_K7	2.5 V ...fault)
Send_Data[1]	Input	PIN_AC12	3A	B3A_N0	PIN_AB28	2.5 V ...fault)
Send_Data[0]	Input	PIN_AB12	3A	B3A_N0	PIN_AH30	2.5 V ...fault)
Rx	Input	PIN_AC18	4A	B4A_N0	PIN_Y26	2.5 V ...fault)
Rst_n	Input	PIN_AA14	3B	B3B_N0	PIN_B6	2.5 V ...fault)
Rev_Error	Output				PIN_E4	2.5 V ...fault)
Rev_Data[7]	Output	PIN_W20	5A	B5A_N0	PIN_AE23	2.5 V ...fault)
Rev_Data[6]	Output	PIN_Y19	4A	B4A_N0	PIN_AF20	2.5 V ...fault)
Rev_Data[5]	Output	PIN_W19	4A	B4A_N0	PIN_D10	2.5 V ...fault)
Rev_Data[4]	Output	PIN_W17	4A	B4A_N0	PIN_E9	2.5 V ...fault)
Rev_Data[3]	Output	PIN_V18	4A	B4A_N0	PIN_AD29	2.5 V ...fault)
Rev_Data[2]	Output	PIN_V17	4A	B4A_N0	PIN_AF14	2.5 V ...fault)
Rev_Data[1]	Output	PIN_W16	4A	B4A_N0	PIN_AE18	2.5 V ...fault)
Rev_Data[0]	Output	PIN_V16	4A	B4A_N0	PIN_AH7	2.5 V ...fault)
Rev_ACK	Output	PIN_Y21	5A	B5A_N0	PIN_AK2	2.5 V ...fault)
Clk	Input	PIN_AF14	3B	B3B_N0	PIN_AA26	2.5 V ...fault)

图 6-24　UART 引脚分配图

下板后，把发送端的 GPIO_0[0] 和接收端的 GPIO_0[1] 用一根跳线连接，然后按下发送端的 KEY[0]，复位电路。根据待发送数据拨动滑动开关 0～7，然后拨动滑动开关 8，数据开始传输，观察接收端的 LED 灯的亮灭与发送端的待发送数据是否相符。

6.4 SPI 接口

设计目标：设计当时钟极性（POL）为 1，时钟相位（PHA）为 1 时的 SPI 主机控制器，实现主机全双工发送和接收数据。SPI 通信时序如图 6-25 所示。

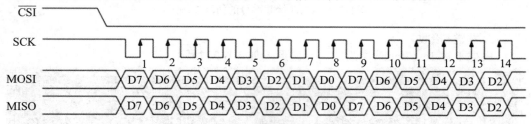

图 6-25 SPI 通信时序示意图

串行外设接口（serial peripheral interface，SPI），是一种同步全双工串行接口，能够同时发送和接收数据。SPI 以主从方式工作，通常包括一个主设备和一个或多个从设备。SPI 接口通常有如下 4 根信号线。

SCK：串行时钟线，由主设备接口产生。

MOSI：主设备输出，从设备输入数据线。

MISO：主设备输入，从设备输出数据线。

SS：从接口选择线，或称为从接口片选线。

SPI 传输时，产生时钟的设备称为主设备，另一侧称为从设备。主设备和单个从设备的连接如图 6-26 所示。

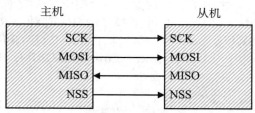

图 6-26 主设备和从设备的连接示意图

SPI 接口为了与外设进行数据交换，根据外设工作要求，其输出串行同步时钟极性和相位可以进行配置。POL 对传输协议没有重大影响。如果 POL=0，则串行同步时钟的空闲状态为低电平；如果 POL=1，则串行同步时钟的空闲状态为高电平。PHA 指定在时钟信号的具体相位或者边沿采集数据。如果 PHA=0，则在串行同步时钟的第一个跳变沿（上升沿或下降沿都有可能，取决于 POL）进行数据采样；如果 PHA=1，则在串行同步时钟的第二个跳变沿（上升沿或下降沿都有可能，取决于 POL）进行数据采样。SPI 主设备和与之通信的 SPI 从设备的时钟相位和极性必须一致。具体的接口时序如图 6-27 所示。

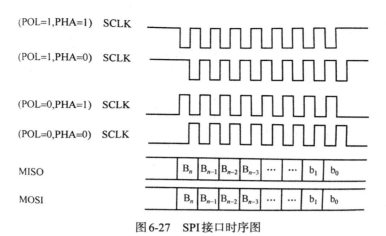

图 6-27　SPI 接口时序图

6.4.1　模块设计

1. 主机部分

发送模块结构如图 6-28 所示。

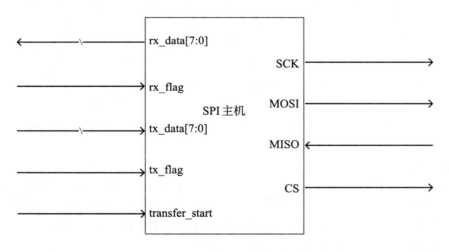

图 6-28　SPI 主机模块结构图

　　rx_data 用于传输接收的数据，tx_data 用于传输即将要发送到从机的数据，该示例假设数据长度为 8 位。tx_flag 用于传输主机的发送状态标志位，rx_flag 用于传输主机的接收状态标志位。transfer_start 是主机控制传输启动的端口，下降沿表示启动传输。上述端口都用于 SPI 主机与主机端控制单元通信。SCK、MOSI、MISO 和 CS 用于与从机通信，具体的接口说明见表 6-10。

表6-10　SPI主机模块接口说明表

接口名称	输入/输出	位宽/bit	功能描述
clk	Input	1	主机工作时钟信号
rstn	Input	1	主机复位信号,低电平有效
tx_data	Input	8	主机待发送的数据
tx_flag	Input	1	主机发送标志,1表示空闲,0表示忙
rx_data	Output	8	主机接收数据
rx_flag	Output	1	主机接收标志,0表示正在接收,1表示完成
transfer_start	Input	1	启动一次发送,下降沿有效
CS	Output	1	片选使能信号,用于多个从设备时做片选
SCK	Output	1	SPI传输时钟信号
MOSI	Output	1	主机给从机发送数据或指令的通道
MISO	Input	1	从机给主机发送数据或指令的通道

SPI主机通信的过程：首先片选CS低电平有效，SCK由高电平变为低电平，发起通信请求。为了在SCK即将到来的上升沿采样到稳定的数据，主机拉低SCK的同时，应该在下降沿将待发送数据放至数据线MOSI。从机检测SCK下降沿的同时，立即将数据放至数据线MISO。主机持续在下降沿将待发送数据放至数据线，并且在上升沿采样数据，直至8个数据位都传输完毕完成一次通信。转入空闲状态后，SCK保持高电平不变，CS变为高电平。SPI主机与从机最大的区别在于CS和SCK信号都由主机产生。这代表通信请求和速率都由主机控制，从机只需根据CS信号确认是否开启数据传输，并且在SCK的下降沿将待发送数据放至MISO，在时钟上升沿将MOSI的数据采样并保存。

首先，确定该状态机选用Moore型状态机还是Mealy型状态机。SPI的主机部分较简单，只需要空闲和工作两个状态，transfer_start信号的下降沿作为状态从空闲到工作的转移条件。传输字节是否满足8位作为状态从工作到空闲的转移条件。这种情况下，以Moore型状态机为例进行建模更为简单。

其次，列出所有状态并编码。该电路只有空闲和工作2个状态。各状态的描述见表6-11。

表6-11　交通灯控制器状态描述表

状态名	状态编码	状态描述
IDLE	01	SPI主机空闲态,没有数据传输
WORK	10	SPI主机工作态,正在和从机进行数据传输

最后，画出状态转移图如图6-29所示。

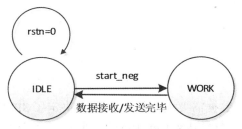

图6-29　SPI主机模块状态转移图

依照接口说明申明模块并定义端口。参考本章介绍的三段式状态机对其建模，第一个always块用于描述状态触发器。

第二个always块采用组合逻辑描述下一状态，也就是用于产生Next_state。该段代码主要参考上述的状态转移图（图6-29）编写。状态是否转移取决于当前所处状态、start_neg和byte_cnt，因此这三个信号被当作always块的敏感信号。代码完全按状态转移图进行状态转移的条件判断和描述，start_neg是transfer_start信号的下降沿到来的标志，代表主机控制系统准备好要启动数据传输，进入WORK状态。

byte_cnt是在WORK状态下用于记录SCK的下降沿发送情况，当byte_cnt等于9时表示已经发出8个完整的SCK时钟周期，数据传输完毕进入空闲状态。输出SCK和byte_cnt计数的相关代码如下。

```
always @（posedge clk）begin
  case（State_C）
    IDLE：begin
      SCK ＝ 1；
      byte_cnt = 0；
    end
    WORK：begin
      if（clk_cnt==（（Cnt_1bit/2)-1））begin
      //clk_cnt计数在中间位置SCK变为0
        SCK = 0；
        byte_cnt = byte_cnt + 3'b1；
      end
      else if（clk_cnt==（Cnt_1bit-1))begin
      //clk_cnt计数在末尾位置SCK变为1
        SCK = 1；
      end
    end
    default：begin
      SCK ＝ 1；
```

```
            byte_cnt = 0；
        end
      endcase
    end
```

Cnt_1bit为传输1位数据需要的系统时钟数，决定了SPI传输的速率。clk_cnt对系统时钟进行计数，当计数量达到Cnt_1bit的一半时SCK变为低电平，当计数量达到Cnt_1bit–1时SCK变为高电平，当计数量达到Cnt_1bit后清零重新计数。byte_cnt对SCK的时钟下降沿进行计数。

CS、tx_flag和rx_flag的输出根据状态的变化而变化，空闲状态都输出高电平，工作状态都输出低电平。

SCK在下降沿时将tx_data上的数据从高位到低位依次放至输出MOSI。在SCK的上升沿接收MISO的数据并且从高位到低位依次放至rx_data。

2. 从机部分

从机模块结构如图6-30所示。

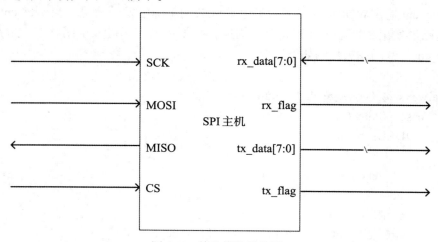

图6-30　接收模块结构图

rx_data用于传输接收的数据，tx_data用于传输即将要发送到主机的数据，该示例假设数据长度为8位。tx_flag用于传输从机发送状态标志位，rx_flag用于传输从机接收状态标志位。上述端口都用于SPI从机与从机端控制单元通信。SCK、MOSI、MISO和CS用于与主机通信，具体的接口说明见表6-12。

表6-12　接收模块接口说明表

接口名称	输入/输出	位宽/bit	功能描述
Clk	Input	1	从机工作时钟信号
Rstn	Input	1	从机复位信号，低电平有效
tx_data	Input	8	从机待发送给主机的数据

续表

接口名称	输入/输出	位宽/bit	功能描述
tx_flag	Input	1	从机发送标志,0表示正在发送,1表示空闲
rx_data	Output	8	从机接收数据,复模块输出全零
rx_flag	Output	1	从机接收标志,0表示正在接收,1表示完成
CS	Output	1	片选使能信号,用于多个从设备时做片选
SCK	Output	1	SPI传输时钟信号
MOSI	Output	1	主机给从机发送数据或指令的通道
MISO	Input	1	从机给主机发送数据或指令的通道

从机工作的过程:侦听片选信号是否变为低电平,一旦发现低电平说明被主机选中准备传输数据。在片选信号有效的情况下,如果SCK的下降沿到来,说明主机即将开始与从机通信。此时在SCK的下降沿向MISO输出tx_data上的数据,按位从高到低依次输出。在SCK的上升沿接收MOSI上的数据,存放至rx_data。8位数据都接收完毕后转入空闲状态。

首先,确定该状态机选用Moore型状态机还是Mealy型状态机。SPI的从机部分较简单,只需空闲和工作两个状态,CS端口低电平作为状态从空闲到工作的转移条件。传输字节是否满足8位作为状态从工作到空闲的转移条件。综上所述,以Moore型状态机为例进行建模更为简单。

其次,列出所有状态并编码。该电路只有IDLE和WORK状态,各状态的描述见表6-13。

表6-13 SPI从机状态描述表

状态名	状态编码	状态描述
IDLE	0	SPI从机空闲状态,没有数据传输
WORK	1	SPI从机工作状态,正在和主机进行数据传输

最后,画出状态转移图如图6-31所示。

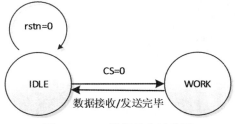

图6-31 SPI从机状态转移图

依照接口说明申明模块并定义端口。参考本章介绍的三段式状态机对其建模,第一个always块用于描述状态触发器。这部分仅做当前状态的存储,说明异步复位到初始状态IDLE和同步时钟的操作,当复位信号为低电平时当前状态回到IDLE,否则都将State_N存为当前状态。

　　第二个always块采用组合逻辑描述下一状态，也就是用于产生Next_state。该段代码主要参考上述的状态转移图（图6-31）编写。状态是否转移受当前所处状态、SCK、byte_cnt和CS的影响，因此这几个信号被当作always块的敏感信号。代码完全按状态转移图进行状态转移的条件判断和描述，CS为低电平代表从机被选中进行数据传输，进入WORK状态。当byte_cnt等于8表示已经传输至第8位数据，但并不能确定第8位已经传输完毕。SCK_Neg是SCK信号的下降沿到来的标志。如果byte_cnt等于8并且SCK_Neg有效，代表第8位数据已经传输完毕。

　　CS、tx_flag和rx_flag的输出根据状态的变化而变化，空闲状态都输出高电平，工作状态都输出低电平。

　　在SCK的下降沿将tx_data的数据从高位到低位依次放至输出MISO，在SCK的上升沿接收MOSI的数据并且从高位到低位依次放至rx_data。参考代码如下。

```verilog
always @ (posedge clk) begin
  case (State_C)
    IDLE: begin
      MISO <= 0;
      byte_cnt <= 0;
    end
    WORK: begin
      if (SCK_Pos && !CS) begin
        rx_data <= {rx_data[6: 0], MOSI};
        byte_cnt <= byte_cnt + 4'b1;
      end
      else if (SCK_Neg && !CS) begin
        MISO <= tx_data[7-byte_cnt];
      end
    end
    default: begin
      MISO <= MISO;
      rx_data <= rx_data;
      byte_cnt <= byte_cnt;
    end
  endcase
end
```

3.主机+从机

　　构建一个全双工的SPI通信模块SPI_TOP，并将之前设计的发送模块与接收模块实例化。模块申明的核心代码如下：

```
module SPI_TOP(
        input clk,
        input rstn,
        input  [7: 0] master_tx_data,
        output     master_tx_flag,
        output [7: 0] master_rx_data,
        output     master_rx_flag,
        input       master_transfer_start,

        input  [7: 0] slaver_tx_data,
        output     slaver_tx_flag,
        output [7: 0] slaver_rx_data,
        output     slaver_rx_flag
        );
```

6.4.2　测试模块编写

1. 主机部分

依照该电路的功能描述，电路的设计需要保证：

（1）状态机能够按照状态转移图进行状态转移。

（2）符合 SPI 通信时序。

（3）rstn 为复位信号，低电平时电路能复位。

为了验证电路是否符合以上要求，设计的 Test Bench 需要对电路进行一次完整的复位，观察电路复位后能否从 IDLE 开始。在功能测试部分让端口 transfer_start 产生开始工作指令，将该信号由高电平变为低电平，产生下降沿。此时 SPI 主机发起一次通信，观测通信过程中各时序是否符合预期。

设计的 Test Bench 激励主体部分的参考代码如下。

```
//--------------------------------------------
initial  begin
    task_sysinit;
    task_reset;
    task_master;
    repeat（10）@（posedge Clk）;
    $stop;
  end
```

系统初始化任务、复位任务和功能测试任务都较简单，此处不再赘述。

2. 从机部分

依照该电路的功能描述，电路的设计需要保证：

（1）状态机能够按照状态转移图进行状态转移。

（2）与SPI主机成功通信。

（3）rstn为复位信号，低电平时电路能复位。

为了验证电路是否符合以上要求，设计的Test Bench需要对电路进行一次完整的复位，观察电路复位后能否从空闲状态开始。在功能测试部分需要模拟SPI主机发送的时序，测试该从机能否成功与主机通信。

系统初始化任务和系统复位任务较简单，不再赘述。从机通信功能测试任务模拟SPI主机时序，CS低电平表示主机准备发送数据。在每个SCK的下降沿，将主机需要发送至从机的数据由高位到低位依次放至MOSI，待一个发送周期结束，将CS置为高电平。

3. 主机+从机

创建一个SPI_TOP模块，将发送部分和接收部分都实例化，并且将发送部分和接收部分的CS、MOSI、MISO和SCK相连用于测试。

依照该电路的功能描述，电路的设计需要保证：

（1）初始化模块的输出数据。

（2）低电平复位电路。

（3）在开始传输端口产生下降沿信号，用于启动传输。

系统初始化、复位操作和开始传输任务与SPI主机传输测试代码类似，测试代码较简单，此处省略。

6.4.3 测试结果分析

1. 主机

按照上述测试模块得到的主机测试仿真结果如图6-32所示。

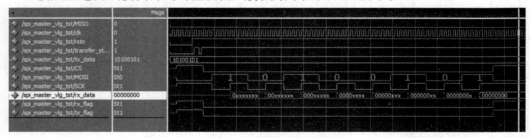

图6-32　SPI主机仿真波形图

由图6-32可知，系统在SCK的上升沿采样，从机取得主机发送的数据（1010_0101）$_2$。

2. 从机

按照上述测试模块得到的从机测试仿真结果如图6-33所示。

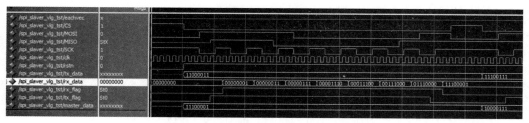

图6-33　SPI从机仿真结果图

由图6-33可知，rx_data成功接收主机发送的测试数据8'b1110_0001，并且从机也在MISO上传输从机需要发出的数据8'b1100_0011，在SCK上升沿可以稳定采样到从机发送的数据。

3. 主机+从机

测试模块控制主机和从机进行两次SPI通信，第一次主机发送（1000_0001）$_2$，从机发送（1100_0011）$_2$；第二次主机发送（0001_1000）$_2$，从机发送（0011_1100）$_2$。仿真测试结果如图6-34和图6-35所示。

图6-34　SPI主从机联合仿真结果图1

可以看到，第一次通信时，主机收到从机发送的数据（1100_0011）$_2$，从机收到主机发送的数据（1000_0001）$_2$。

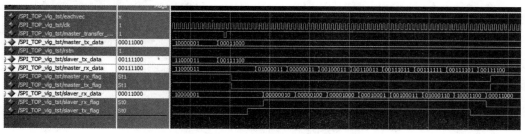

图6-35　SPI主从机联合仿真结果图2

在第二次通信中，主机收到从机发送的数据（0011_1100）$_2$，从机收到主机发送的数据（0001_1000）$_2$。

6.4.4　下板验证

为了方便下板验证，设计如图6-36所示的测试环境。

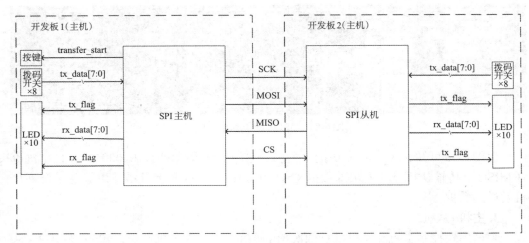

图 6-36　下板验证方案示意图

主机和从机的.sof分别下载至两块开发板中，发送数据端口接8个拨码开关，拨动开关控制需要发送的8 bit数据。接收数据端口接8个LED灯，灯的亮灭表示数据1或0。另外，主、从机分别多出两个标志位接LED灯，观察当前电路所处的状态，灯亮表示空闲，灯灭表示正在发送或者接收数据。通信过程由主机控制，按键按下进行一次SPI通信。两块开发板通过4根杜邦线连接SPI的CS、MISO、MOSI和SCK四个接口。

SPI主机引脚配置如图6-37所示。

Node Name	Direction	Location	I/O Bank	VREF Group	Fitter Location	I/O Standard
CS	Output	PIN_AC18	4A	B4A_N0	PIN_AC18	2.5 V (default)
MISO	Input	PIN_Y17	4A	B4A_N0	PIN_Y17	2.5 V (default)
MOSI	Output	PIN_AD17	4A	B4A_N0	PIN_AD17	2.5 V (default)
SCK	Output	PIN_Y18	4A	B4A_N0	PIN_Y18	2.5 V (default)
clk	Input	PIN_AF14	3B	B3B_N0	PIN_AF14	2.5 V (default)
rstn	Input	PIN_AA14	3B	B3B_N0	PIN_AA14	2.5 V (default)
rx_data[7]	Output	PIN_W20	5A	B5A_N0	PIN_W20	2.5 V (default)
rx_data[6]	Output	PIN_Y19	4A	B4A_N0	PIN_Y19	2.5 V (default)
rx_data[5]	Output	PIN_W19	4A	B4A_N0	PIN_W19	2.5 V (default)
rx_data[4]	Output	PIN_W17	4A	B4A_N0	PIN_W17	2.5 V (default)
rx_data[3]	Output	PIN_V18	4A	B4A_N0	PIN_V18	2.5 V (default)
rx_data[2]	Output	PIN_V17	4A	B4A_N0	PIN_V17	2.5 V (default)
rx_data[1]	Output	PIN_W16	4A	B4A_N0	PIN_W16	2.5 V (default)
rx_data[0]	Output	PIN_V16	4A	B4A_N0	PIN_V16	2.5 V (default)
rx_flag	Output	PIN_W21	5A	B5A_N0	PIN_W21	2.5 V (default)
transfer_start	Input	PIN_AA15	3B	B3B_N0	PIN_AA15	2.5 V (default)
tx_data[7]	Input	PIN_AC9	3A	B3A_N0	PIN_AC9	2.5 V (default)
tx_data[6]	Input	PIN_AE11	3A	B3A_N0	PIN_AE11	2.5 V (default)
tx_data[5]	Input	PIN_AD12	3A	B3A_N0	PIN_AD12	2.5 V (default)
tx_data[4]	Input	PIN_AD11	3A	B3A_N0	PIN_AD11	2.5 V (default)
tx_data[3]	Input	PIN_AF10	3A	B3A_N0	PIN_AF10	2.5 V (default)
tx_data[2]	Input	PIN_AF9	3A	B3A_N0	PIN_AF9	2.5 V (default)
tx_data[1]	Input	PIN_AC12	3A	B3A_N0	PIN_AC12	2.5 V (default)
tx_data[0]	Input	PIN_AB12	3A	B3A_N0	PIN_AB12	2.5 V (default)
tx_flag	Output	PIN_Y21	5A	B5A_N0	PIN_Y21	2.5 V (default)
<<new node>>						

图 6-37　主机引脚配置示意图

SPI从机引脚配置如图6-38所示。

Node Name	Direction	Location	I/O Bank	VREF Group	Fitter Location	I/O Standard
CS	Input	PIN_AC18	4A	B4A_N0	PIN_AC18	2.5 V (default)
MISO	Output	PIN_Y17	4A	B4A_N0	PIN_Y17	2.5 V (default)
MOSI	Input	PIN_AD17	4A	B4A_N0	PIN_AD17	2.5 V (default)
SCK	Input	PIN_Y18	4A	B4A_N0	PIN_Y18	2.5 V (default)
clk	Input	PIN_AF14	3B	B3B_N0	PIN_AF14	2.5 V (default)
rstn	Input	PIN_AA14	3B	B3B_N0	PIN_AA14	2.5 V (default)
rx_data[7]	Output	PIN_W20	5A	B5A_N0	PIN_W20	2.5 V (default)
rx_data[6]	Output	PIN_Y19	4A	B4A_N0	PIN_Y19	2.5 V (default)
rx_data[5]	Output	PIN_W19	4A	B4A_N0	PIN_W19	2.5 V (default)
rx_data[4]	Output	PIN_W17	4A	B4A_N0	PIN_W17	2.5 V (default)
rx_data[3]	Output	PIN_V18	4A	B4A_N0	PIN_V18	2.5 V (default)
rx_data[2]	Output	PIN_V17	4A	B4A_N0	PIN_V17	2.5 V (default)
rx_data[1]	Output	PIN_W16	4A	B4A_N0	PIN_W16	2.5 V (default)
rx_data[0]	Output	PIN_V16	4A	B4A_N0	PIN_V16	2.5 V (default)
rx_flag	Output	PIN_W21	5A	B5A_N0	PIN_W21	2.5 V (default)
tx_data[7]	Input	PIN_AC9	3A	B3A_N0	PIN_AC9	2.5 V (default)
tx_data[6]	Input	PIN_AE11	3A	B3A_N0	PIN_AE11	2.5 V (default)
tx_data[5]	Input	PIN_AD12	3A	B3A_N0	PIN_AD12	2.5 V (default)
tx_data[4]	Input	PIN_AD11	3A	B3A_N0	PIN_AD11	2.5 V (default)
tx_data[3]	Input	PIN_AF10	3A	B3A_N0	PIN_AF10	2.5 V (default)
tx_data[2]	Input	PIN_AF9	3A	B3A_N0	PIN_AF9	2.5 V (default)
tx_data[1]	Input	PIN_AC12	3A	B3A_N0	PIN_AC12	2.5 V (default)
tx_data[0]	Input	PIN_AB12	3A	B3A_N0	PIN_AB12	2.5 V (default)
tx_flag	Output	PIN_Y21	5A	B5A_N0	PIN_Y21	2.5 V (default)
<<new node>>						

图6-38　从机引脚配置示意图

两个开发板使用JP1的4个GPIO_0扩展端口，通过杜邦线连接，如图6-39所示。

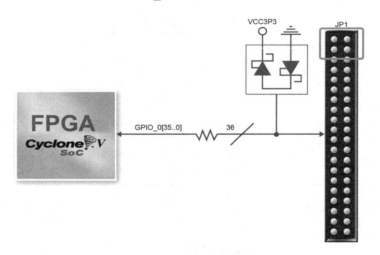

图6-39　开发板端口连接

连接的端口如图中矩形框所示。下板后，按下KEY[0]表示开始一次传输。在主机端的开发板上拨动拨码开关，通过观察从机LED灯的亮灭验证传输数据是否与主机发送一致；在从机端拨动拨码开关，观察主机LED灯的亮灭验证传输数据是否与从机发送一致。

6.5　OLED 显示

设计目标：设计一个适用于SSD1306 OLED驱动芯片的电路模块，实现在指定坐标对OLED的显示控制，并在DE1-SoC中下板实现；实现通过串口发送原始指令至FPGA，FPGA接收原始指令并将其转换为驱动OLED的下级指令，最后将下级指令按照SPI协议转换为4线SPI底层指令发送至OLED。

OLED（organic light emitting display，有机发光显示）指有机半导体材料和发光材料在电场驱动下，通过载流子注入和复合导致发光的现象。实验用到的SSD1306是一款为普通阴极型OLED面板设计的，带控制器的，单芯片CMOS OLED/PLED驱动器。数据或命令通过硬件可选的6800/8000系列兼容并行接口、I2C接口或串行外设接口从通用微控制器发送。SSD1306具有以下器件特性。

（1）分辨率：128×64点阵屏。

（2）电源：集成电路逻辑的V_{DD}为1.65～3.3V，面板驱动的V_{CC}为7～15V。

（3）内置嵌入式128×64位静态随机存取存储器显示缓冲器。

（4）8位6800/8080系列并行接口、3/4线串行外设接口、I2C等多种微控制器接口。

（5）屏幕具有水平和垂直方向的连续滚动功能。

（6）随机存取存储器写同步信号。

（7）行重新映射和列重新映射。

（8）内置片内振荡器。

SSD1306的引脚配置和功能介绍见表6-14。

表6-14　SSD1306的引脚配置和功能介绍

引脚名称	引脚类型	功能描述
$V_{DD}/V_{CC}/V_{SS}$	电源引脚	核心逻辑操作的电源引脚；面板驱动电压电源引脚；接地引脚
BS[2:0]	输入引脚	单片机总线接口选择引脚
CL/CLS	输入引脚	外部时钟输入引脚；内部时钟使能引脚
RES#	输入引脚	复位信号输入。当引脚拉低时，执行芯片初始化。在正常操作期间,保持此引脚为高电平（即连接到V_{DD})
D/C#	输入引脚	数据/命令控制引脚。当它被拉高时,D[7:0]处的数据被视为数据；当它被拉低时,D[7:0]处的数据将被传输到命令寄存器
D[7:0]	输入/输出引脚	连接到微处理器数据总线的8位双向数据总线。选择串行接口模式时，D0为串行时钟输入：SCLK；D1将是串行数据输入：SDIN和D2应该保持常闭状态。选择I2C模式时,D2和D1应连接在一起。
CS#	输入引脚	芯片选择输入引脚（低电平有效）
R/W#	输入引脚	连接到微控制器接口的读/写控制输入引脚
E	输入引脚	接6800系列微处理器时，用作使能（E）信号，当此引脚拉高（即连接到V_{DD})并选择芯片时，读/写操作开始；接8080系列微处理器时，该引脚接收读取（RD#）信号；当此引脚拉低且芯片被选中时，读取操作开始。选择串行接口时，该引脚必须连接到V_{SS}

表6-14中BS[2：0]用于选择单片机总线接口。本实验中BS[2：0]=(000)₂，选用的单片机总线接口为4线SPI。4线串行接口由串行时钟SCLK，串行数据SDIN、D/C#、CS#组成。在4线SPI模式下，D0充当SCLK，D1充当SDIN。对于未使用的数据引脚，D2应保持打开状态。D3～D7引脚，E和R/W#引脚可以连接到外部接地。具体接口分配见表6-15。

表6-15　4线SPI模式下单片机接口分配

模式	数据/命令接口								控制信号				
	D7	D6	D5	D4	D3	D2	D1	D0	E	R/W#	CS#	D/C#	RES#
4线SPI	拉低					NC	数据	时钟	拉低		CS#	D/C#	RES#

在串行模式下，只允许写操作。SDIN在SCLK的每个上升沿按照D7，D6，…，D0的顺序采样数据。每隔8个时钟周期对D/C#进行采样。D/C#为高电平代表写入数据，低电平代表写入命令。移位寄存器中的数据字节在同一时钟周期内写入图形显示数据随机存取存储器（GDDRAM）或命令寄存器。SSD1306的电路结构如图6-40所示。

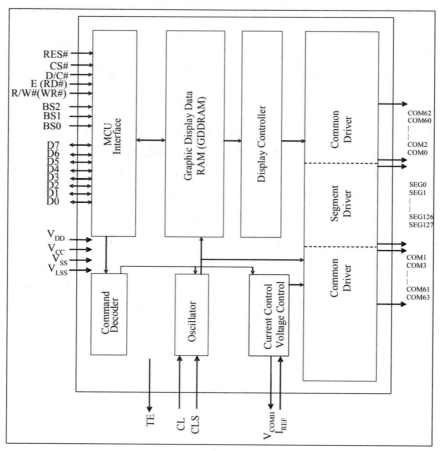

图6-40　SSD1306电路结构图

MCU接口（MCU Interface）：MCU接口由8个数据引脚和5个控制引脚组成。通过BS[2：0]引脚可以设置不同的MCU模式（8位8080、8位6800、三线SPI、四线SPI、I2C模式）。当RES#输入为低电平时，芯片进行初始化。

图形显示数据内存（graphic display data RAM，GDDRAM）：GDDRAM是一个位映射静态随机存取存储器，储存要显示的位模式。其内部结构如图6-41所示。

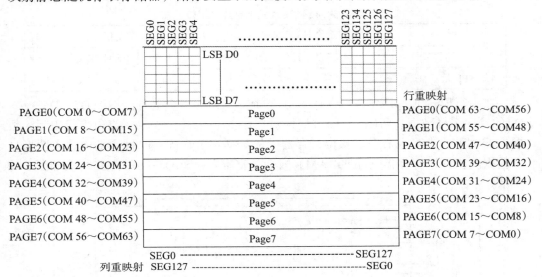

图6-41　GDDRAM页面结构图

RAM的大小为128×64位，分为8页，从第0页到第7页，用于单色128×64点阵显示。如图6-41所示，PAGE为页，COM为行，SEG为段。每页有8个COM，128个SEG。图中将PAGE0放大，每个小方块代表一位图像数据。当向GDDRAM写入一个字节时，此字节将写入当前页的当前段（即列地址指针指向的SEG（8位）被填充），字节的LSB写入当前SEG的最低位，MSB写入当前SEG的最高位。

SSD1306的复位和初始化流程如图6-42所示。V_{DD}通电，待V_{DD}稳定后，先将RES#引脚设为低电平（逻辑低电平）至少3 μs（图中t_1所示），然后设为高电平（逻辑高电平）。同时，将RES#引脚设为低电平（逻辑低电平），等待至少3 μs（图中t_2所示）后，接通电源V_{CC}，待V_{CC}稳定后，发送命令AFh开启显示屏。100 μs（tAF）后打开SEG/COM。

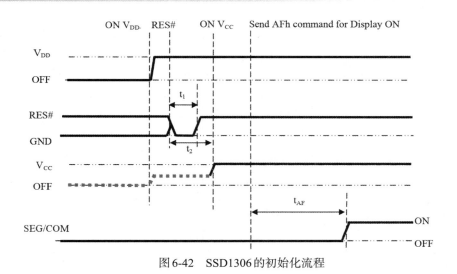

图 6-42　SSD1306 的初始化流程

本实验通过 4 线 SPI 发送指令或数据控制 SSD1306，一些常用指令见表 6-16。

表 6-16　SSD1306 常用指令列表

功能	D/C#	十六进制	D[7:0]	描述
显示开关	0	AE/AF	1010_111X	X=0 时，显示器关闭； X=1 时，显示器打开
设置反转显示	0	A6/A7	1010_011X	X=0 时，正常显示； X=1 时，显示反转
设置显示时钟	0 0	D5 X[7:0]	1101_0101 X[7:0]	X[3:0]设置分频比率，分频比率= X[3:0]+1； X[7:4]设置振荡器时间
设置起始地址	0	40～7F	01$X_5X_4X_3X_2X_1X_0$	设置寄存器起始地址 0～63
设置对比度控制	0	81 X[7:0]	1000_0001 X[7:0]	设置显示器的对比度 设置范围为 1～256
设置显示偏移	0	D3 X[5:0]	1101_0011 **$X_5X_4X_3X_2X_1X_0$	设置 0～63 的偏移量
设置存储器模式	0	20 X[1:0]	0010_0000 ******X_1X_0	X[1:0]=00b，水平寻址模式； X[1:0]=01b，垂直寻址模式； X[1:0]=10b，页面寻址模式； X[1:0]=11b，无效
为页面寻址模式设置页面开始地址	0	B0～B7	1011_0$X_2X_1X_0$	使用 X[2:0]设置页面寻址模式的 GDDRAM 页开始地址（PAGE0～PAGE7）
设置列坐标（高位）	0	10～1F	0001_ $X_3X_2X_1X_0$	设置页模式的起始列地址高四位
设置列坐标（低位）	0	00～0F	0000_ $X_3X_2X_1X_0$	设置页模式的起始列地址低四位

功能	D/C#	十六进制	D[7:0]	描述
设置多重比	0 0	A8 X[5:0]	1010_1000 **$X_5X_4X_3X_2X_1X_0$	设置 MUX 比率为(N+1)MUX; 通过 X[5:0]将其设置为 16~64MUX
设置分段重新映射	0	A0/A1	1010_000X	X=0,列地址 0 已映射到 SEG0(重置); X=1,列地址 127 被映射到 SEG0
设置 COM 输出扫描方向	0	C0/C8	1100_X000	X=0,从 COM0 到 COM[N-1]; X=1,从 COM[N-1]到 COM0。 其中 N 为多重比
设置预充电期	0 0	D9 X[7:0]	1101_1001 X[7:0]	A[3:0]:阶段 1 周期最多 15 个 DCLK; A[7:4]:阶段 2 周期最多 15 个 DCLK
设置 COM 引脚的硬件配置	0 0	DA X[5:4]	1101_1010 00$X_5X_4$0010	A_4=0b,顺序 COM 引脚配置; A_4=1b(重置),替代 COM 引脚配置; A_5=0b(重置),禁用 COM 左右重新映射; A_5=1b,启用 COM 左右重新映射

表 6-16 中具有两个指令代码的指令须分两步发送,第一个指令为声明操作,第二个指令为具体的操作。例如设置存储器模式指令,第一个指令 $(0010\_0000)_2$ 为声明操作,表示这是一条设置存储器模式的指令;第二个指令为具体的操作,最后两位 X1X0 指定水平/垂直/页面寻址模式。

下面着重介绍本实验用到的页面寻址模式,对其他模式有兴趣的同学可参考 SSD1306 的用户手册。X1X0 为 $(10)_2$ 时,将内存寻址模式设置为页面寻址模式。在页面寻址模式下,读写 GDDRAM 后,列地址指针自动增加 1。如果列地址指针到达列结束地址,列地址指针将重置为列起始地址,并且不更改页面地址指针,用户必须设置新的页面和列地址才能访问下一页 RAM 内容。页面寻址模式的页和列地址的移动顺序如图 6-43 所示。

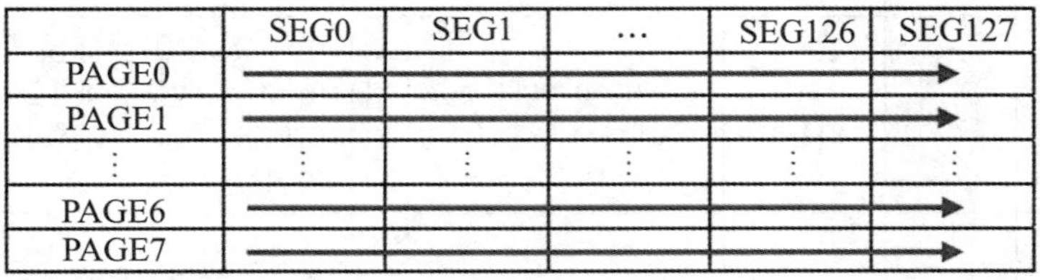

	SEG0	SEG1	…	SEG126	SEG127
PAGE0					
PAGE1					
⋮	⋮	⋮	⋮	⋮	⋮
PAGE6					
PAGE7					

图 6-43 页面寻址模式读写 RAM 的顺序

在页面寻址模式下,通常需要先通过命令 B0H~B7H 设置页开始地址(PAGE0~PAGE7),然后通过列坐标(低位)命令 00H~0FH 设置起始列地址的低四位,通过列坐标(高位)命令 10H~1FH 设置起始列地址的高四位。例如设置页面地址为 B2H,下列地址为 03H,上列地址为 11H,则表示起始列为 PAGE2 的 SEG19。

6.5.1 模块设计

驱动模块的字模包含所有的英文字母和数字，每个字母/数字在显示时占用8位的宽度和16位的高度。显示屏为128×64点阵屏，因此每行可显示16个字母/数字，共显示4行。因此每个字母/数字的显示需要占用2个PAGE和8个SEG。假设显示的横坐标为Y，纵坐标为X，那么显示的X坐标范围为0~3，Y轴坐标范围为0~15，示意图如图6-44所示。

图6-44 显示坐标示意图

根据设计目标中的模块接口定义设计data_in的数据帧格式，具体设置见表6-17。

表6-17 data_in数据帧格式

位	7（DC）	6	5	4	3	2	1	0
数值	1	保留位	X[1:0]		Y[3:0]			
含义	地址数据标志	保留位	X坐标		Y坐标			
数值	0	ASCII[6:0]						
含义	显示数据标志	7 bit ASCII字符						

当DC（data_in[7]）位为1时，表示接收数据为坐标数据，其中data_in[5：4]为X轴坐标，data_in[3：0]为Y轴坐标。当DC（data_in[7]）位为0时，表示接收数据为显示字符数据的ASCII编码。

根据上述分析，该OLED驱动模块需要完成模块初始化、data_in输入至SSD1306的数据转换以及将转换完毕的数据发送至基于SSD1306的OLED模块。驱动模块的接口描述见表6-18。

表6-18　OLED驱动模块的接口描述

接口名称	输入/输出	位宽/bit	功能描述	信号来源	信号去向
CLK_50M	Input	1	时钟信号	系统时钟	
rst_n	Input	1	复位信号	系统复位按键	
data_in	Input	8	用于显示的坐标和内容等数据	外部串口	
valid	Input	1	data_in的1字节数据发送完成标志	外部信号	
spi_out	Output	4	初始化的SPI数据		OLED模块
res_oled	Output	1	OLED复位信号		OLED模块

按照以上设计需求将内部结构的电路模块划分为初始化、数据转换和数据发送几个模块。由于篇幅有限，SPI协议程序请参考前序章节，此处省略。整个驱动模块的电路结构如图6-45（见下页）所示。

图中的init_module用于OLED模块的初始化。write_data_module中的Datactrl模块用于将data_in输入指令或数据按表6-17的编码格式进行解析，转换为具体的数据和坐标信息。write_data_module中的char_printer模块用于将坐标和数据转换为SSD1306的指令并通过spi_out接口发送至OLED模块。oled_control_module用于控制初始化和SPI数据输出。下面详细讲解这几个模块的设计。

1. init_module

init_module模块主要通过产生OLED的复位信号和初始化状态指令对OLED显示屏进行初始化操作，包括显示屏关闭、128×64显示模式、显示数据的列地址和行地址映射到00H、串行接口中的移位寄存器数据清零、显示起始行设置为0、列地址计数器设置为0、设置COM输出的扫描方向、对比度控制寄存器设置为7FH以及显示模式（指令A4H）等。模块引脚描述见表6-19。

表6-19　init_module引脚描述

接口名称	输入/输出	位宽/bit	功能描述	信号来源	信号去向
clk	Input	1	时钟信号	IO	—
rst_n	Input	1	复位信号	IO	—
initial_start	Input	1	进行初始化标志	oled_control_module	—
initial_done	Output	1	初始化完成标志	—	oled_control_module
spi_out	Output	4	初始化的SPI数据	—	oled模块
res_oled	Output	1	OLED复位信号	—	oled模块

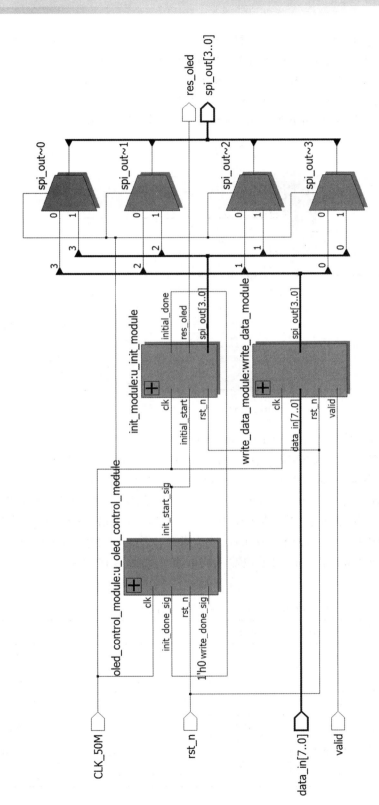

图 6-45 OLED 驱动模块电路结构图

其中，initial_start 和 initial_done 端口用于该模块与 oled_control_module 的通信，指示初始化开始和完成。res_oled 输出至 OLED 模块的 RES#引脚用于复位操作。spi_out 用于输出 4 线 SPI 协议格式的初始状态指令。首先，initial_control 模块按照上述的初始化流程在不同时间产生对应的指令；然后，spi_write 模块将产生的指令转换为 4 线 SPI 协议格式发送至 OLED。init_module 的 RTL 图如图 6-46 所示。

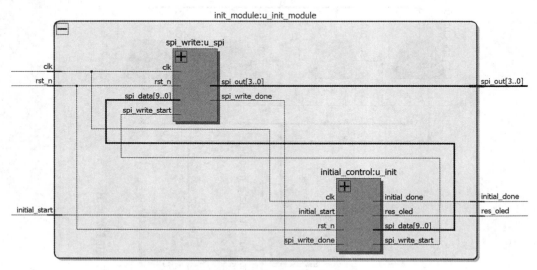

图 6-46　init_module 的 RTL 图

initial_control 模块每产生一个 10 位 spi_data 指令后，就将 spi_write_start 信号拉高送入 spi_write 模块指示开始转换指令；spi_write 模块每转换好一个 spi_out 指令，就将 spi_write_done 拉高，送入 initial_control 模块指示产生下一个指令。initial_control 模块产生 29 个指令后，将 initial_done 信号拉高送入顶层 OLED 模块表示初始化完成。具体指令功能请参考上文驱动原理中的指令列表。initial_control 模块产生的 10 位 spi_data 指令中的低 8 位为 SSD1306 的初始化指令，其余两位指代 CS 和 D/C。

spi_write 模块将 initial_control 模块输入的 10 位显示指令按照 4 线 SPI 协议格式转换，引脚描述见表 6-20。

表 6-20　spi_write 模块引脚描述

接口名称	输入/输出	位宽/bit	功能描述	信号来源/去向
clk	Input	1	时钟信号	IO
rst_n	Input	1	复位信号	IO
spi_write_start	Input	1	数据转换启动标志	Datactrl
spi_data	Input	10	10 位数据显示指令	Datactrl
spi_write_done	Output	1	数据转换完毕标志	Datactrl
spi_out	Output	4	4 位 SPI 模式指令	OLED 显示屏

转换过程中的 scl 和 sda 信号对应 4 线 SPI 协议格式时序图中的 SCLK 和 SDIN。在 SCLK 下降沿设置 SDIN 数据，在 SCLK 上升沿锁存 SDIN 数据。

2. write_data_module

write_data_module 模块实现的功能与 init_module 类似，将原始指令转换为 4 线 SPI 协议格式的指令输出至 OLED 显示，区别在于 write_data_module 模块中原始显示指令是从串口接收的显示坐标和数据。该模块的引脚描述见表 6-21。

表 6-21　write_data_module 引脚描述

接口名称	输入/输出	位宽 /bit	功能描述	信号来源	信号去向
clk	Input	1	时钟信号	IO	—
rst_n	Input	1	复位信号	IO	—
valid	Input	1	串口接收 1Byte 数据完成标志	串口模块	Datactrl 模块
data_in	Input	8	串口传输来的数据	串口模块	Datactrl 模块
spi_out	Output	4	按照 OLED 的驱动转换得到的数据	—	OLED 显示屏

data_in 为模块收到的显示位置和内容数据。valid 用于标记 data_in 的 1 字节数据发送完毕，便于及时处理。spi_out 用于向 OLED 显示屏传输 4 线 SPI 数据，该模块的核心功能就是将输入的串口数据转换为 SSD1306 功能指令，然后通过 SPI 协议输出。为了实现该功能，设计 Datactrl 模块和 char_printer 模块。Datactrl 用于接收串口数据，char_printer 实现指令的转换和发送，具体的电路结构如图 6-47 所示。

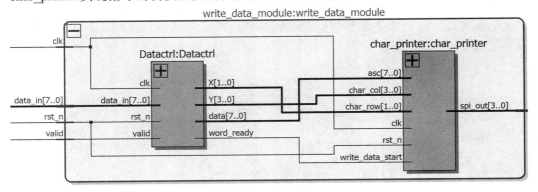

图 6-47　write_data_module 内部结构示意图

Datactrl 模块收到的 data_in 串口数据包含字符数据、横坐标和纵坐标等信息。该模块负责将这些数据解析为具体的显示内容和显示坐标，供 char_printer 模块进一步处理生成指令，模块引脚描述见表 6-22。

表6-22　Datactrl模块引脚描述

接口名称	输入/输出	位宽/bit	功能描述	信号来源/去向
clk	Input	1	时钟信号	IO
rst_n	Input	1	复位信号	IO
valid	Input	1	串口接收完成标志信号	串口模块
data_in	Input	1	串口模块接收到的1位数据	串口模块
X	Output	2	字符打印位置的横坐标	char_printer
Y	Output	4	字符打印位置的纵坐标	char_printer
data	Output	8	打印字符的ASCII编码	char_printer
word_ready	Output	1	打印模块使能信号	char_printer

串口数据data_in的第7位DC用于辨别后6位是地址数据还是显示数据。因此，该模块里设计了状态机，用DC控制状态转换，在不同的状态中采集地址数据和显示数据。该模块的状态描述见表6-23。

表6-23　状态描述

状态名	状态编码	状态描述（顺序描述从右至左）
IDLE	2'd0	复位状态
DATA_WAIT	2'd1	等待数据接收
ADDR_SET	2'd2	显示地址设置模式
ASSIC_OUT	2'd3	连续接收显示字符模式

依据上述分析画出如图6-48的状态转移图，用于描述状态机的状态转移以及数据采集过程。

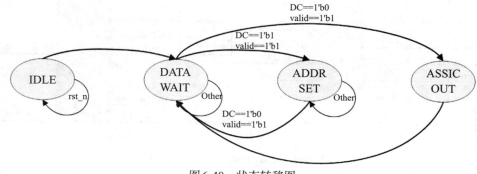

图6-48　状态转移图

根据状态转移图编写代码。第一个always块用于描述状态触发器。第二个always块采用组合逻辑描述下一状态，也就是产生Next_state。该段代码主要参考状态转移图（图6-48）编写，参考代码如下。

```
    case（state）
        IDLE：next_state=DATA_WAIT；
        DATA_WAIT：begin
            if（DC==1'b0 & valid==1'b1）
                    next_state=ASSIC_OUT；
            else if（DC==1'b1 & valid==1'b1）
                    next_state=ADDR_SET；
            else next_state=DATA_WAIT；
        end
        ADDR_SET ：begin
            if（DC==1'b0 & valid==1'b1）
                    next_state=DATA_WAIT；
            else
                    next_state=ADDR_SET；
            end
        ASSIC_OUT：next_state=DATA_WAIT；
        default：next_state=IDLE；
    endcase
```

ADDR_SET 状态用于设置显示的初始坐标 X 和 Y。ASSIC_OUT 状态用于设置显示的内容，每显示 1 个字符后横坐标都需要加 1，行显示到第 16 个字符后需要换行。参考代码如下。

```
    always@（posedge clk or negedge rst_n）
    begin
      if(rst_n == 1'b0)
        begin
          X<=2'd0；
          Y<=4'd0；
          data   <= 7'd0；
        end
      else case（state）
            ADDR_SET：begin
                if（DC==1'b1）begin
                    Y   <= data_in[3:0]；
                    X   <= data_in[5:4]；
                    word_ready <= 1'b0；
            end
```

```
            else if(DC==1'b0) begin
                word_ready  <=  1'b1;
                data    <=  data_in;
            end
        end

        ASSIC_OUT:begin
            word_ready  <=  1'b1;
            data    <=  data_in;
            if(Y == 4'd15) begin
                    Y   <=  4'b0;
                    X   <=  X+2'd1;
            end
            else
                    Y   <=  Y+4'd1;
            end
            default: word_ready <=  1'b0;
        endcase
    end
```

char_printer模块先将Datactrl模块输入的字符内容解析为预先存好所有字符信息的存储器的地址，便于从存储器中得到串口数据代表的字符内容。然后电路将字符数据和坐标转换为驱动指令，最后将该指令转换为4线SPI协议格式指令。该模块的引脚描述见表6-24。

表6-24　char_printer模块引脚描述

接口名称	输入/输出	位宽/bit	功能描述	信号来源/去向
clk	Input	1	时钟信号	IO
rst_n	Input	1	复位信号	IO
char_row	Input	2	字符打印位置的横坐标	Datactrl
char_col	Input	4	字符打印位置的纵坐标	Datactrl
asc	Input	8	打印字符的ASCII编码	Datactrl
write_data_start	Input	1	打印模块使能信号	Datactrl
spi_out	Output	4	按照OLED的驱动转换得到数据	OLED显示屏

char_printer包含3个子模块：ROM、write_data和spi_write模块。ROM用于存储所有字符的字模信息，字模信息通过SSD1306配套的字库转换工具得到。write_data

模块解析收到的字符数据为 ROM 中对应的地址，然后读取 ROM 对应地址中的字模数据并将该数据转换为指令。spi_write 模块将指令转换为 4 线 SPI 协议格式指令。ROM 通过 IP 核调用实现。spi_write 模块与 init_module 中的相同。此处重点讲解write_data 模块。

write_data 模块主要有 3 个功能：（1）根据接收到的字符打印位置和打印字符的ASCII 编码生成 ROM 数据的地址。（2）读取 ROM 模块对应地址返回的数据。（3）根据 Page Addressing Mode 的原理将字模数据核显示坐标转换为 OLED 显示指令。该模块的引脚描述见表 6-25。

表 6-25　write_data 模块引脚描述

接口名称	输入/输出	位宽/bit	功能描述	信号来源/去向
clk	Input	1	时钟信号	IO
rst_n	Input	1	复位信号	IO
rom_data	Input	8	字模数据	write_data
rom_addr	Output	11	字模存储地址	write_data
spi_write_done	Input	1	数据转换完毕标志	Datactrl
spi_write_start	Output	1	数据转换启动标志	Datactrl
spi_data	Output	10	SPI 待传输数据	OLED 显示屏
char_row	Input	2	OLED 显示横坐标	Datactrl
char_col	Input	4	OLED 显示纵坐标	Datactrl
asc	Input	8	待显示的 ASCII 编码	Datactrl
write_data_start	Input	1	待显示字符处理使能信号	Datactrl

spi_write_start 表示数据转换开始，spi_write_done 表示数据转换完成，write_data_start 信号来自 Datactrl 模块，用于标示一组数据接收完毕，可以进行下一步处理。该模块根据字符的 ASC II 编码和显示位置索引字符在 ROM 的存储位置，代码如下。

```
assign rom_addr = {asc[6：0]，oled_page_offset，oled_col_offset}；
```

程序里的输入信号 rom_data 为读取到的字模数据。指令转换部分主要参考实验原理中的页面寻址模式，首先发送页起始地址指令（B0H～B7H），然后发送设置列坐标（高位）指令（10～1F）和设置列坐标（低位）指令（00～0F），最后发送 8 个该字模的 SEG 数据（8 位）至 OLED 模块。因为一个字符占用 2 个 Page，而此时只发送了 1 个 page，所以并未完成一个字符的发送。再重复以上过程，并将 Page 在原基础上加 1 即可。

3. oled_control_module
oled_control_module 模块主要用于控制初始化和发送 4 线 SPI 数据。控制初始化方面需要控制开始初始化信号的输出和检测初始化是否完成。数据发送方面需要控制开始发送信号的输出和检测发送是否完成。引脚配置见表6-26。

表6-26　oled_control_module引脚描述

接口名称	输入/输出	位宽/bit	功能描述	信号来源/去向
clk	Input	1	时钟信号	IO
rst_n	Input	1	复位信号	IO
init_done_sig	Input	1	模块初始化完成标志	init_module
init_start_sig	Output	1	未检测到初始化完成时该信号拉高为1	init_module和oled模块控制SPI数据输出
write_start_sig	Output	1	检测到初始化完成后该信号拉高为1	OLED模块控制SPI数据输出

init_module模块初始化完成后，输出init_done_sig变为高电平，并将该信号送入oled_control_module的init_done_sig。oled_control_module检测到init_done_sig为高电平后，输出init_start_sig低电平表示模块初始化完成，已为数据传输和显示做好准备。然后该模块的输出write_start_sig由低电平变为高电平，控制SPI数据的输出。参考代码如下。

```
always @(posedge clk or negedge rst_n)
begin
  if(!rst_n)
    begin
      i <= 4'd0;
      isinit <= 1'b0;
      iswrite <= 1'b0;
    end
  else
  begin
    case(i)
      4'd0:
        if(init_done_sig)
        begin
          isinit<=1'b0;
          i<=i+1'b1;
        end
        else
          isinit <= 1'b1;
```

```
        4'd1:
            if(write_done_sig)
            begin
                iswrite<=1'b0;
                i<=i+1'b1;
            end
            else
                iswrite<=1'b1;
        4'd2:
            i <= 4'd2;
        endcase
    end
end
assign init_start_sig=isinit;
assign write_start_sig=iswrite;
```

init_start_sig 和 write_start_sig 同时也控制 SPI 数据的输出。init_start_sig 为高电平则输出模块初始化所用的 SPI 数据，write_start_sig 为高电平则输出用于显示的 SPI 数据。参考代码如下。

```
always @ （*） begin
    if （init_start_sig)
            spi_out = init_spi_out;
    else if （write_start_sig)
            spi_out = write_spi_out;
    else
            spi_out <= 3'bx;
end
```

6.5.2　功能仿真测试

需要注意的是，仿真前需要先屏蔽消抖模块。针对该模块做顶层设计时，对 OLED 驱动模块先进行复位和初始化操作，然后发送 1 个字符坐标（X=2，Y=9，data_in = 8'b1_0_10_1001)和字符"1"（ASCII 码为 31H, data_in = 8'b0_011_0001），字符"2"（ASCII 码为 32H, data_in =8'b0_011_0010)和字符"3"（ ASCII 码为 33H, data_in = 8'b0_011_0011)，3 个字符从坐标（X=2，Y=9）开始按顺序显示。因为 SPI 是串行总线，像素点的数据是串行发送，而且由于 OLED 模块的限制，SPI 时钟本身也比 OLED 驱动模块的时钟频率更慢，所以需要经过比较多的时钟周期后，才能完成一个字符的显示。发送一个字符后至少经过4000个时钟周期，才能发送新的字符。

6.5.3　测试结果分析

图6-49为仿真波形缩小后的整体图。在OLED驱动模块进行复位后，res_oled先进行一段时间的置0操作（为了更好地观测波形，此处已省略），实现对OLED屏的可靠复位。复位完成后，res_oled置1，表示OLED屏可接收OLED驱动模块通过SPI发送的信息。

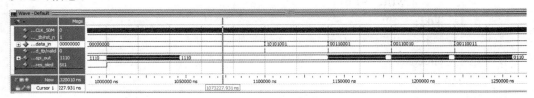

图6-49　仿真波形整体图

OLED初始化完成之后，spi_out开始输出初始化信息，其作用是对OLED屏内置的驱动芯片内部的寄存器进行配置，从而设置OLED屏的工作模式等可选项。完成OLED屏的初始化需要花费约110000个时钟周期。在初始化完成后令valid信号有效，OLED驱动模块开始工作。

首先发送的data_in是坐标（X=2，Y=9）。OLED驱动模块不会马上通过SPI向OLED屏发送信号，而是会在内部保存这个坐标，等接收到ASCII码后，再向OLED屏发送。

然后发送的data_in信号是字符"1"的ASCII码31H。OLED驱动模块会通过SPI向OLED发送信号，使OLED的相应区域显示字符"1"的具体形状。一般将字符的具体形状称为字模。由于OLED屏内置的驱动芯片没有实现用ASCII码打印字模的功能，OLED驱动模块根据ASCII码在自己的ROM内索引预存的字模信息，并通过SPI对OLED屏进行逐个像素点的控制，实现字模显示。经过4000个时钟周期后，字符"1"显示完成。同理显示字符"2"和"3"。

对发送字符"1"的波形图进行详细分析，如图6-50所示。

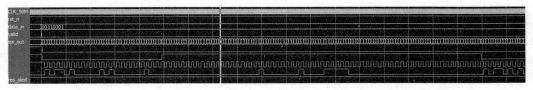

图6-50　包含指令帧和ASCII码"1"上半个字模传输的仿真波形

1. SPI信号分析

展开spi_out信号，从上至下依次为CS、DC、SCL和SDA信号。使能CS代表开始SPI通信。DC=0意味着当前数据帧对于OLED屏而言是一个指令，反之则是一个数据。SCL 是 SPI 的时钟，由主机（OLED 驱动模块）发出，从机（OLED 屏）接收。在每个 SPI 时钟的上升沿，OLED 屏幕会对 SDA 采样。SDA 表示向 OLED 屏发送的串行数据，每个数据帧为 8 bit。

2. 指令帧分析

接收到坐标的第一个 ASCII 字符 "1" 后，OLED 驱动模块开始用 SPI 发送信息。首先发送 3 帧的指令，进行显示字符的坐标设置，它们分别是 B4H，14H，08H。指令 B4H 代表 page 4；指令 14H 中的 1 代表设置 column 的高 4 bit，4 代表 column 高 4 位为 4；08H 中的 0 代表设置 column 的低 4 位，8 代表 column 低四位为 8，column 为 0×48。换算为十进制，即 column 等于 72。关于指令，具体参考实验原理中每条指令的意义。字模显示的示例如图 6-51 所示。

图 6-51　OLED 字模示例

实验中 OLED 驱动模块的字模大小为高 16 bit，宽 8 bit。将 128×64 分辨率的 OLED 按该单元划分，可以显示 4 行、16 列的字模。X，Y 分别代表当前要显示字模的横纵坐标。OLED 纵向可以分为 8（64/8）个 page，横向可以分为 128（128/1）个 column。每个字模包含 2 个 page，8 个 column。因此，坐标（X=2，Y=9）代表屏幕中靠左上角的单元 page =4，column=72。

3. 数据帧分析（上半个字模的分析）

每个字模分两次传输数据，第一次发上半个字模的数据，第二次发下半个字模的数据。每一次发送 8 帧数据，每帧数据为 8 bit，这 8×8 bit 包含了半个字模的数据。每一帧数据中先发送的位（D7）对应于字模中每个 page 的每个 8 bit 单元中最靠下的那个像素点。而 8 帧数据按照 8 bit 单元在字模中按从左到右的顺序发送，如图 6-52 所示。

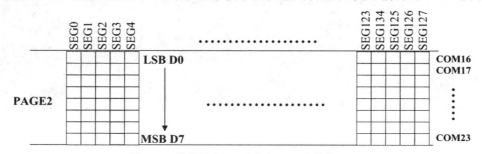

图 6-52　数据帧每 bit 对应在 page 中的位置

需要点亮的像素点发送高电平，否则为低电平。如图6-53所示，在指令帧后发送字符"1"上半个字模的数据，ASCII码"1"完整的字模数据参考图6-53。

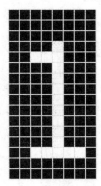

图6-53 ASCII码"1"的OLED字模示意图

4. 下半个字模的分析

发送完上半个字模后，OLED驱动模块会自动重复上述流程发送下半个字模，如图6-54所示，从而完成整个字符的显示。

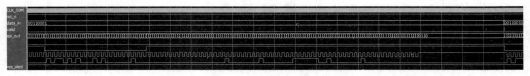

图6-54 指令帧和ASCII码"1"OLED下半字模的波形展示

与上半个字模相比，下半个字模发送信息的不同之处在于：第1帧指令变为B5H（代表在page 5显示），其他2帧指令不变；而8帧数据的内容则变为下半个字模。16帧数据的内容与图6-53中"1"的字模是匹配的。

5. ASCII码连续输入的分析

当第二个ASCII码到来，OLED驱动模块自动移动内部保存的坐标，并在新坐标显示该字符，无需写入新坐标。移动的方向是从左到右，从上到下，与平时的读写习惯相符。仿真波形如图6-55所示。

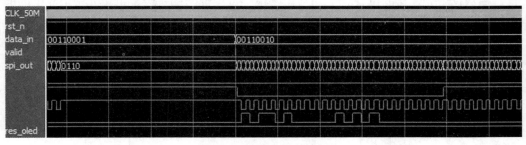

图6-55 连续字符的坐标

图中字符"2"的上半字的3帧指令是B4H（page 4），15H和00H（column 0×50 = column 80）。说明当前坐标Y确实已移动到上个字符的右侧。

6.5.4　下板验证

该模块需配合UART模块使用，单独测试时，缺少来自UART的输入信号。为了便于下板验证，将data_in[7：0]分别连接到开发板的SW[7]～SW[0]，控制输入的指令或数据。rst_n连接KEY[1]用于复位。valid信号连接KEY[3]，每按动一次表示数据发送一次。此次下板验证中，还需要通过杜邦线连接OLED屏幕，选择的拓展脚为GPIO_0，详细信息参考GPIO章节。引脚配置见表6-27。

表6-27　引脚配置

引脚名称	引脚含义	FPGA引脚编号	开发板位置
CLK_50M	FPGA晶振源输入	PIN_AF14	\
rst_n	全局复位信号	PIN_AA14	KEY[0]
spi_out [3]	CS	PIN_Y17	GPIO_0[2]
spi_out [2]	DC	PIN_Y18	GPIO_0[4]
spi_out [1]	SCL(D0)	PIN_AK18	GPIO_0[6]
spi_out [0]	SDA(D1)	PIN_AJ19	GPIO_0[8]
res_oled	RES	PIN_AJ16	GPIO_0[10]
Vcc_3.3V	OLED VCC	—	GPIO_0[29]
GND	OLED GND	—	GPIO_0[30]
data_in[7]	输入数据	PIN_AC9	SW[7]
data_in[6]		PIN_AE11	SW[6]
data_in[5]		PIN_AD12	SW[5]
data_in[4]		PIN_AD11	SW[4]
data_in[3]		PIN_AF10	SW[3]
data_in[2]		PIN_AF9	SW[2]
data_in[1]		PIN_AC12	SW[1]
data_in[0]		PIN_AB12	SW[0]
Valid	输入数据可用	PIN_Y16	KEY[3]

上电复位后，OLED内部的RAM数据随机，因此显示屏显示无规则雪花噪点。重复输入空格符（ASCII码：0010 0000）4×16次，达到清屏效果。

按上述方案进行操作，上电后的雪花噪点如图6-56（a）所示，清屏后的效果如图6-56（b）所示，完成清屏操作。

（a）雪花噪点屏幕　　　　　　　（b）清屏后的显示效果

图 6-56　上电后的下板实验现象

　　清屏后，从第一行第一列开始显示数据。本实验在第一行显示学号，第二行显示姓名拼音（区分大小写），第三行显示当前日期，年、月、日使用"/"符号分隔。显示效果如图 6-57 所示。

图 6-57　学号、姓名、日期的显示效果

　　设定开始显示的坐标，在任意位置显示。注意屏幕大小为 4×16，字库仅支持可打印 ASCII 字符。本实验在第一行显示 UESTC_IOT 后直接跳到第三行显示日期，如图 6-58 所示。

图 6-58　自定义显示内容

第7章 // Verilog HDL 的运算类设计实例

7.1 加减法器

7.1.1 模块设计

设计目标：分别应用门级结构建模和行为级建模两种方法，设计4位可同时进行的全加运算和全减运算电路。

在全加器的基础上进行减法，最简单的方法是通过补码的加法实现，即将减号与减数看作一个整体并转换为补码表示，用被减数加上该补码得到最终的值。

首先介绍补码的表示方法。补码在计算机中用于表示负数。负数K的补码表示为$2^n-|K|$，n为该数的位数。例如，对于4位二进制数，-3的补码可表示为$(1101)_2$，因为$(10000)_2-(0011)_2=(1101)_2$。计算X-Y时，可以将-Y转换为补码表示为$2^n-Y$。得到下式：

$$X-Y= X+2^n-Y= X+(-Y)_{补}$$

因此，利用补码表示法，减法也可通过同一个加法器电路实现。图7-1利用一个圆环表示4位二进制数，更形象地说明通过补码实现减法的原理。

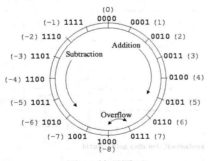

图7-1 补码圆环

该圆环的模为16，利用该圆环表示-8~+7的补码，圆环最外圈括号内是有符号的十进制数，内圈为该有符号十进制数的补码。计算5-3时，以5为基准，逆时针转3格可得到结果，同样也可以顺时针加13格（16-3）得到结果。-3的补码是$(1101)_2$，因此5-3可以表示为$(0101)_2-(0011)_2$，也可表示为$(0101)_2+(1101)_2$。通过补码进行有符号数的加减法时，需要特别注意溢出的情况，因为溢出可能导致计算结果与实际不符。例如 $(0111)_2$ 加 1，得到结果 $(1000)_2$ 为 -8 的补码。但实际应该得到结果 8，因此需要判断此时运算的结果是否溢出。判断溢出可通过最后一个 1 位加法器的进位与倒数第二个加法器的进位进行异或运算判断，结果为 1 则溢出，结果为 0 则未溢出。

根据需求设计的 4 位加减法器电路结构如图 7-2 所示。

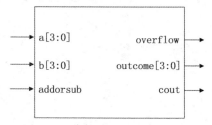

图 7-2　4 位加减法器电路结构图

输入 a 和 b 是待运算的两个 4 bit 输入信号，addorsub 是 1 bit 的加/减选择位（1 表示减运算，0 表示加运算）。输出 outcome 为 4 bit 的运算结果，overflow 为 1 bit 的溢出标志位，cout 为 1 bit 位进位。电路接口说明表见表 7-1。

表 7-1　加减法器电路接口说明表

接口名称	输入/输出	位宽/bit	说明
a	Input	4	被加数/被减数
b	Input	4	加数/减数
addorsub	Input	1	加/减选择位,高电平表示进行减运算,低电平表示进行加运算
overflow	Output	1	溢出标志位,高电平表示溢出
outcome	Output	4	计算结果
cout	Output	1	进位

该电路在之前 4 位全加器的基础上进行拓展，增加了加减选择位、取补码运算相关电路和溢出监测电路，电路门级结构如图 7-3 所示。

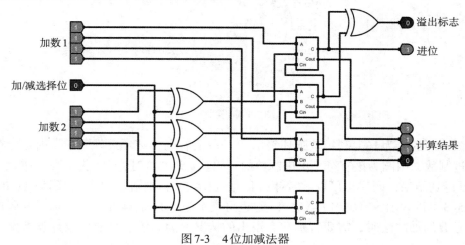

图 7-3　4 位加减法器

利用拼接的形式直接做4位加法运算，其中addorsub用于控制是否进行取补码运算，核心代码如下：

assign {cout3，x} = a[2：0] + {b[2]^addorsub，b[1]^addorsub，b[0]^addorsub} + buma_1；//得到第三个进位

assign {cout，outcome} = a + {b[3]^addorsub，b[2]^addorsub，b[1]^addorsub，b[0]^addorsub} + buma_1；//得到第四个进位和结果outcome

assign overflow = cout3^cout；//得到溢出位

RTL电路如图7-4所示。

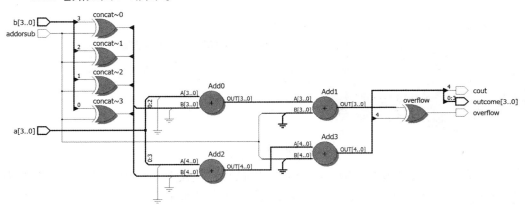

图7-4 加/减法器RTL电路图

7.1.2 测试模块编写

依照加减法器的描述，我们设计的电路进行加法或减法运算时，要保证两数相加/相减的和/差与实际运算一致。发生溢出时，溢出标志位为高电平。为了验证电路是否符合要求，将运算分为以下四种情况测试：

（1）两数相加未溢出。

（2）两数相加溢出。

（3）两数相减为正值。

（4）两数相减为负值。

测试任务的参考代码如下。

```
task task_addsub；
begin
        #0 a = 4'b0001；  b = 4'b1010；  addorsub = 1'b0；    //两数相加未溢出
        #5 a = 4'b0010；  b = 4'b1010；  addorsub = 1'b0；    //两数相加未溢出
        #5 a = 4'b0111；  b = 4'b0110；  addorsub = 1'b0；    //两数相加溢出
```

```
            #5 a = 4'b1001；  b = 4'b1100；  addorsub = 1'b0；    //两数相加溢出
            #5 a = 4'b0111；  b = 4'b0011；  addorsub = 1'b1；    //两数相减为正数
            #5 a = 4'b1111；  b = 4'b1100；  addorsub = 1'b1；    //两数相减为正数
            #5 a = 4'b0011；  b = 4'b0111；  addorsub = 1'b1；    //两数相减为负数
            #5 a = 4'b1100；  b = 4'b1111；  addorsub = 1'b1；    //两数相减为负数
            #5 $finish；
        end
    endtask
```

7.1.3 测试结果分析

运算测试仿真的波形图如图7-5所示。

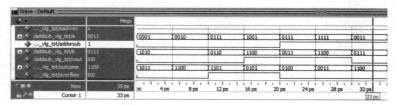

图7-5 加减法器仿真波形图

首先运算 4'b0001 + 4'b1010，结果为 4'b1011。运算 4'b0010+4'b1010 结果为 4'b1100，两数相加未溢出，结果符合预期。两数相加溢出测试时，我们可以看到 4'b0111 + 4'b0110 和 4'b1001+4'b1100 的溢出标志位都为1，结果符合预期。随后测试 4'b0111–4'b0011 = 4'b0100 和 4'b1111–4'b1100 =4'b0011，两数相减为正数，溢出标志位为低电平，结果符合预期。最后测试两数相减为负数。4'b0011 – 4'b0111= 4'b1100 和4'b1100–4'b1111 = 4'b1101，无溢出，结果符合预期。

7.1.4 下板验证

根据电路模块的特点设计便于操作的下板验证方案，验证方案如图7-6所示。

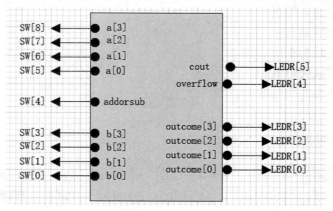

图7-6 加减法器下板验证方案

参考开发板手册，a、b、addorsub接9个滑动开关，cout、overflow、outcome接6个LED灯。引脚配置如图7-7所示。

Node Name	Direction	Location
in a[3]	Input	PIN_AD10
in a[2]	Input	PIN_AC9
in a[1]	Input	PIN_AE11
in a[0]	Input	PIN_AD12
in addorsub	Input	PIN_AD11
in b[3]	Input	PIN_AF10
in b[2]	Input	PIN_AF9
in b[1]	Input	PIN_AC12
in b[0]	Input	PIN_AB12
out cout	Output	PIN_W19
out outcome[3]	Output	PIN_V18
out outcome[2]	Output	PIN_V17
out outcome[1]	Output	PIN_W16
out outcome[0]	Output	PIN_V16
out overflow	Output	PIN_W17

图7-7　加减法器引脚配置图

实验用两组（每组4个）滑动开关表示a、b前后的两个有符号二进制数，用1个滑动开关绑定addorsub，表示运算符号。结果为有符号的二进制数，用4个LED灯表示，并且有1个溢出位，发生溢出时，结果错误。

连上开发板下载程序后，分别按照验证时给出的a、b、addorsub拨动滑动开关，观察6个LED灯的亮灭是否符合预期。下板后的实拍图如7-8所示。

图7-8　加减法器下板实拍图

7.2　超前进位加法器

7.2.1　模块设计

设计需求：设计4位二进制超前进位加法器，并与4位行波进位加法器进行比较，分析两者在电路延迟方面的区别。

前序章节中已设计1位全加器，其硬件延时主要考虑门电路延时，设单级门电路延时为T，则最长硬件延时路径为从输入到输出Cout，共3T。对于4位行波进位加法器，根据竖式计算的习惯，共需要使用4个1位全加器。从最低位开始，前一级全加器的进位输出到后一级全加器的输入。4个全加器全部运算完成视为一次完整的4位加法运算。由于行波进位加法器的进位输出呈串联结构，故最长延时路径为从最低位进位输入到最高位进位输出。第一级全加器的进位输出C_1的门电路延时为3T，后续全加器由进位输入到进位输出的门电路延时为2T，故行波进位加法器的传输延迟为9T，如图7-9所示。

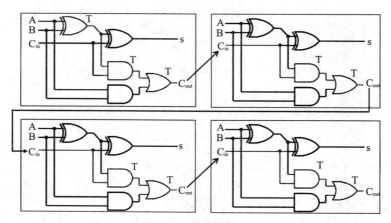

图7-9　行波进位加法器的电路延时分析

最后一级全加器的进位输出的门电路延时直接影响电路的最大硬件延时。由于$C_{i+1} = G_i + P_i \cdot C_i$，将$i = 0，1，2，3$分别带入，并将等式右边展开可得$C_4 = G_3 + P_3 \cdot G_2 + P_3 \cdot P_2 \cdot G_1 + P_3 \cdot P_2 \cdot P_1 \cdot G_0 + P_3 \cdot P_2 \cdot P_1 \cdot P_0 \cdot C_0$，其门电路如图7-10所示，门电路延时为3T。同理可得，各级进位输出的门电路延时均为3T。

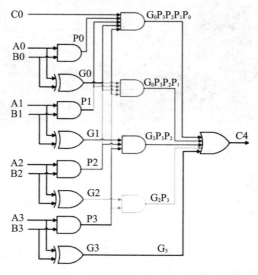

图7-10　进位输出C_4的门电路

由于 $S_i = P_i \oplus C_i$，则对于 $i>1$ 时，从输入到 S_i 的门电路延时为 4T，故该 4 位加法器的最大硬件延时为 4T，其整体结构如图 7-11 所示。

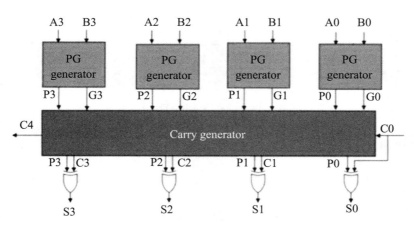

图 7-11　4 位超前进位加法器结构图

4 位超前进位加法器的输入、输出端口定义见表 7-2。

表 7-2　4 位超前进位加法器输入、输出端口

接口名称	位宽/bit	输入/输出	说明
A	4	Input	4 位加数 A
B	4	Input	4 位加数 B
C_in	1	Input	进位输入
Sum	4	Output	结果输出
C_out	1	Output	进位输出

根据上述公式计算各级全加器的进位输出，参考代码如下。

```
assign P=A^B；
assign G=A&B；
assign C[1]=G[0]|（P[0]&C[0]）；
assign C[2]=G[1]|（P[1]&（G[0]|（P[0]&C[0]）））；
assign C[3]=G[2]|（P[2]&（G[1]|（P[1]&（G[0]|（P[0]&C[0]）））））；
assign C[4]=G[3]|（P[3]&（G[2]|（P[2]&（G[1]|（P[1]&（G[0]|（P[0]&C
[0]）））））））；
```

计算结果以及进位输出，参考代码如下。

```
assign Sum=P^C[3：0]；
assign C_out=C[4]；
```

综合产生的RTL图如图7-12所示。

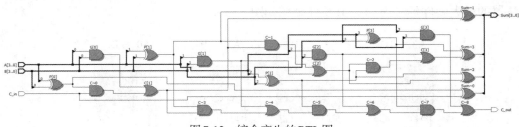

图7-12　综合产生的RTL图

7.2.2　测试模块编写

根据4位超前进位加法器的功能描述，电路的设计需要保证能输出正确的结果和进位输出。

为了验证电路是否符合以上要求，设计的Test Bench需要测试所有的激励输入，并将加法器的输出结果与理论计算的结果做对比。

为方便对比加法器输出结果与理论计算结果，在Test Bench中设置succ标志信号，当该信号为1时说明加法器输出结果正确，参考代码如下。

```
assign k={C_out，Sum[3：0]};
assign succ=（k==A+B+C_in）?1：0;
```

在task_ADD中对加法器模块的三个输入信号A、B、C_in取可能出现的输入，每隔20ns变换一次，代码较简单，不再赘述。

7.2.3　测试结果分析

测试生成的仿真波形图如图7-13所示。

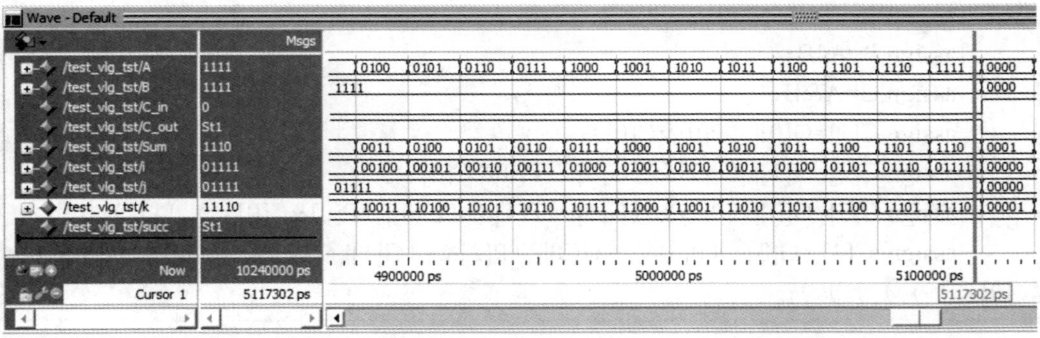

图7-13　仿真波形图

以图7-13中5117302 ps处标线为例，输入信号A为（1111）$_2$，B为（1111）$_2$，C_in为0，输出信号Sum为（1110）$_2$，C_out为1，加法器输出结果与理论计算值相同，succ标志位置1。对于其他激励输入，succ标志位恒为1，说明了该4位超前进位加法器对于任意输入信号均可产生正确的输出结果。

7.2.4 下板验证

根据电路模块的特点设计便于操作的下板验证方案，验证方案如图7-14所示。

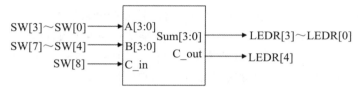

图7-14 4位超前进位加法器的下板验证方案

将输入端口A由高位到低位配置为滑动开关SW[3]～SW[0]，输入端口B由高位到低位配置为滑动开关SW[7]～SW[4]，输入端口C_in配置为滑动开关SW[8]，将输出端口Sum由高位到低位配置为LEDR[3]～LEDR[0]，输出端口C_out约束至LEDR[4]。其引脚配置如图7-15所示。

Node Name	Direction	Location	I/O Bank	VREF Group	Fitter Location	I/O Standard	Reserved	Current Strength	Slew Rate
A[3]	Input	PIN_AF10	3A	B3A_N0	PIN_AF10	3.3-V LVCMOS		2mA (default)	
A[2]	Input	PIN_AF9	3A	B3A_N0	PIN_AF9	3.3-V LVCMOS		2mA (default)	
A[1]	Input	PIN_AC12	3A	B3A_N0	PIN_AC12	3.3-V LVCMOS		2mA (default)	
A[0]	Input	PIN_AB12	3A	B3A_N0	PIN_AB12	3.3-V LVCMOS		2mA (default)	
B[3]	Input	PIN_AC9	3A	B3A_N0	PIN_AC9	3.3-V LVCMOS		2mA (default)	
B[2]	Input	PIN_AE11	3A	B3A_N0	PIN_AE11	3.3-V LVCMOS		2mA (default)	
B[1]	Input	PIN_AD12	3A	B3A_N0	PIN_AD12	3.3-V LVCMOS		2mA (default)	
B[0]	Input	PIN_AD11	3A	B3A_N0	PIN_AD11	3.3-V LVCMOS		2mA (default)	
C_in	Input	PIN_AD10	3A	B3A_N0	PIN_AD10	3.3-V LVCMOS		2mA (default)	
C_out	Output	PIN_W17	4A	B4A_N0	PIN_W17	3.3-V LVCMOS		2mA (default)	1 (default)
Sum[3]	Output	PIN_V18	4A	B4A_N0	PIN_V18	3.3-V LVCMOS		2mA (default)	1 (default)
Sum[2]	Output	PIN_V17	4A	B4A_N0	PIN_V17	3.3-V LVCMOS		2mA (default)	1 (default)
Sum[1]	Output	PIN_W16	4A	B4A_N0	PIN_W16	3.3-V LVCMOS		2mA (default)	1 (default)
Sum[0]	Output	PIN_V16	4A	B4A_N0	PIN_V16	3.3-V LVCMOS		2mA (default)	1 (default)

图7-15 引脚配置

连上开发板下载程序后，拨动滑动开关输入两个4位数据以及进位输入，观察LED灯点亮情况。如图7-16所示，滑动开关代表输入数据A为$(0111)_2$，B为$(1001)_2$，进位输入C_in为1，LED灯的点亮情况表明输出Sum为$(0001)_2$，进位输出C_out为1，与仿真结果相符。

图7-16 下板验证

7.3 阵列乘法器

7.3.1 模块设计

设计目标：设计4位的二进制阵列乘法器，并分析该乘法器的性能。

二进制乘法的本质是加法。即二进制数的乘法运算可以通过若干次的"被乘数（或零）左移一位"和"被乘数（或零）与部分积相加"两种操作完成。首先分析1位二进制数乘法运算，1位二进制数乘法电路的真值表见表7-3。

表7-3　1位二进制数乘法运算真值表

A	B	Out
0	0	0
0	1	0
1	0	0
1	1	1

根据表7-3中描述的规律，Out=A&B。1位二进制数的乘法可以通过2个输入与门实现。对于4位二进制乘法，其计算过程如图7-17所示。

				A_3	A_2	A_1	A_0
×)	被乘数 乘数			B_3	B_2	B_1	B_0
				A_3B_0	A_2B_0	A_1B_0	A_0B_0
			A_3B_1	A_2B_1	A_1B_1	A_0B_1	
		A_3B_2	A_2B_2	A_1B_2	A_0B_2		
	A_3B_3	A_2B_3	A_1B_3	A_0B_3			
结果	Z_7	Z_6	Z_5	Z_4	Z_3	Z_2	Z_0

图7-17　4位二进制乘法运算过程

通过分析乘法的运算过程可知，4位乘法器可通过与门和加法器实现，图7-18为乘法器的运算原理图。

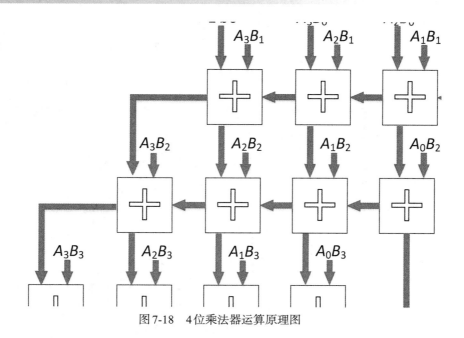

图7-18　4位乘法器运算原理图

图7-18所示的4位乘法器，每一行都是一组串行进位加法器。处于同一行的两个相邻全加器只有在上一级进位输出后才能做加法。分析该4位乘法器中延迟相等的1位加法器模块，其分布如图7-19所示。

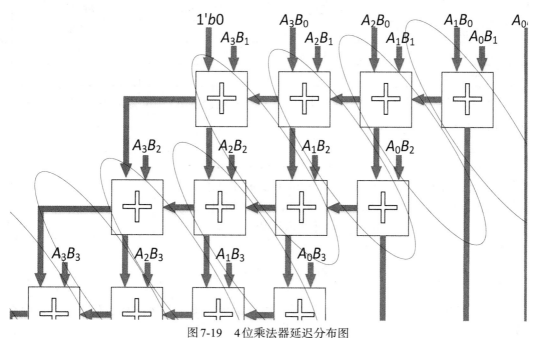

图7-19　4位乘法器延迟分布图

图7-19中每个圈里的加法器延迟相等。由此能够得到一条关键路径（延迟最长的路径），如图7-20中的黑色箭头所示。

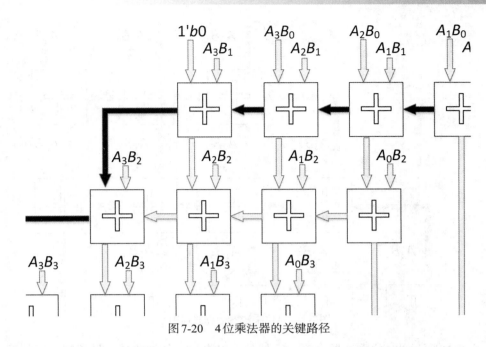

图7-20　4位乘法器的关键路径

该电路仅需两个输入端口和一个输出端口即可实现，具体端口描述见表7-4。

表7-4　阵列乘法器端口描述表

接口名称	输入/输出	位宽/bit	功能描述
multiplier_A	Input	4	乘数
multiplier_B	Input	4	被乘数
product	Output	8	积

内部电路主要由1位乘法器和1位全加器两部分组成。1位全加器可参考前序章节，1位乘法器的参考核心代码如下。

```
assign AB0 = multiplier_A & {4{multiplier_B[0]}};
assign AB1 = multiplier_A & {4{multiplier_B[1]}};
assign AB2 = multiplier_A & {4{multiplier_B[2]}};
assign AB3 = multiplier_A & {4{multiplier_B[3]}};
```

7.3.2　测试模块编写

依照该电路的功能描述，电路的设计需要保证：该电路按乘法运算规律对两个4位数进行乘法运算。

测试程序通过设置多组不同的输入，得到多组输出并检验输出是否正常。设计的Test Bench激励主体部分代码如下。

```
task assignment;
begin
  #10 multiplier_A = 6;   multiplier_B = 4;
  #10 multiplier_A = 15;  multiplier_B = 15;
  #10 multiplier_A = 8;   multiplier_B = 2;
  #10 multiplier_A = 13;  multiplier_B = 11;
  #10 multiplier_A = 10;  multiplier_B = 12;
  $stop;
  end
endtask
```

7.3.3　测试结果分析

生成的仿真波形图如图 7-21 所示。

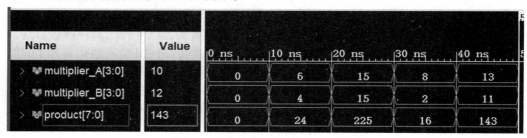

图 7-21　阵列乘法器的仿真波形图

由图 7-21 可知，乘数 multiplier_A 和被乘数 multiplier_B 相乘的结果均与实际相符。

7.3.4　下板验证

根据电路模块的特点设计便于操作的下板验证方案。该方案将输入绑定至拨码开关 switch 端口，输出绑定至 LED 灯，通过拨动滑动开关改变乘数和被乘数的值，观察 LED 灯的亮灭判断输出是否符合预期。

开发板的拨码开关共有 10 位，本次实验使用 8 位，分别是最左边 4 位和最右边 4 位，分别作为乘数和被乘数。共有 10 个发光二极管，使用了最左边的 8 个来展示输出的乘积，其中高位在左，低位在右。图 7-22 为 15 乘 15 的下板结果图。LED 灯展示的计算结果转换为十进制数是 225，符合预期。

图 7-22　15乘15的实验结果展示

7.4 流水线乘法器

7.4.1 模块设计

设计目标：设计 4 位的流水线乘法器（流水线至少 3 级），并对比该流水线乘法器与阵列乘法器在时延方面的性能差异。

设计流水线乘法器需要将乘法运算拆分为可并行运算的几部分，使用寄存器保存每个阶段的运算结果，待某个乘数和被乘数的所有运算阶段结束后得到最终的乘积结果。因此流水线的设计与该乘法运算的拆解方式有关，以下介绍两种拆解思路。

第一种思路与上节介绍的阵列乘法器运算过程相同，通过 1 位乘法运算和 1 位加法运算得到最终的运算结果。利用该原理运算的 4 位乘法器，每一行都是一组串行进位加法器。处于同一行的两个相邻全加器只有在上一级进位输出后才能做加法。分析该 4 位乘法器中延迟相等的 1 位加法器模块，其分布如图 7-19 所示。

依照该运算顺序，4 位数的乘法运算可分为 8 个阶段，图中每个圈为 1 个阶段。按照全加运算的顺序拆解乘法运算，可保证每个阶段花费的时间延迟相对较小。在每个运算阶段之间插入寄存器暂存运算结果，可得 8 级流水线结构的乘法器。这种方法设计的流水线电路虽然每一级花费的时间短，但流水线级数较多，适用于运算数据较多的场合。

第二种思路是将乘法运算进行横向拆解，图 7-23 是以 4 位二进制数 $(1001)_2 \times (0110)_2$ 为例讲解该过程。

```
被乘数        1   0   0   1

乘数              0   1   1   0

0   0   0 │ 0   0   0 │ 0   0   ........................ stored0

0   0 │ 0   1   0 │ 0   1   0   ........................ stored1

0 │ 0   1   0 │ 0   1   0   0   ........................ stored2

│ 0   0   0 │ 0   0   0   0   0   ........................ stored3

Add01 = stored0 + stored1

Add23 = stored2 + stored3

Mul_out = add01 + add23
```

图 7-23　乘法运算过程的横向拆解

该算法将计算过程分为3个阶段。

阶段1：分别计算乘数每位与被乘数的积并移位，得到stored0～stored3。

阶段2：计算stored0+stored1以及stored2+stored3。

阶段3：将阶段2得到的两个结果相加，得到最终的积。

分析可知，第二种思路只需3级流水线即可，但每级流水线花费的时间较第一种思路长，适用于数据位数较少的场合。本实验以第二种思路为例讲解流水线乘法器的设计，有兴趣的读者亦可参考第一种思路进行设计。电路的端口描述见表7-5。

表7-5　流水线乘法器的端口描述

接口名称	类型	位宽/bit	功能
Clk	Input	1	时钟
Reset	Input	1	复位
Multiplier_A	Input	4	被乘数
Multiplier_B	Input	4	乘数
Product	Output	8	积

电路建模时，阶段1使用分支选择语句（?:）实现乘数每位与被乘数相乘。参考代码如下。

```
sum_0  <=  multiplier_B[0]?    {4'b0, multiplier_A} : 8'b0;
sum_1  <=  multiplier_B[1]?    {3'b0, multiplier_A, 1'b0} : 8'b0;
sum_2  <=  multiplier_B[2]?    {2'b0, multiplier_A, 2'b0} : 8'b0;
sum_3  <=  multiplier_B[3]?    {1'b0, multiplier_A, 3'b0} : 8'b0;
```

阶段2实现乘数后两位的乘法结果相加与前两位乘法结果相加，参考代码如下。

```
sum_partial_1  <=  sum_0 + sum_1;
sum_partial_2  <=  sum_2 + sum_3;
```

阶段3是将阶段2得到的结果相加，得到最终的积，参考代码如下。

```
product  <=  sum_partial_1 + sum_partial_2;
```

综合后的RTL图如图7-24所示。

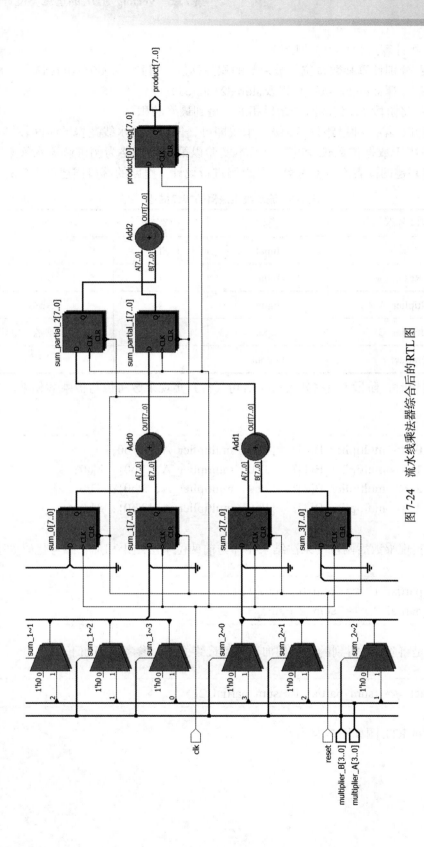

图 7-24 流水线乘法器综合后的 RTL 图

7.4.2　测试模块编写

依照该流水灯的功能描述，电路的设计需要保证：该电路输入不同的 4 位被乘数后，能够输出相应的正确乘积结果。

为了验证电路是否符合以上要求，设计的 Test Bench 需要输入不同的乘数和被乘数，仿真代码较简单，与 7.3 节类似，此处省略。

7.4.3　测试结果分析

生成的仿真波形图如图 7-25 所示。

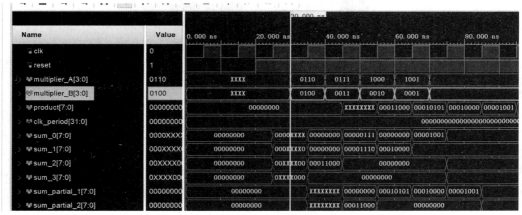

图 7-25　流水线乘法器仿真结果

如图 7-26 所示，输入信号 multiplier_A， multiplier_B 被赋值后，在第三个时钟开始出现结果，往后每个时钟出一个结果，且该结果与实际相符。电路符合流水线乘法器的要求。

7.4.4　下板验证

乘数和被乘数绑定至滑动开关，输出结果绑定至 LED 灯。通过拨动滑动开关给输入赋值，观察输出是否符合预期。电路的引脚配置如图 7-26 所示。

Node Name	Direction	Location	I/O Bank	'REF Grou	tter Locati	'O Standar	Reserved	rent Stren	Slew Rate	ferential P	\nalog Setl	3/VCCT
clk	Input	PIN_AF14	3B	B3B_N0	PIN_AF14	2.5 ...ult)		12mA...ult)				
multiplier_A[3]	Input	PIN_AF10	3A	B3A_N0	PIN_AF10	2.5 ...ult)		12mA...ult)				
multiplier_A[2]	Input	PIN_AF9	3A	B3A_N0	PIN_AF9	2.5 ...ult)		12mA...ult)				
multiplier_A[1]	Input	PIN_AC12	3A	B3A_N0	PIN_AC12	2.5 ...ult)		12mA...ult)				
multiplier_A[0]	Input	PIN_AB12	3A	B3A_N0	PIN_AB12	2.5 ...ult)		12mA...ult)				
multiplier_B[3]	Input	PIN_AE12	3A	B3A_N0	PIN_AE12	2.5 ...ult)		12mA...ult)				
multiplier_B[2]	Input	PIN_AD10	3A	B3A_N0	PIN_AD10	2.5 ...ult)		12mA...ult)				
multiplier_B[1]	Input	PIN_AC9	3A	B3A_N0	PIN_AC9	2.5 ...ult)		12mA...ult)				
multiplier_B[0]	Input	PIN_AE11	3A	B3A_N0	PIN_AE11	2.5 ...ult)		12mA...ult)				
product[7]	Output	PIN_Y21	5A	B5A_N0	PIN_Y21	2.5 ...ult)		12mA...ult)	1 (default)			
product[6]	Output	PIN_W21	5A	B5A_N0	PIN_W21	2.5 ...ult)		12mA...ult)	1 (default)			
product[5]	Output	PIN_W20	5A	B5A_N0	PIN_W20	2.5 ...ult)		12mA...ult)	1 (default)			
product[4]	Output	PIN_Y19	4A	B4A_N0	PIN_Y19	2.5 ...ult)		12mA...ult)	1 (default)			
product[3]	Output	PIN_W19	4A	B4A_N0	PIN_W19	2.5 ...ult)		12mA...ult)	1 (default)			
product[2]	Output	PIN_W17	4A	B4A_N0	PIN_W17	2.5 ...ult)		12mA...ult)	1 (default)			
product[1]	Output	PIN_V18	4A	B4A_N0	PIN_V18	2.5 ...ult)		12mA...ult)	1 (default)			
product[0]	Output	PIN_V17	4A	B4A_N0	PIN_V17	2.5 ...ult)		12mA...ult)	1 (default)			
reset	Input	PIN_AA14	3B	B3B_N0	PIN_AA14	2.5 ...ult)		12mA...ult)				

图 7-26　引脚配置

连上开发板下载程序后，最左边4个滑动开关对应multiplier_A[3]至multiplier_A[0]。最右边4个滑动开关对应multiplier_B[3]至multiplier_B[0]。LEDR9至LEDR2对应product。图7-27所示为下板实拍图。图中输入的被乘数和乘数分别为2'b0100和2'b1000。输出为2'b001000000，符合预期。

图7-27　下板实拍图

7.5　除法器

7.5.1　模块设计

设计目标：设计4位的二进制除法器，实现除数为任意整数的除法，同时运算出商与余数。

二进制除法可通过连续减法实现。例如计算X除以Y，则判断X−Y是否大于等于0。如果X−Y小于0，则商为0，余数为X。如果X−Y等于0，则商累加1，再使用X−Y的结果继续与Y进行大小的比较。重复上述过程，直至X−Y小于0为止，得到最终的商和余数。算法流程如图7-28所示。

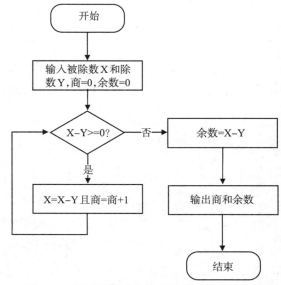

图7-28　通过连续减法实现除法运算的流程图

　　除法器的设计也可参考十进制除法的手算过程。首先分析被除数a的最高位，如果比除数小，则利用a的最高位及次高位与除数作比较；如果a的最高位及次高位比除数大，则减去除数，再用两者相减得到的结果重复上述的操作，直至运算进行至被除数a的最低位。图7-29为该算法的实际运算过程。

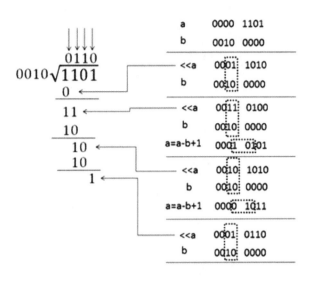

图7-29　除法运算流程

　　为了便于运算，在4位被除数a的前面填充4个0，再在除数b的后四位填充4个0，将两者补全为8位二进制数。运算分为以下三个步骤：

　　（1）移位。将被除数a左移1位。

　　（2）比较。比较两个8位数据的大小（等效于将a的最高位与b进行比较）。如果包含被除数a的数据大于等于包含除数b的数据，则两者相减，得到的余数替代包含被除数a的数据，同时将包含被除数a的数的末位置为1，再重复上述运算。如果包含被除数a的数据小于包含除数b的数据，则将包含被除数a的数左移1位并且末位置为0。

　　（3）重复步骤（1）和步骤（2）。

　　该算法的被除数为4位，因此共需4次移位操作。4次移位后得到8位的运算结果，该结果的前4位和后4位分别是除法运算的余数和商。依照该运算得到的算法流程如图7-30所示。

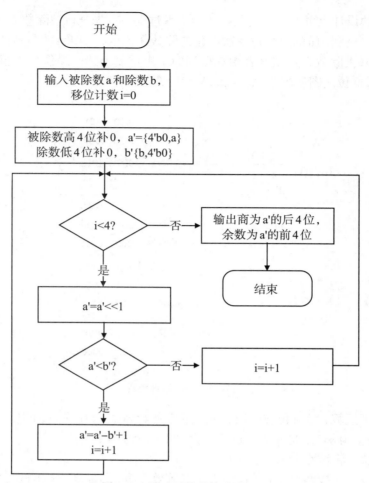

图7-30　除法运算的算法流程图

实现4位二进制除法器的功能，需要2个输入，2个输出，具体的端口说明见表7-6。

表7-6　除法器端口描述表

接口名称	输入/输出	位宽/bit	功能描述
num	Input	4	输入被除数
den	Input	4	输入除数
res	Output	4	输出商
rm	Output	4	输出余数

该除法器为纯组合逻辑电路。使用第一种算法时，因为输入的两个数的大小比较随机，所以不能在数据输入前准确判断循环次数。如果将循环次数设置为最大，将造成资源的浪费。此处选择第二种算法实现该除法器。参考代码如下：

```
always @（num or den）
begin
  temp_a = {4'h0，num}；
  temp_b = {den，4'h0}；
  for（i = 0；i < 4；i = i+1）
  begin：shift_left
    temp_a = {temp_a[6：0]，1'b0}；
    if（temp_a[7：4] >= temp_b[7：4]）
      temp_a = temp_a - temp_b + 8'b1；
    else
      temp_a = temp_a；
  end
end
assign res=temp_a[3：0]；
assign rm=temp_a[7：4]；
```

首先将输入的4位被除数和除数分别按照上述原理补0后，存放至寄存器temp_a和temp_b中。然后对temp_a进行左移操作，若temp_a中的数据大于temp_b中的数据，则将两者相减后再加1，所得数据赋值至temp_a寄存器。重复上述操作，直至完成4次左移操作后停止循环。最终temp_a寄存器中的数据前四位输出为余数rm，后四位输出为商res。生成的RTL图如图7-31所示（见下页）。

7.5.2　测试模块编写

依照该除法器的功能描述，电路的设计需要保证：执行任意4位二进制整数的除法运算，并正确输出余数和商。

为了验证电路是否符合上述要求，设计 Test Bench 改变输入的被除数和除数的值，来验证电路的正确性。

7.5.3　测试结果分析

生成的波形如图7-32所示（见259页）。

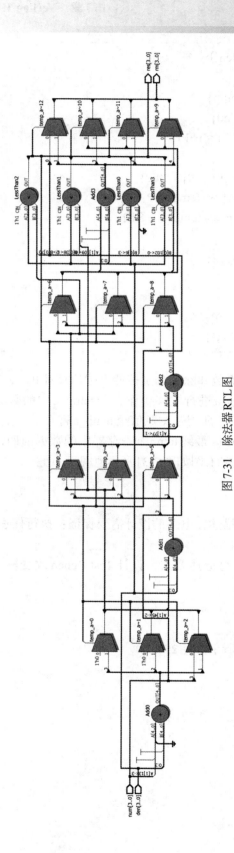

图7-31 除法器RTL图

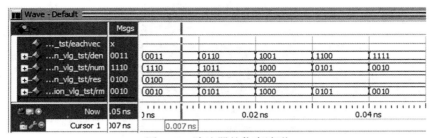

图 7-32 除法器的仿真波形

图 7-33 中首先验证 14 除以 3，输出商为 4，余数为 2，与实际结果一致。后续验证 11 除以 6 以及 8 除以 9，仿真结果皆与实际相符。

实验原理中提及的两种算法的仿真结果相同，但从使用的资源看，两者有较大的差别。两种算法的资源使用报告如图 7-33 所示。

	Resource	Usage		Resource	Usage
1	Estimate of Logic utilization (ALMs needed)	198	1	Estimate of Logic utilization (ALMs needed)	20
2			2		
3	∨ Combinational ALUT usage for logic	297	3	∨ Combinational ALUT usage for logic	28
1	-- 7 input functions	0	1	-- 7 input functions	0
2	-- 6 input functions	99	2	-- 6 input functions	12
3	-- 5 input functions	103	3	-- 5 input functions	5
4	-- 4 input functions	56	4	-- 4 input functions	5
5	-- <=3 input functions	39	5	-- <=3 input functions	6
4			4		
5	Dedicated logic registers	0	5	Dedicated logic registers	0
6			6		
7	I/O pins	17	7	I/O pins	16
8	Total DSP Blocks	0	8	Total DSP Blocks	0
9	Maximum fan-out node	den[3]~input	9	Maximum fan-out node	den[3]~input
10	Maximum fan-out	132	10	Maximum fan-out	16
11	Total fan-out	1480	11	Total fan-out	157
12	Average fan-out	4.47	12	Average fan-out	2.62

（a）算法 1 （b）算法 2

图 7-33 资源使用情况

算法 1 所使用的资源数（包括 ALM 和 ALUT）远大于算法 2，所以从节约资源的角度，算法 2 优于算法 1。

7.5.4 下板验证

根据设计的电路，采用便于操作的下板验证方案，验证方案如图 7-34 所示。

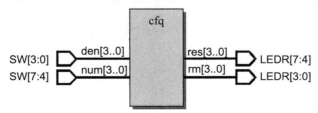

图 7-34 下板验证方案图

reset 接开关 SW[8]，输入 num 接开关 SW[7:4]，den 接开关 SW[4:0]，输出 res 接 LEDR[7:4]，rm 接 LEDR[3:0]。引脚配置如图 7-35 所示。

Node Name	Direction	Location
in den[3]	Input	PIN_AF10
in den[2]	Input	PIN_AF9
in den[1]	Input	PIN_AC12
in den[0]	Input	PIN_AB12
in num[3]	Input	PIN_AC9
in num[2]	Input	PIN_AE11
in num[1]	Input	PIN_AD12
in num[0]	Input	PIN_AD11
out res[3]	Output	PIN_W20
out res[2]	Output	PIN_Y19
out res[1]	Output	PIN_W19
out res[0]	Output	PIN_W17
out rm[3]	Output	PIN_V18
out rm[2]	Output	PIN_V17
out rm[1]	Output	PIN_W16
out rm[0]	Output	PIN_V16
<<new node>>		

图 7-35　引脚配置

引脚配置完成后，进行下板验证，验证结果如图7-36所示。

图 7-36　下板实拍图

图中开关的有效位是 8 位，SW[7：0]=$(11010011)_2$。被除数为$(1101)_2$，除数为$(0011)_2$。输出 LED 灯的有效位是8位，LEDR[7：0]=$(01000001)_2$。商为$(0100)_2$，余数为$(0001)_2$。下板验证的除法结果与预期相符，满足需求。

7.6　流水线除法器

7.6.1　模块设计

设计目标：在除法器电路的基础上插入流水线（流水线至少3级），设计4位的流水线除法器并对比流水线除法器与除法器在延时方面的性能差异。

在上节设计的除法器基础上，分析如何插入流水线。上节除法器的算法流程如图7-37所示。

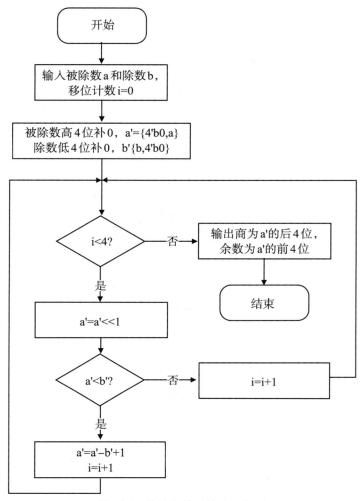

图7-37　除法运算的算法流程图

在该除法电路的基础上插入流水线，可从算法的循环部分入手，即将4次移位比较的运算拆分为4级流水线。移位和比较过程在运算中是重复的，可将其视为单步除法器，即每一个单步除法器只计算一位商和一位余数。4位除法器则可视为进行4次单步除法运算。在单步除法器之间添加寄存器暂存中间结果即可实现除法器的流水线设计，最后一级的单步除法器结果即为4位流水线除法器的结果。流水线除法器的电路如图7-38所示。

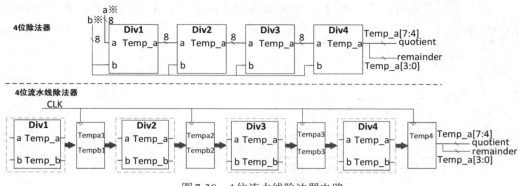

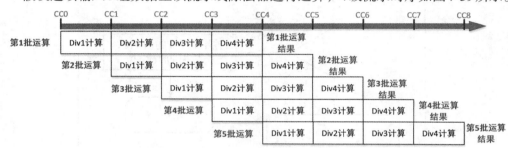

图7-38　4位流水线除法器电路

假设连续输入5组数据至该流水线除法器进行运算，4级流水时序如图7-39所示。

图7-39　4位流水线除法器时序图

由图7-40可知，周期1仅Div1工作，得到最高位移位和比较后的计算结果。周期2将Div1的计算结果作为输入，Div2开始工作并得到次高位移位和比较后的计算结果。周期2中Div1继续工作运算第2批数据的最高位。按此规律，周期4结束后得到第1批数据的运算结果，周期5结束后得到第2批数据的运算结果，直至周期8结束后得到第5批数据的运算结果，流水线停止工作。该电路的接口描述见表7-7。

表7-7　流水线除法器的接口描述表

接口名称	输入/输出	接口说明
clk	Input	内部时钟
rst	Input	复位信号,所有变量归零
dividend[3:0]	Input	被除数
divisor[3:0]	Input	除数
quotient[3:0]	Output	商
remainder[3:0]	Output	余数

电路建模主要分为三部分。第一部分实现扩位，第二部分实现流水计算，第三部分输出最终结果。

首先实现扩位功能，将原始的除数与被除数均扩位至8位（原位数的2倍），以便于后续的计算。然后利用寄存器储存中间运算结果，实现4级流水线。变量 dividend_temp 与 divisor_temp 为寄存器型变量，用于暂时储存扩位后的除数与被除数。变量 dividend_temp1 和 divisor_temp1 为第一级运算后的暂存结果。当 dividend_temp1 左移1位后的结果小于 divisor_temp1 时，将 dividend_temp1 左移1位后的结果传至 dividend_temp2，否则将（dividend_temp1<<1）-divisor_temp1+1'b1 的结果传至 dividend_temp2。后续每一级运算都参照该算法决定传输至下一级的值。最后将 dividend_temp4 的运算结果高4位赋值至 remainder[3：0]，低4位赋值至 quotient[3：0]。

7.6.2 测试模块编写

依照该流水线除法器的功能描述，电路的设计需要保证：
（1）rst 信号为复位信号，按下后电路的所有信号能重置。
（2）流水线除法器能按照流水线的结构进行除法运算。
（3）流水线除法器能得到正确的运算结果。

为了验证电路是否符合以上要求，设计的 Test Bench 需要在相邻时钟周期内连续输入多个除数与被除数，验证得到的商和余数是否正确，同时验证其是否按照流水线的形式输出最终结果。为了验证 rst 功能的正确性，还需要对电路进行一次复位操作。

Test Bench 主体代码通过调用 task 任务，实现相应的功能。首先调用 task_reset 任务，检验 rst 复位信号能否正常工作。然后调用 task_assignment 任务，共输入4组不同的除数和被除数，检验该电路是否按照流水线进行工作。

7.6.3 测试结果分析

生成的仿真波形图如图7-40所示。

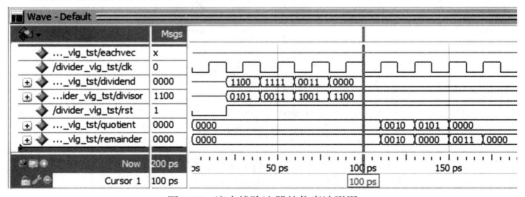

图7-40 流水线除法器的仿真波形图

首先观察 rst 信号的变化，rst 为0，输出为0，电路不运算。在相邻的4个周期内，dividend 分别取12、15、3、0，divisor 分别取5、3、9、12，观察 quotient（商）和 remainder（余数）的变化。110 ps 处 quotient 和 remainder 同时得到相应的值，对应12除以5，得到 quotient 值为2，remainder 值为2，结果正确；下一个时钟上升沿得到

15除3的结果，quotient 为 5，remainder 为 0，结果正确；再下一个时钟上升沿得到 3 除以 9 的结果，quotient 为 0，remainder 为 3，结果正确。同时，三个结果在相邻的时钟周期得到，满足流水线设计。

7.6.4 下板验证

该除法器的下板验证方案如图 7-41 所示。

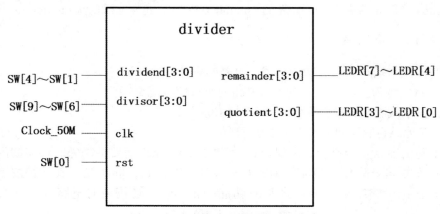

图 7-41　流水线除法器下板验证方案

除法器的除数输入绑定开发板上的 SW[9]～SW[6]，除法器的输出绑定开发板上的 SW[4]～SW[1]，rst 信号绑定 SW[0]，时钟信号则绑定开发板的 50 MHz 频率时钟。输出利用开发板的 LED 表示。LEDR[7]～LEDR[4] 作为除法器的余数的输出，LEDR[3]～LEDR[0] 则作为除法器的商的输出。具体引脚配置细节如图 7-42 所示。

clk	Input	PIN_AF14	3B	B3B_N0	PIN_AF14	2.5 V (default)	12mA (default)	
dividend[3]	Input	PIN_AD11	3A	B3A_N0	PIN_AD11	2.5 V (default)	12mA (default)	
dividend[2]	Input	PIN_AF10	3A	B3A_N0	PIN_AF10	2.5 V (default)	12mA (default)	
dividend[1]	Input	PIN_AF9	3A	B3A_N0	PIN_AF9	2.5 V (default)	12mA (default)	
dividend[0]	Input	PIN_AC12	3A	B3A_N0	PIN_AC12	2.5 V (default)	12mA (default)	
divisor[3]	Input	PIN_AE12	3A	B3A_N0	PIN_AE12	2.5 V (default)	12mA (default)	
divisor[2]	Input	PIN_AD10	3A	B3A_N0	PIN_AD10	2.5 V (default)	12mA (default)	
divisor[1]	Input	PIN_AC9	3A	B3A_N0	PIN_AC9	2.5 V (default)	12mA (default)	
divisor[0]	Input	PIN_AE11	3A	B3A_N0	PIN_AE11	2.5 V (default)	12mA (default)	
quotient[3]	Output	PIN_V18	4A	B4A_N0	PIN_V18	2.5 V (default)	12mA (default)	1 (default)
quotient[2]	Output	PIN_V17	4A	B4A_N0	PIN_V17	2.5 V (default)	12mA (default)	1 (default)
quotient[1]	Output	PIN_W16	4A	B4A_N0	PIN_W16	2.5 V (default)	12mA (default)	1 (default)
quotient[0]	Output	PIN_V16	4A	B4A_N0	PIN_V16	2.5 V (default)	12mA (default)	1 (default)
remainder[3]	Output	PIN_W20	5A	B5A_N0	PIN_W20	2.5 V (default)	12mA (default)	1 (default)
remainder[2]	Output	PIN_Y19	4A	B4A_N0	PIN_Y19	2.5 V (default)	12mA (default)	1 (default)
remainder[1]	Output	PIN_W19	4A	B4A_N0	PIN_W19	2.5 V (default)	12mA (default)	1 (default)
remainder[0]	Output	PIN_W17	4A	B4A_N0	PIN_W17	2.5 V (default)	12mA (default)	1 (default)
rst	Input	PIN_AB12	3A	B3A_N0	PIN_AB12	2.5 V (default)	12mA (default)	

图 7-42　引脚配置示意图

下板验证不便于观测流水线的工作流程，因此只在开发板上验证除法器能否正确得出运算结果。图 7-43 为 14 除以 3 的除法运算结果，开发板得到的结果为商 4 余 2，结果正确。

图 7-43　下板验证结果

7.7　FIR 滤波器

7.7.1　模块设计

设计需求：设计一个 7 阶（长度为 8）、具有线性相位的低通 FIR 滤波器，采用海明窗设计，3 dB 截止频率为 400 Hz，采样频率为 4000 Hz，滤波器系数按 12 位量化。输入数据位宽和输出数据位宽都为 8 位，系统时钟频率与数据的输入速率均为 4000 Hz。分别通过行为级建模和 IP 核调用实现该 FIR 滤波器，并且通过对 2 个分别为 200 Hz 和 600 Hz 的正弦波信号求和产生叠加信号测试该 FIR 滤波器。

1. FIR 滤波器的设计思路

FIR 滤波器即有限长冲激响应滤波器，其结构中没有反馈，具有稳定性强，线性相位等优点。FIR 滤波器的输出可由下式表示：

$$y(n) = \sum_{i=0}^{n-1} h(i)x(n-i) \tag{7-1}$$

其中，y 代表滤波器输出，x 代表滤波器输入，h 代表滤波器系数，$n-1$ 为滤波器的阶数。根据式（7-1）得到 FIR 滤波器的实现结构如图 7-44 所示。

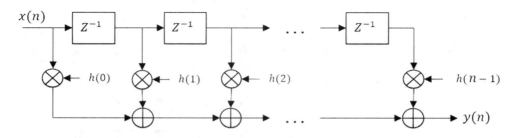

图 7-44　FIR 滤波器实现结构（直接型）

FIR 滤波器可由一系列延迟、乘法和加法运算电路组成。如果将每一个乘法器看作一个模块，那么各个模块之间可以看作一个流水线系统。因此，FIR 滤波器可以很好地用流水线模型实现，如图 7-45 所示。

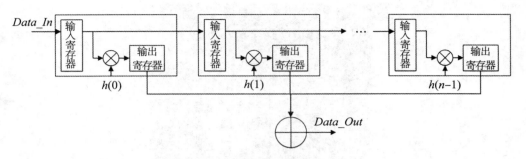

图 7-45 FIR 滤波器流水线的实现思路

流水线的每一级都将自己的输入传递给下一级，以此实现延迟操作，同时输出与输入相应系数的乘积，并通过加法器将每一级的输出乘积相加。

2. 使用 MATLAB 设计滤波器系数

设计电路前需要先确定满足设计需求的滤波器系数，使用 MATLAB 自带的 Filter Designer 可以方便快捷地设计我们所需的滤波器。下面介绍如何使用 Filter Designer 设计出要求的数字滤波器，并求出量化系数。

（1）打开 Filter Designer

按图 7-46 所示，点击矩形框标示的工具，打开 Filter Designer。

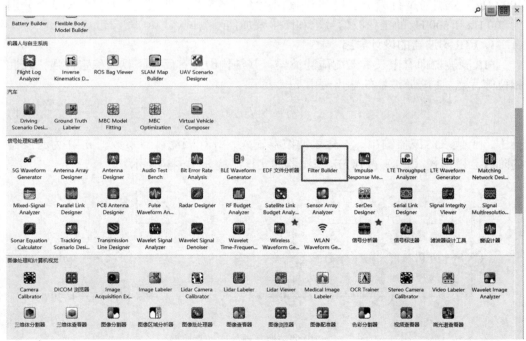

图 7-46 打开 Filter Designer

（2）配置滤波器的基本参数

根据设计需求配置滤波器基本参数，如图 7-47 所示。

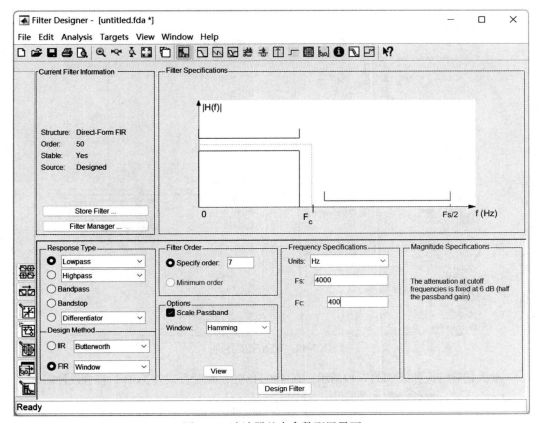

图 7-47　滤波器基本参数配置界面

以下五个部分需要根据实验要求进行配置。

Response Type（响应类型）：滤波器类型，选择 Lowpass（低通）。

Design Method（设计方法）：设计方法，根据实验要求，选择 FIR-Window（窗），也就是使用窗函数生成 FIR 滤波器。

Filter Order（滤波器阶数）：滤波器阶数，根据要求选择 Specify Order（指定阶）为 7。

Options（选项）：勾选 Scale Passband（缩放通带），MATLAB 自动将通带增益设置为 0dB。Window（窗）对应构造滤波器时使用的窗函数，选择 Hamming，也就是海明窗。

Frequency Specification（频率设定）：Units（单位）表示单位，选择 Hz。Fs 表示采样率，根据要求填写 4000。Fc 表示截止频率，根据要求填写 400。

配置完毕后，点击 Design Filter，此时出现滤波器的幅频响应曲线如图 7-48 所示。

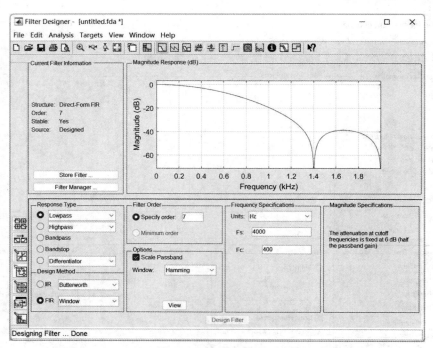

图 7-48　配置完成界面

放大幅频响应曲线如图 7-49 所示。在 400 Hz 处，幅度衰减为 3 dB，符合设计需求。

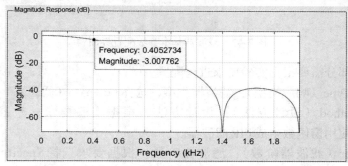

图 7-49　幅频响应曲线

点开相频响应曲线，如图 7-50 所示。可以看出，该滤波器是线性相位的。

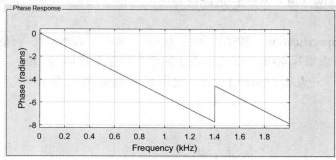

图 7-50　相频响应曲线

（3）量化滤波器系数

滤波器已经构建成功，但是此时生成的滤波器系数是一个理想情况下的模拟值，这些值在MATLAB内以double类型存储，如图7-51所示。

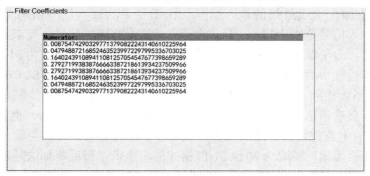

图7-51　生成的滤波器系数

实验要求系数位数为12位，这将导致一定的精度损失，此外，在FPGA内一般使用定点数，与MATLAB中的双精度浮点数结构不同。因此，滤波器系数需要经过量化生成定点数。实现滤波器系数的量化，可点击窗口左下侧的Set quantization parament，弹出的设置界面如图7-52所示。

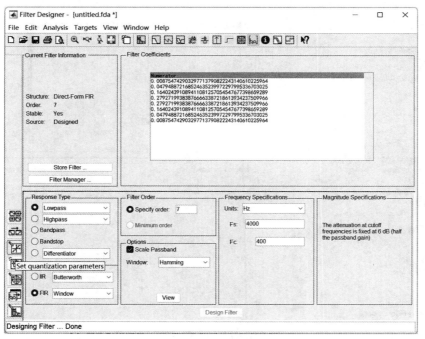

图7-52　Set quantization parament设置界面

确定量化策略配置图7-52中参数。假定在整个计算过程中都使用有符号定点数，这意味着所有数据最少要有一个符号位，即最高位。滤波器系数位宽为12。根据图7-53，滤波器所有的系数都小于1。因此设定滤波器系数格式为S0.11（S代表定点数，0代表有0个整数位，11代表有11个小数位，剩下的位为符号位）。注意，有符号定点数至少有1个符号位。

输入和输出都为8位。生成混合信号的方法是：将输入的每个频率的信号的振幅归一化，再相加，生成最终的输入信号。由于要求的输入信号由两个单频信号组成，因此，输入信号范围为[2，−2]。为了表示这个范围的信号，要求定点数中至少有一个整数位。出于保留最大精度的考虑，设定输入与输出的格式为S1.6。

考虑运算过程中的数据格式问题。首先考虑乘法。输入的8位S1.6格式数据与12位S0.11格式系数相乘，结果是20位S1.17格式数据，其最高的两位都是符号位，保留全部数据。然后考虑加法。加法器将8个乘法器的计算结果相加，也就是将8个20位S1.17格式的定点数相加，这里直接相加即可，因为滤波器输出与输入的关系已经保证了数据不会溢出，结果为20位S1.17格式的定点数。最后将加法器输出的数据截掉最高符号位以及最低的11位小数，得到整个滤波器输出的8位数据。它和输入数据一样，是8位S1.6格式的定点数。

根据上面的叙述设置滤波器的量化参数。滤波器系数设置如图7-53所示。

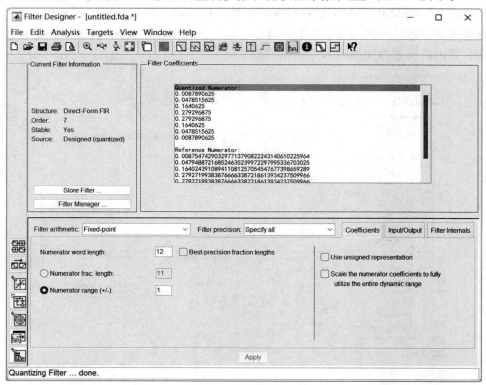

图7-53　滤波器系数设置界面

点击Apply按钮，此时，可以看到量化后的系数值。

将量化后的系数转换为二进制输出，以便写入Verilog文件，导出操作如图7-54所示。

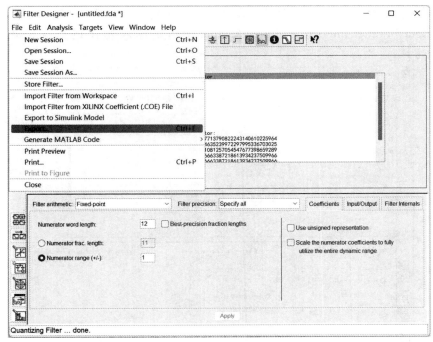

图7-54　系数导出操作

点击Export，保存输出文件，保存时设置输出格式和进制，如图7-55所示。

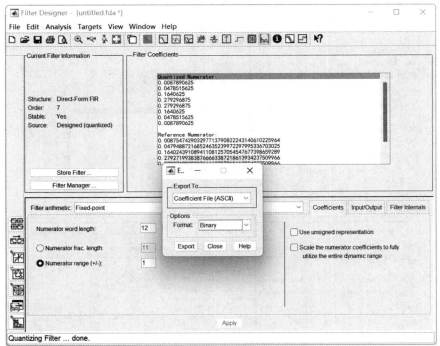

图7-55　选择文件的输出格式和进制

为了检查量化后的系数是否满足设计需求，可将上面分析的数据格式分别填入 Input/Output 和 Filter Internal。在 Input/Output 中指定输入/输出的数据格式，如图 7-56 所示。

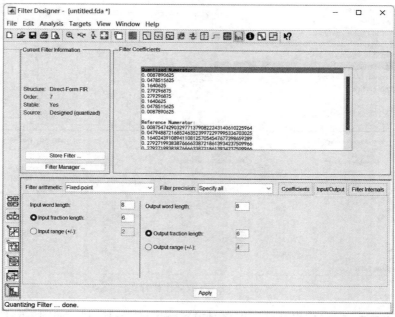

图 7-56　设置输入/输出数据格式

在 Filter Internal 中指定内部乘法/加法结果的输出数据格式，如图 7-57 所示。

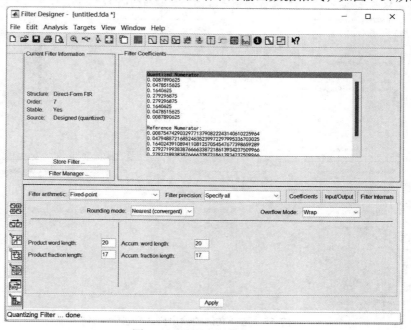

图 7-57　设置内部数据格式

　　设置完毕后，点击 Apply，然后选择 Magnitude Response Estimate 界面，可查看量化后幅频响应的估计曲线，如图 7-58 所示。

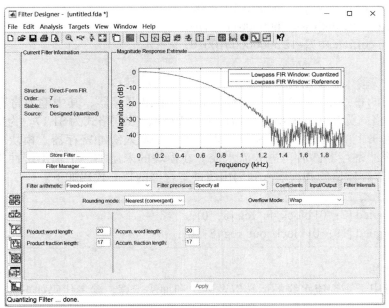

图 7-58　量化后幅频响应的估计曲线

3. 电路实现

（1）行为级建模

根据上述原理设计电路，该 FIR 滤波器电路的接口描述见表 7-8。

表 7-8　FIR 滤波器接口描述表

接口名称	输入/输出	位宽/bit	说明
clk	Input	1	时钟信号,也就是采样时钟
rst	Input	1	异步复位信号,低有效
fir_in	Input	8	输入数据
fir_out	Output	8	输出数据

　　电路实现的关键代码主要包括滤波器系数，流水线输入、输出寄存器和主逻辑三部分。

A. 滤波器系数

滤波器共有 8 个系数，且以常量形式存在，对应代码如下。

```
wire signed [11：0] cofficient [7：0];       //S0.11
assign cofficient[0]=12'b000000010010；
assign cofficient[1]=12'b000001100010；
assign cofficient[2]=12'b000101010000；
```

```
assign coffcient[3]=12'b001000111100;
assign coffcient[4]=12'b001000111100;
assign coffcient[5]=12'b000101010000;
assign coffcient[6]=12'b000001100010;
assign coffcient[7]=12'b000000010010;
```

B.流水线输入、输出寄存器

流水线的每级都有1个输入寄存器和1个输出寄存器，其中输入寄存器位宽为8 bit，数据格式为S1.6；输出寄存器位宽为20 bit，数据格式为S1.17。为保证各级寄存器行为逻辑上的一致性，在模块输入端加一个输入缓冲寄存器。模块的输入首先进入这个缓冲寄存器然后再进入流水线。在模块的末尾加一个输出缓冲寄存器，储存8个输出寄存器值的和。输入和输出缓冲寄存器的核心代码如下。

```
reg signed [7：0] block_in_reg [8：0];
reg signed [19：0] block_out_reg [8：0];
```

C. 主逻辑

主逻辑用于实现流水线的运转以及乘法和加法运算。参考代码如下。

```
always @（posedge clk or negedge rst）
  begin
if（!rst）
begin
  for（i=0；i<9；i=i+1）
  begin
    block_in_reg[i]<=0;
    block_out_reg[i]<=0;
  end
end
  else
begin
  for（i=1；i<9；i=i+1）
  begin
    //输入*系数
    block_out_reg[i-1]<=block_in_reg[i]*cofficient[i-1];
    //输入送往流水线下一级
    block_in_reg[i]<=block_in_reg[i-1];
  end
    //从输入缓冲读取
    block_in_reg[0]<=fir_in;
    //求和输出
```

```
block_out_reg[8]<=block_out_reg[0]+
        block_out_reg[1]+
        block_out_reg[2]+
        block_out_reg[3]+
        block_out_reg[4]+
        block_out_reg[5]+
        block_out_reg[6]+
        block_out_reg[7];
    end
      end
```

（2）IP 核实现 FIR 滤波器

A. 准备滤波器系数文件。

使用 Filter Designer 生成十进制系数文件。打开生成的文件，改为如图 7-59 所示的格式。系数之间用逗号隔开。这一步生成的系数可以是未经量化的，IP 核能够自动量化。

图 7-59　准备好的系数文件

B. 配置 IP 核

在 Quartus 中打开 IP 核 FIR Compiler II 的配置界面，如图 7-60 所示。

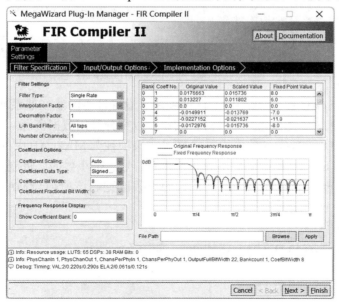

图 7-60　FIR Compiler II 的配置界面

C. 读取系数文件

点击 File Path 中的 Browse 按钮，选择准备好的滤波器系数文件，然后点击 Apply。此时幅频特性曲线发生变化，显示系数已被应用。

D. 配置参数

需要配置的参数主要有数据类型、数据位宽以及时钟信号，如图 7-61 中的矩形框所示。

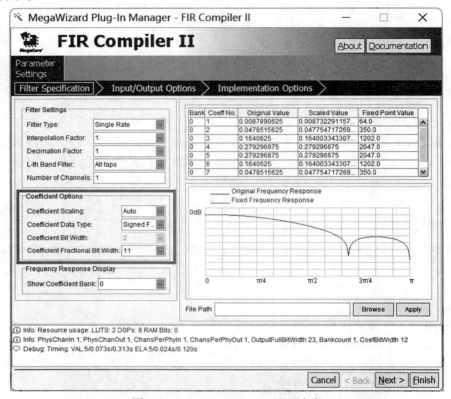

图 7-61　Filter Specification 配置内容

Coefficient Scaling：系数缩放。该选项用于设置计算的滤波器系数的缩放。这里选择 Auto，代表 IP 核将自动对系数进行缩放，以充分利用数据资源。

Coefficient Data Type：系数的数据格式。该项须与 MATLAB 中的量化方式保持一致，这里选择 Signed Fractional Binary，即有符号、带小数的二进制定点数。

Coefficient Fractional Bit Width：系数的小数位宽。该项须与 MATLAB 中的量化方式保持一致，这里选择 11。

其他选项默认。

点击 Next，配置 Input/Output Options，如图 7-62 所示。

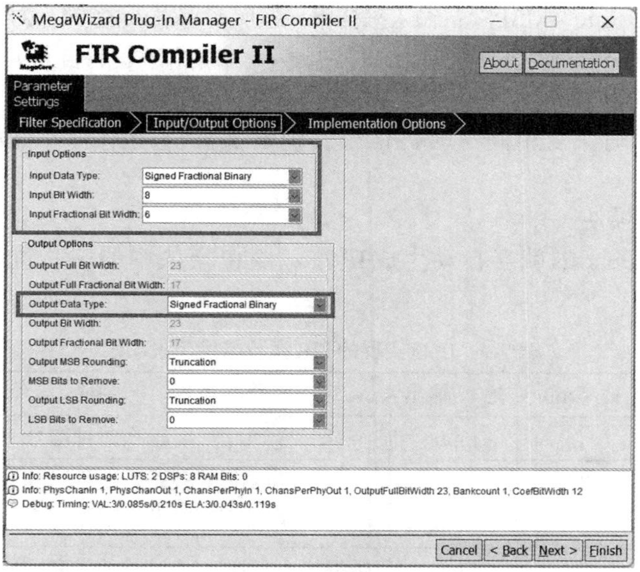

图7-62　Input/Output Options 配置内容

Input Data Type：输入数据类型。该项须与MATLAB中的量化方式保持一致，这里选择Signed Fractional Binary。

Input Bit Width：输入数据位宽。该项须与MATLAB中的量化方式保持一致，这里选择8。

Input Fractional Bit Width：小数位宽。该项须与MATLAB中的量化方式保持一致，这里选择6。

Output Data Type：输出数据类型。这里选择Signed Fractional Binary。

点击Next，配置Implementation Options，如图7-63所示。

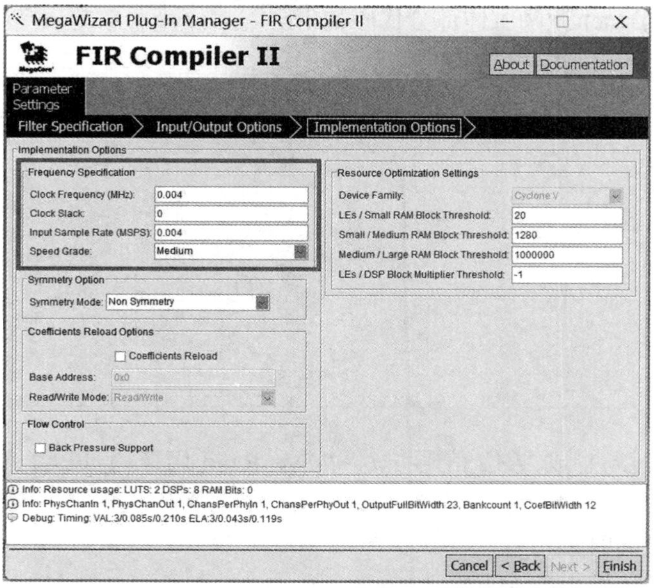

图7-63　Implementation Options 配置内容

Input Sample Rate（MSPS）：输入采样率。按照要求输入0.004，对应4 kHz采样率。

Clock Frequency（MHz）：模块的时钟频率。为了与之前自行建模的FIR滤波器模块保持一致，避免编写额外的Test Bench文件，此处设置IP核的时钟频率和采样频率一致。这样能确保复用同一时钟信号，但在实际应用中两者也常出现不一致的情况。

E. 生成IP核模块

点击Finish Quartus就会自动生成IP核。该IP模块中的一些重要接口说明见表7-9。

表7-9　IP核实现的FIR滤波器接口说明表

接口名称	位宽/bit	输入/输出	说明
clk	1	Input	输入时钟信号
reset_n	1	Input	复位信号,低有效,至少持续一个时钟周期
ast_sink_data	8	Input	数据输入
ast_sink_valid	1	Input	数据输入有效,只有该输入为高,输入数据才是有效的
ast_source_data	23	Output	数据输出
ast_source_valid	1	Output	数据输出有效,只有该输出为高,输出数据才是有效的

7.7.2　测试模块编写

依照该FIR滤波器的功能描述，电路的设计需要保证：

（1）电路能正常复位。

（2）生成符合设计需求的输入，观察流水线的运作以及FIR滤波器的输出是否符合预期。

设计的Test Bench激励主体部分代码如下。

```
initial
begin
Task_Init;
Wave_Read;
Task_Main;
#50;
$stop;
end
```

Task_Init用于生成复位信号 *rst*。Wave_Read用于生成输入的测试波形。Task_Main用于将输入波形数据送入测试模块，同时将模块输出写至文件，便于后续分析。测试模块的时钟信号和复位信号的生成可参考上述章节，下面主要介绍生成测试用的输入波形和Task_Main。

1. 生成测试用的正弦波

利用MATLAB生成叠加的正弦波信号并输出到文件中，供仿真时调用。

```
clear;
fs=4000;          %采样率
N=500;            %样本数
amp=[1 1];         %信号幅度
s_f=[200 600];    %信号频率

t=0:1/fs:(N-1)/fs;

%生成信号
samples=zeros(1,N);
for i=1:length(s_f)
    samples=samples+amp(i)*sin(2*pi*s_f(i).*t);
end

%信号量化
q=quantizer('fixed','round','saturate',[8 6]);
samples_sf=quantize(q,samples);
%十进制转二进制
samples_sf_bin=num2bin(q,samples);
%保存工作区,方便以后对滤波结果进行分析
save('wav_gen_work');
%输出到文件
f=fopen('dat_in_bin.txt','w');
for i=1:N
    fprintf(f,'%s\r\n',samples_sf_bin(i,:));
end
fclose(f);
```

将生成的波形数据文件放到ModelSim仿真工程目录下，打开Quartus工程文件夹路径，然后打开\simulation\modelsim（注意，工程至少要综合一次才会自动出现此文件夹），至此波形数据准备完毕。

2. Task_Main

该task负责将波形数据送入测试模块中，同时将模块输出写入文件中，以便后续分析。

```
task Task_Main；
begin
file_p=$fopen（"dat_out_bin.txt"）；
for （i=0；i<500；i=i+1）
begin
    fir_in=wav_in[i]；
    #CLK_CYCLE；
    if （i>=4）
       $fdisplay（file_p，"%b"，fir_out）；
end
for （i=0；i<4；i=i+1）
begin
    #CLK_CYCLE；
    $fdisplay（file_p，"%b"，fir_out）；
end
fir_in=0；
$fclose（file_p）；
end
endtask
```

7.7.3 测试结果分析

1. 自行建模的FIR滤波器仿真结果

FIR滤波模块的仿真波形如图7-64所示。

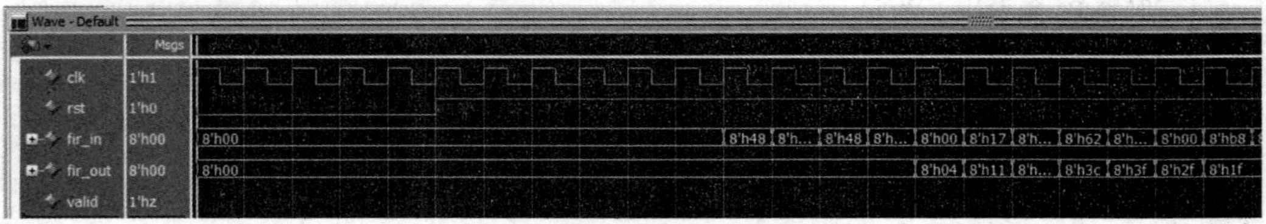

图7-64　FIR滤波模块的仿真波形

随着数据的输入，输出端口出现了相应的输出数据，但显示的十六进制数据不直观，难以反映输出的幅度信息。因此需要修改波形显示的格式，使之呈现需要的模拟信号。首先，右键选中关注的信号，将Radix选为Sfixed，如图7-65所示。

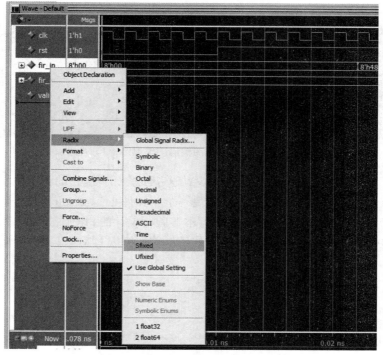

图 7-65　将 Radix 改为 Sfixed

然后，将 Format 选为 Analog（automatic），如图 7-66 所示。

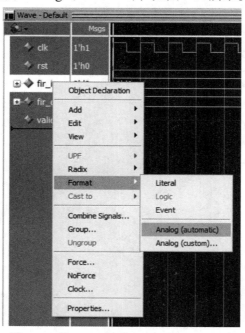

图 7-66　将 Format 改为 Analog（automatic）

用同样的方式将fir_out信号也设置为模拟信号，如图7-67所示。

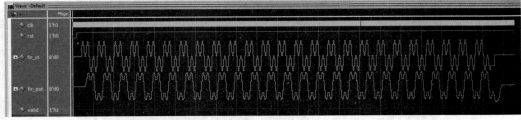

图7-67　输入与输出的模拟信号

相较于fir_in的波形，fir_out平滑不少，这初步验证了电路的正确性。

仿真结束后，仿真工程目录下会出现一个新文件dat_out_bin.txt。该文件记录了模块的输出波形数据。为了更直观的观察本实验所设计的FIR滤波器的效果，将其导入MATLAB与之前输入的数据进行对比分析。首先，编写MATLAB脚本，关键代码如下。

```
%%
%result_analyse.m
%分析滤波器输出信号
%%
clear;
%读取生成波形脚本的工作区
load('wav_gen_work');
%读取模块输出数据
f=fopen('dat_out_bin.txt');
result_bin=textscan(f,'%s');
%进制转换
result_bin=cell2mat(result_bin{1,1});
result_dec=bin2num(q,result_bin);
fs_seq=0:fs/N:fs*(N-1)/N;
%%
%绘图
subplot(2,2,1);
plot(t,samples_sf);
title('量化后输入信号');
xlabel('时间/s');
ylabel('幅度');
subplot(2,2,2);
plot(fs_seq,abs(fft(samples_sf)*2/N));
title('量化后输入信号频谱');
```

```
xlabel('频率/Hz');
ylabel('幅度');
subplot(2,2,3);
plot(t,result_dec);
title('输出信号');
xlabel('时间/s');
ylabel('幅度');
subplot(2,2,4);
plot(fs_seq,abs(fft(result_dec)*2/N));
title('输出信号频谱');
xlabel('频率/Hz');
ylabel('幅度');
fclose(f);
```

然后，将 dat_out_bin.txt 移动到脚本文件的目录下。运行该脚本得到的波形如图 7-68 所示。

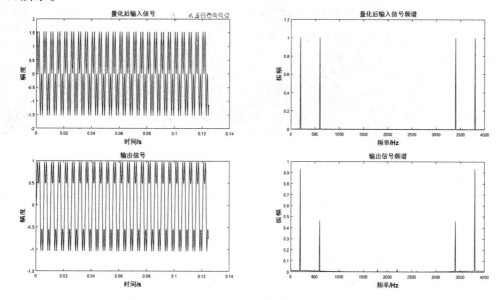

图 7-68　FIRFilter_Manual 输出信号的 MATLAB 分析结果

检查输出信号的频谱图像可知，200 Hz 与 600 Hz 处的两个信号幅度分别变为 0.913024 和 0.460537。

由此可以计算出，该滤波器在这两个频率处的衰减分别为

$$A(200) = -20\lg(0.913024) = -0.79036\text{dB}$$
$$A(600) = -20\lg(0.460537) = -6.73471\text{dB}$$

设计最初进行的 MATLAB 估计结果中，200 Hz 与 600 Hz 处的两个信号衰减估计值如图 7-69 所示。

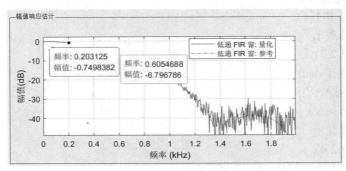

图7-69　200 Hz和600 Hz处的衰减估计值

图中，200 Hz与600 Hz处的两个信号衰减估计值基本是吻合的。

2. IP核生成的FIR滤波器仿真结果

将顶层模块中的Filter_Manual例化语句注释掉，添加例化FIRFilter_IP的语句，综合一次确定没有错误后，可以直接进行仿真，不需要更改Test Bench文件。根据上述方法更改仿真波形的呈现形式，得到的仿真结果如图7-70所示。

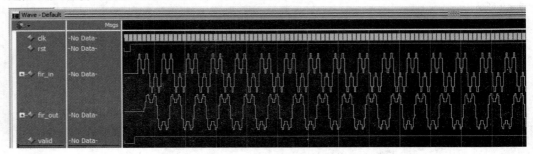

图7-70　FIRFilter_IP的输入与输出信号波形

相较于fir_in的波形，fir_out平滑不少，这初步验证了电路的正确性。

在进行MATLAB分析之前，需要对原来的MATLAB脚本中第13行代码进行如下更改：

```
%result_dec=bin2num(q,result_bin);
result_dec=bin2num(q,result_bin)*(16/3.5788959);
```

该代码将读取进来的输出数据乘以16/3.5788959。因为读取IP核输出的数据时直接截取了高8位，这8位数据的格式与在MATLAB里量化时所用的格式并不一致。此外，IP核在计算量化系数时还会自动进行缩放。

在IP核设计阶段，输出数据为23位，其中包含17位小数位。这导致读取的数据格式为S4.2（因为高两位都是符号位），而自行建模的量化方式为S1.6格式。这意味着量化后的数据与原始数据相比算数右位移4位。因此可通过乘以16的方式恢复原始数据。

此外，还应考虑 IP 核量化系数时的自动放缩。图 7-71 为 IP 核设计滤波器的界面，其中最右侧的 Fixed Point Value 代表了该系数在给定位宽条件下得到的最终数值。

Bank	Coeff No.	Original Value	Scaled Value	Fixed Point Value
0	1	0.0087890625	0.0087322911157...	64.0
0	2	0.0478515625	0.047754717269...	350.0
0	3	0.1640625	0.164003343307...	1202.0
0	4	0.279296875	0.279296875	2047.0
0	5	0.279296875	0.279296875	2047.0
0	6	0.1640625	0.164003343307...	1202.0
0	7	0.0478515625	0.047754717269...	350.0

图 7-71　　IP 核量化系数

为了保证滤波器通带增益为 0 dB，FIR 滤波器系数之和应为 1。MATLAB 生成的滤波器系数会自动调整以满足该规律。但 Quartus 的 FIR IP 核在量化系数时，为了充分利用每一个小数位，会将系数放大至给定的数据格式能够表示的大小。因此，Quartus 的 FIR IP 核生成的滤波器会对信号产生一个固定增益。为了便于分析，需要将这个增益手动剔除。

经过前面的分析，正常情况下滤波器各系数之和为 1，在给定的 12 位 S0.11 格式下，1 的表示为

$$(1)_{10} \approx (0.111,1111,1111)_2$$

在给定的 12 位 S0.11 格式下，1 的表示为 2047。因此，只需将图 7-72 中 Fixed Point Value 值的和除以 2047，就能得到增益大小，即

$$(2047 + 1202 + 350 + 64) \times \frac{2}{2047} = 3.5788959$$

这就是 MATLAB 代码中要在乘以 16 的基础上再除以 3.5788959 的原因。

最终 MATLAB 的分析结果如图 7-72 所示。

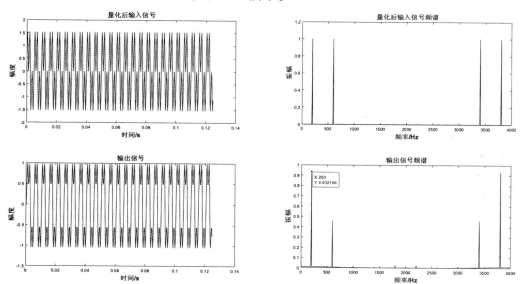

图 7-72　　FIRFilter_IP 输出信号的 MATLAB 分析结果

该波形与之前自行建模 FIR 滤波器产生的结果基本一致。

第8章   Verilog HDL 数字系统设计实例

8.1 数字系统设计

数字系统用于指代包含多个组合逻辑电路和时序逻辑电路的一类复杂数字逻辑电路。在数字系统中，组合逻辑电路主要用于完成基础的逻辑功能，如与、或、非等逻辑运算，减法、加法、乘法等算术运算，编码、译码、校验等数据处理运算。时序逻辑电路主要用于产生与运算过程有关的多个控制信号序列，例如复杂的数据流动控制逻辑、运算控制逻辑等。在用可综合的硬件描述语言设计的复杂运算逻辑系统中，往往使用同步状态机产生与时钟节拍密切相关的多个控制信号序列，控制多路器或数据通道的开启/关闭，使有限的组合逻辑运算器资源得到充分利用，并寄存有意义的运算结果，或把它们传送至指定位置。因此，基于可综合的硬件描述语言设计复杂数字逻辑系统，核心在于同步时序逻辑的分析、设计与实现。同步时序逻辑模块在不同状态下产生对应的控制信号序列，对相关组合逻辑电路模块进行控制。复杂数字系统设计有自底向上和自顶向下两种基本的设计方法，下面分别介绍。

自底向上的设计方法是早期电子设计自动化（electronic design automation，EDA）工具和硬件描述语言普及前常用的电路系统设计方法。该设计方法由电路底层开始，对现有的功能进行分析，将各个电子元件组合为模块电路，然后再利用模块电路搭建复杂一些的功能模块，依照该规律逐步搭建更为复杂的子系统，最后再进行整合和实现顶层模块。采用自底向上的设计方法时，通常要先完成各底层功能模块或子模块的设计，再整合系统和联调，整合系统后一旦出现底层模块或中间模块需要更改的情况，被更改模块以上所有层级涉及的模块都需要随之调整。这样一来，每做一次类似的更改都需要重新进行系统整合和联调，增加了设计的反复性和重复性工作。

自顶向下的设计方法是目前被广泛采用的复杂数字系统的设计方法。随着科技的发展，现代数字逻辑系统变得越发复杂和庞大，传统的自底向上的设计方法一方面难以预见庞大的数字系统全貌，另一方面难以支撑大团队协同的电路开发与项目管理。自顶向下的设计方法以系统整体的角度看待数字系统设计，首先分析数字系统的设计目标和功能参数指标，然后对数字系统进行功能划分和架构设计，将顶层的模块拆分为子模块，最后将子模块进一步分解为无法再分解的底层模块，自顶向下设计方法的基本流程如图8-1所示。

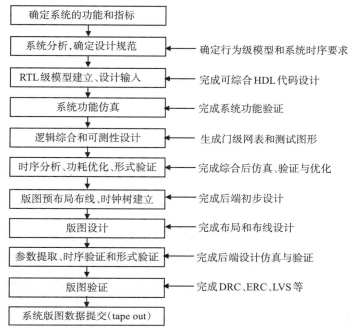

图 8-1　数字系统自顶向下设计方法的基本流程

除了顶层模块外，数字系统的每个层次都由几个模块组成，每个模块又分别由下一层级的模块互联而成。数字系统的设计可由图 8-2 所示的数字系统结构示意图表示。

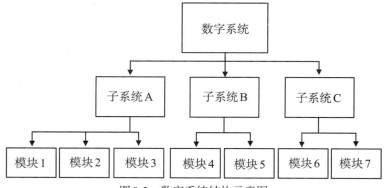

图 8-2　数字系统结构示意图

电路的原始设计输入不再以原理图为主，每个层级的电路模块都用硬件描述语言描述设计的寄存器传输级程序代码表示。这种描述方式具有较强的抽象性，便于扩展系统的设计规模，在系统功能级进行仿真、纠错。不同层级都能够通过 EDA 工具进行仿真，便于验证电路是否与设计预期相符。基于 EDA 工具的数字系统设计出现问题时，只需更改本层级的设计并重新进行仿真验证即可。在庞大又复杂的数字系统开发项目中，首先由总设计师设计顶层模块并将该设计划分为若干可操作的模块，然后把模块指派至下一层设计师，多个设计师可同时负责系统中的不同模块的设计与验证。EDA 工具和硬件描述语言为复杂的数字系统层次管理和项目推进提供了高效又便捷的方法。

8.2 数字钟的设计与实现

设计目标：设计一个具备以下功能的数字钟。

（1）驱动板上的数码管显示当前时间（包含时、分、秒）。

（2）当前时间（时、分、秒）可调。

（2）整点报时，7：00～23：00每个整点发光二极管亮1秒。

8.2.1 模块设计

根据设计需求，功能（1）要求显示当前时间（包含时、分、秒）涉及两个问题：一是按照时间规律对时、分、秒计时，二是根据计时的数据连接数码管进行显示，因此该部分可细分为计时模块和显示模块。功能（2）中调节当前时间也涉及两个问题：一是设计调节时间的交互接口，二是按照调节规律更改当前时间，因此该部分可细分为按键模块和时间设置模块。功能（3）是整点报时，因此只需增加一个报时模块，检测到整点时驱动LED亮1秒即可。根据上述分析，该数字钟的内部电路结构简图如图8-3所示。

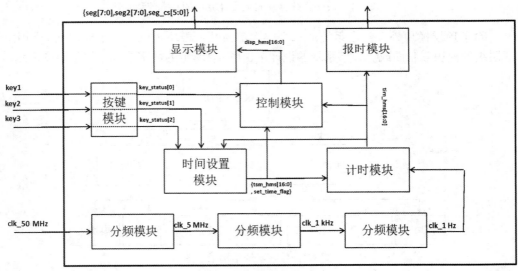

图8-3　数字钟电路结构图

为了实现设计需求中的功能，在电路中预留了3个按键。按键key1控制数字钟在时间设置模式和常规计时模式之间切换，键值输出至控制模块。控制模块用来控制设置时间模式和计时模式的转换。按键key2和key3主要作用于时间设置模块。进入时间设置模式后，默认情况下先对小时栏进行设置，按一次key3小时数增加1，增加至24后自动回到1。按下key2则进入分钟数设置，按一次key3分钟数增加1，增加至60后自动回到1。按键与功能的对应关系如图8-4所示。

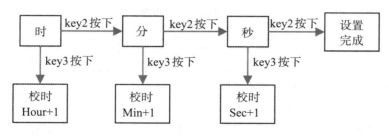

图8-4　时间设置按键与功能对应关系示意图

FPGA 的时钟周期为 50 MHz，计时需要对最小时间刻度（秒）进行计数，即通过对分频后的时钟计数得到秒、分钟、小时等数据。计时模块根据分频模块的计数值实时记录当前时间。时间设置模块通过改变计时开始的初始时间来设置当前时间。按键模块实现的是按键 key1、key2 和 key3 的管理，检测按键的变化并将按键值输出，且在检测过程中实现按键的消抖。显示模块用于控制七段数码管的时间显示。报时模块用于检测整点并输出高、低电平驱动 LED 灯的亮灭。

根据上述设计方案梳理该电路的接口，共 5 个输入，8 个输出，具体端口说明见表8-1。

表8-1　数字钟端口功能描述

接口名称	输入/输出	位宽/bit	说明
i_clk	Input	1	输入时钟
i_rstn	Input	1	复位信号
i_key1, i_key2, i_key3	Input	1	键控信号
switch	Input	1	闹钟功能控制信号,高电平代表开启闹钟, 低电平代表关闭
o_seg	Output	7	数码管控制信号
o_beep	Output	1	LED灯控制信号

顶层模块主要是对图8-3中的模块按设计方案实例化。下面重点介绍几个主要的子模块。

1. 时钟分频模块

FPGA 的时钟输入为 50 MHz，在实验中我们需要使用的是 5 MHz 和 1 kHz 的时钟，因此须进行分频操作。分频模块的设计在前序章节中有详细介绍，此处不再赘述。时钟分频模块的引脚介绍见表8-2。

表8-2　时钟分频模块引脚介绍

端口	输入/输出	位宽/bit	说明
i_clk_50 MHz	Input	1	系统时钟
i_rstn	Input	1	复位信号
i_ena	Input	1	使能信号
reg o_clk_5 MHz	Output	1	输出5 MHz的时钟
reg o_clk_1 KHz	Output	1	输出1 kHz的时钟

2. 按键控制模块

按键控制模块主要是将3个按键的输入转化为可用于控制功能模块的高、低电平信号。所有的控制均基于电平信号的上升沿，即检测到按键输入的上升沿则判定该按键被按下，然后执行对应操作。按键模块的端口功能介绍见表8-3。

表8-3　按键模块端口介绍

端口	输入/输出	位宽/bit	说明
i_clk_5MHz	Input	1	时钟信号
I_rstn	Input	1	复位信号
i_key1	Input	1	功能选择
i_key2	Input	1	时、分、秒设置切换
i_key3	Input	1	时、分、秒时间设置
kb_status	Output	3	输出按键信号

i_key1、i_key2和i_key3用于外接开发板的按键，kb_status用于输出3个按键的电平变化。本例中采用软件延时的方法进行按键消抖，即判定电平的变化能否持续20×5000个时钟周期的时间。代码较为简单，此处不再赘述。

3. 时间计时模块

时间计时模块主要对5 MHz的时钟信号进行计数，每5 000 000个时钟的上升沿到来后秒信号加1，秒信号计数到59时清零且分钟信号加1。分钟信号计数到59时清零且小时信号加1，最后当小时信号计数到23时清零。模块的端口功能描述见表8-4。

表8-4　时间计时模块的端口功能描述表

端口	输入/输出	位宽/bit	说明
i_clk_5MHz	Input	1	时钟
i_load	Input	1	导入新设置时间信号,高电平表示用户设置了新的时间,需重新导入
i_rstn	Input	1	复位(低电平复位)
i_ena	Input	1	使能(高电平有效)
i_load_hms	Input	17	用户通过时间设置模块设置的时间
o_hms	Output	17	输出时间

时间计时模块有 5 个输入端口，1 个输出端口。输入端口中的 i_load 端口和 i_load_hms 端口用于控制该模块的时间更新，与时间设置模块相连。如果用户通过时间设置模块设置新的时间，则设置的数据通过 i_load_hms 传给时间计时模块。此时，i_load 信号用于通知时间计时模块导入新的时间数据，并基于该数据继续计数。o_hms 用于实时输出当前记录的时间数据。这里的时间数据都是 17 位，其中较低的 6 位用于存储秒数据，中间的 6 位用于存储分数据，较高的 5 位用于存储时数据。时间计时模块的代码比较简单，此处不再赘述。

4. 时间设置模块

时间设置模块具备小时设置、分钟设置、秒设置和设置时间更新等几个不同的功能，使用一个 Mealy 型状态机设计该模块，将几个不同的功能划分为不同的模块。各模块的状态描述见表 8-5。

表 8-5　时间设置模块的状态描述

状态名	状态编码	状态描述
HC	0001	小时数设置状态，如果检测到 key3（up_press）按下则加 1，加到 24 则置 0
MC	0010	分钟数设置状态，如果检测到 key3（up_press）按下则加 1，加到 60 则置 0
SC	0100	秒钟数设置状态，如果检测到 key3（up_press）按下则加 1，加到 60 则置 0
TD	1000	更新时间状态，根据设置更新输出的时间

该状态机共有 4 个状态，其中 3 个状态分别表示小时数、分钟数和秒钟数设置。在这 3 个状态下，输出取决于 key3 按键的值，每当检测到 key3 按下的信号，该状态下的时间计数加 1。最后一个状态 TD 代表时间已设置完毕，可以更新到输出。几个状态之间的切换由按键 key2（ok_press）和使能信号（i_ena）共同决定。时间设置模块的状态转移如图 8-5 所示。

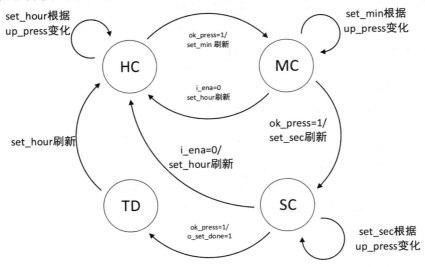

图 8-5　时间设置模块状态转移图

系统复位后的初始状态为HC，每当key3（up_press）被按下一次，输出set_hour值加1，否则保持原状。如果此时key2（ok_press）被按下，则输出set_min改变为当前输入时间的分钟数值，并且状态跳转到MC。后续的跳转规律类似。状态机处于SC状态时，如果key2（ok_press）被按下，则表示时间设置完毕，此时o_set_done信号变为高电平，用于提示计时模块更新时间，状态跳转到TD。TD状态下计时模块更新时间，然后无条件跳转回到HC状态，并将输出的o_set_done信号置低电平。另外，每当使能信号为低电平时，状态机都会回到HC状态，此时将输出的o_set_done信号置低电平，并且将set_hour设置为当前时间的小时数。

除了图8-5中涉及的使能、复位、时钟和按键输入信号外，模块还需要将当前时间输入，才能在此基础上进行时间设置。状态机的输出为设置后的时间，因而需要一个信号用于提醒计时模块时间已经更新，该模块的端口介绍见表8-6。

表8-6 时间设置模块端口介绍

端口	输入、输出	位宽/bit	说明
i_clk_5MHz	Input	1	时钟
i_rstn	Input	1	复位
i_ena	Input	1	使能
i_key_up	Input	1	校时+1
i_key_ok	Input	1	确定
[16:0] i_hms_now	Input	17	计时模块得到的当前时间
[16:0] o_hms_set	Output	17	设置完成后的时间
o_set_done	Output	1	时间设置完成信号

依照接口说明申明模块并定义端口。参考本章介绍的三段式状态机建模，采用组合逻辑描述下一状态的always块。参考代码如下。

```
always @ （ok_press or i_ena） begin
    case （state）
      HC： begin
        if （ok_press） next_state = MC;
        else next_state = HC;
      end
      MC： begin
        if （~i_ena） next_state = HC; //使能端高有效
        else if （ok_press） next_state = SC;
        else next_state = MC;
      end
      SC： begin
```

```
            if（~ i_ena） next_state = HC；
            else if（ok_press） next_state = TD；
            else next_state = SC；
        end
        TD： begin
            next_state = HC；
        end
    endcase
end
```

状态是否转移受 ok_press 和 i_ena 信号的控制，转移的规律与状态转移图一致。
输出由当前所处的状态与 up_press 的值共同决定。参考代码如下。

```
always @(posedge i_clk_5MHz) begin
    // in default we disable and reset all counter 在默认情况下我们禁用并重置
所有计数器
    if( ~ i_rstn)begin
        o_set_done <= 0;
        set_hour <= 0
        set_min <= 0;
        set_sec <= 0; // show a bar on LCD display
    end
    case(next_state)
    HC: begin
        if(state==HC) begin
            if(up_press) begin
                set_hour <= (set_hour>=5'd23) ? 0 : set_hour+1;
            end
            else begin
                set_hour <= set_hour;
            end
        end
        else begin
            set_hour <= i_hms_now[16:12];
        end
    end
    MC: begin
        if(state==HC) begin
```

```verilog
                    set_min <= i_hms_now[11:6];
                end
                else begin
                    if(up_press) begin
                        set_min <= (set_min>=6'd59) ? 0 : set_min+1;
                    end
                    else begin
                        set_min <= set_min;
                    end
                end
            end
            SC: begin
                if(state==MC) begin
                    set_sec <= i_hms_now[5:0];
                end
                else begin
                    if(up_press) begin
                        set_sec <= (set_sec>=6'd59) ? 0 : set_sec+1;
                    end
                    else begin
                        set_sec <= set_sec;
                    end
                end
            end
            TD: begin
                    if(state==SC) begin
                    o_set_done <= 1;
                end
                else begin
                o_set_done <= 0;
                    end
            end
        endcase
    end

    assign o_hms_set = {set_hour, set_min, set_sec};
```

输出也与状态转移图描述一致，输出不仅与当前所处状态有关，也与输入up_press有关。

5. 控制模块

控制模块主要是控制数字钟在时间设置模式和常规计时模式之间的切换，因此也可以用一个状态机设计。状态的切换通过key1控制，可以用Mealy型状态机进行设计。各状态的描述见表8-7。

表8-7　控制模块状态描述表

状态名	状态编码	状态描述
TIM	01	计时模式,显示计时模块的时间
TSM	10	时间设置模式,显示时间设置界面
ATC	11	闹钟设置模式,显示闹钟时间设置界面

key1按下时表示进行两种模式的切换，因此key1的状态可用于判断三个状态的跳转。当状态机处于TSM状态时，如果时间设置完毕，则跳转到ATC状态，通过时间设置模块的时间设置完成信号作为输入，用于判定时钟设置是否完成，完成则自动跳转回到ATC状态，否则保持原状态。当状态机处于ATC状态时，如果闹钟时间设置完毕，则跳转到TIM状态，通过闹钟时间设置模块的时间设置完成信号作为输入，用于判定时钟设置是否完成，完成则自动跳转回到TIM状态，否则保持原状态。状态转移如图8-6所示。

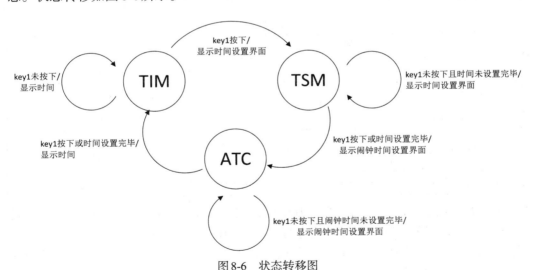

图8-6　状态转移图

在输出方面，o_disp_hms用于输出最终用于显示的时间。在TIM状态，该时间为常规的计时时间，在TSM状态和ATC状态，该时间为设置时间的实时显示。此外，常规情况下状态机处于TIM状态，只有少数情况需要做时间设置操作，因此时间设置模块无须一直开启，可设置一个时间设置模块的使能信号用于通知该模块在TSM状态下开启。模块的输入、输出端口介绍见表8-8。

表8-8　控制模块端口介绍

端口	输入/输出	位宽/bit	说明
i_clk_5MHz	Input	1	时钟
i_rstn	Input	1	复位信号
i_ena	Input	1	使能信号
i_key_tab	Input	1	Key1按键状态
i_tsm_set_flag	Input	1	时间设置完成信号
i_tim_hms	Input	17	时间计时模块的时间数据
i_tsm_hms	Input	17	时间设置模块的时间数据
o_disp_hms	Output	17	用于显示的时间数据
o_tsm_ena	Output	1	用于控制时间设置模块的使能信号
o_atc_ena	Output	1	用于闹钟设置模块的使能信号

相关代码比较简单，此处省略，按照上述状态转移图编写三段式状态机描述即可。

6. 闹钟模块

闹钟模块实现两个功能：一是7：00～23：00每个整点驱动发光二极管点亮，二是根据闹钟时间设置模块输出的时间驱动蜂鸣器报警。闹钟时间设置模块的设计与时间设计模块类似，此处不再赘述。闹钟模块的端口描述见表8-9。

表8-9　闹钟模块端口介绍

端口	输入/输出	位宽/bit	说明
i_ena	Input	1	闹钟模块使能信号,高电平有效
i_tim_hms	Input	17	当前时间数据
i_atc_hms	Input	17	闹钟时间设置数据
bellring_flag	Output	1	7:00～23:00整点报时使能信号,高电平代表点亮发光二极管
alarm_flag	Output	1	闹钟蜂鸣器使能信号,高电平代表启动蜂鸣器

闹钟模块使能信号i_ena来自控制模块，该信号高电平表示闹钟和整点报时功能启用。模块将当前时间与闹钟时间进行比对，当前时间与闹钟时间相同则启动蜂鸣器，输出信号alarm_flag置高电平。同时，在7：00～23：00的每个整点时间驱动发光二极管点亮，输出信号bellring_flag置高电平。

7. 显示模块

显示模块用于显示时、分、秒的数据。本次实验使用6个七段数码管，左边2个七段数码管用于显示小时数据，中间2个七段数码管用于显示分数据，右边2个七段数码管用于显示秒数据。

显示模块的主要功能为时间数据和七段数码管显示数据译码。可细分为显示0～

59 数据的模块和显示 0～24 数据的模块。显示 0～59 数据的模块中，当数据输入后（输入为 6 位），对应的输出为数码管段选信号（输出为 14 位）。例如当输入为（000001）₂时，输出为数字"0"的段选信号（7'H3F）和数字"1"的段选信号（7'H06），控制两位数码管点亮。显示 0～24 数据的模块，当数据输入后（输入为 5 位），对应的输出数码管段选信号控制 2 个数码管点亮（输出为 14 位）。为了正确的显示时、分、秒数据，需要调用两次 decode60、调用一次 decode24。相关代码也非常简单，参考七段数码管章节的原理和逻辑编写即可。

8.2.2　功能仿真测试

1. timing_module 模块仿真

timing_module 模块有两个主要功能：一是按照时间规律正常计数，二是在 i_load 有效时装载新的时间值 i_load_hms。下面分别编写代码测试该模块的常规计时和装载新的时间功能。

系统复位后，模块自动进入常规计时，因而需要编写一个任务用于复位。代码较简单，可参考前序章节。

装载新的时间任务中，首先将输入信号全部置 0，然后 load 信号置 1，装载时间 23：59：50，观测模块的输出。参考代码如下。

```
//子任务：装载新的时间
task task_load_new_time;
begin
    load = 1'b0;
    hour = 'd0;
    minute = 'd0;
    second = 'd0;
    repeat（10000000）@（posedge clk）;
    load = 1'b1;
    hour = 'd23;
    minute = 'd59;
    second = 'd50;
    repeat（2）@（posedge clk）;
    load = 1'b0;
    hour = 'd0;
    minute = 'd0;
    second = 'd0;
end
endtask
```

打印时间子任务是每2秒打印一次当前时间，共打印5000次，用于辅助观测测试结果。参考代码如下。

```
//子任务：打印输出当前时间5000次，每2s打印一次时间
task task_display_time;
begin
    repeat（5000）@（posedge hms[0]）begin
        $display（"Time is %d：%d：%d \n", hms[16：12], hms[11：6],
hms[5：0]）;
    end
end
endtask
```

2. timeset_module模块仿真

timeset_module模块的功能为时间调整功能，i_hms_now信号输入当前时间，o_hms_set输出调整后的时间，o_set_down为调整后时间的有效信号。i_key_up和i_key_ok为按键状态输入信号。i_key_ok为时、分、秒之间的切换信号，i_key_up表示加1操作。

首先对系统进行复位，代码较简单，可参考前序章节。

然后更改key_up和key_ok进行时间设置，模拟3次key_up高电平后设置1次key_ok高电平，重复3次。代码较简单，此处不再赘述。

3. keyboard_module模块仿真

keyboard_module模块的主要功能是对key1、key2、key3消抖，因此只需输入key1、key2、key3信号，查看对应的按键状态输出信号是否稳定即可，参考代码如下。首先进行系统复位，代码较简单，可参考前序章节。

在功能测试子任务中，生成脉冲信号。

```
//子任务,生成信号脉冲
task task_test_key;
begin
    key1 = 0;
    key2 = 0;
    key3 = 0;
    rand1 = 0;
    rand2 = 0;
    rand3 = 0;
    repeat(200000) @ (posedge clk);
    key1 = 0;
```

```
      key2 = 0;
      key3 = 1;
      repeat(200000) @ (posedge clk);
      key1 = 0;
      key2 = 1;
      key3 = 0;
      repeat(200000) @ (posedge clk);
      key1 = 0;
      key2 = 1;
      key3 = 1;
      repeat(200000) @ (posedge clk);
      key1 = 1;
      key2 = 0;
      key3 = 0;
      repeat(200000) @ (posedge clk);
      key1 = 1;
      key2 = 1;
      key3 = 0;
      repeat(200000) @ (posedge clk);
      key1 = 1;
      key2 = 1;
      key3 = 1;
      repeat(200000) @ (posedge clk);
      key1 = 0;
      key2 = 0;
      key3 = 0;
      repeat(200000) @ (posedge clk);
      repeat(1000) @ (posedge clk) begin
         #rand1 key1 = ~ key1;
         rand1 = $random;
      end
      repeat(1000) @ (posedge clk) begin
         #rand2 key2 = ~ key2;
         rand2 = $random;
      end
      repeat(1000) @ (posedge clk) begin
         #rand3 key3 = ~ key3;
         rand3 = $random;
```

```
            end
        end
    endtask
    //5 MHz时钟信号生成
    parameter PERIOD = 200;
    initial begin
        clk = 1'b0;
        forever #(PERIOD / 2) clk = ~ clk;
    end
```

4. display_module模块仿真

该模块的功能是将BCD码转化为用于数码管显示的段选码。在测试代码中只需给出时、分、秒即可。系统复位代码较简单，可参考前序章节。

在功能测试子任务中，生成测试时间。参考代码如下。

```
//子任务,生成时间
task task_generate_time;
begin
    hour = 'd0;
    minute = 'd0;
    second = 'd0;
    repeat(99999999999999) @(posedge clk)begin
        if((minute == 'd59)&(second == 'd59))begin
            if (hour == 'd23)begin
                hour <= 'd0;
                minute <= 'd0;
                second <= 'd0;
            end else begin
                hour <= hour + 'd1;
                minute <= 'd0;
                second <= 'd0;
            end
        end else if (second == 'd59) begin
            if (minute == 'd59) begin
                minute  <= 'd0;
                second  <= 'd0;
            end else begin
                minute <=  minute + 'd1;
                second  <=  'd0;
```

```
            end
        end else begin
            second <= second + 'd1;
        end
    end
end
endtask
```

为了方便观测测试结果，建立一个任务用于数字至段选码的译码并显示时间。参考代码如下。

```
//子任务,打印时间
task task_display_time;
begin
    repeat(99999999999999) @(posedge clk)begin
        $display("the time generated is %d : %d : %d, and the time to display is %d%d : %d%d : %d%d \n",hour,minute,second,mem[~seg5],mem[~seg4],mem[~seg3],mem[~seg2],mem[~seg1],mem[~seg0]);
    end
end
endtask;

//5 MHz 时钟信号生成
parameter PERIOD = 200;
initial begin
    clk = 1'b0;
    forever #(PERIOD / 2) clk = ~clk;
end

parameter SEG_9 = 7'h6f,SEG_8 = 7'h7f,SEG_7 = 7'h07, SEG_6 = 7'h7d,SEG_5 = 7'h6d, SEG_4 = 7'h66,SEG_3 = 7'h4f, SEG_2 = 7'h5b,SEG_1 = 7'h06, SEG_0 = 7'h3f;
parameter SEG_BAR = 7'h40, SEG_N = 7'h00;

initial begin
    mem[SEG_0]  = 'd0;
    mem[SEG_1]  = 'd1;
    mem[SEG_2]  = 'd2;
    mem[SEG_3]  = 'd3;
```

```
    mem[SEG_4]  = 'd4;
    mem[SEG_5]  = 'd5;
    mem[SEG_6]  = 'd6;
    mem[SEG_7]  = 'd7;
    mem[SEG_8]  = 'd8;
    mem[SEG_9]  = 'd9;
    mem[SEG_BAR]  = 'd11;
    mem[SEG_N]  = 'd10;

  end
```

5. dital_clock_top仿真

按照设计需求，需要实现的功能有：正常计时、设置时间和整点报时。整点报时模块较简单，此处不再赘述，下面主要测试该数字钟的正常计时和设置时间功能。测试前进行系统复位，代码较简单，可参考前序章节。

功能测试子任务中，将初始时间设置为04：03：02。

```
//子任务，设置初始时间为04：03：02
//三个按键：按键key1功能切换，按键key2时、分、秒切换，按键key3校时
  task task_timeset；
  begin
    key1 = 0;
    key2 = 0;
    key3 = 0;
    repeat(120000000) @ (posedge clk);
    key1 = 1;
    repeat(80000000) @ (posedge clk);
    key1 = 0;
    repeat(80000000) @ (posedge clk);
    key3 = 1;
    repeat(80000000) @ (posedge clk);
    key3 = 0;
    repeat(80000000) @ (posedge clk);
    key2 = 1;
    repeat(80000000) @ (posedge clk);
    key2 = 0;
    repeat(80000000) @ (posedge clk);
    key3 = 1;
    repeat(80000000) @ (posedge clk);
```

```
            key3 = 0;
        repeat(80000000) @ (posedge clk);
        key2 = 1;
        repeat(80000000) @ (posedge clk);
        key2 = 0;
        repeat(80000000) @ (posedge clk);
        key3 = 1;
        repeat(80000000) @ (posedge clk);
        key3 = 0;
        repeat(80000000) @ (posedge clk);
        key2 = 1;
        repeat(80000000) @ (posedge clk);
        key2 = 0;
    end
    endtask
```

为了便于观测，设计打印时间任务。参考代码如下。

```
    //子任务,打印时间
    task task_display_time;
    begin
        repeat(999999999) @(posedge seg0[0] or negedge seg0[0])begin
            $display("Time is %d%d : %d%d : %d%d, beep = %d \n",mem[ ~ seg5],
mem[ ~ seg4],mem[ ~ seg3],mem[ ~ seg2],mem[ ~ seg1],mem[ ~ seg0],beep);
        end
    end
    endtask;
```

8.2.3　测试结果分析

1. timing_module模块仿真结果

按照正常时间规律计数1s需要经过很多个时钟周期，因此将仿真波形缩小以便观测，仿真结果如图8-7所示。

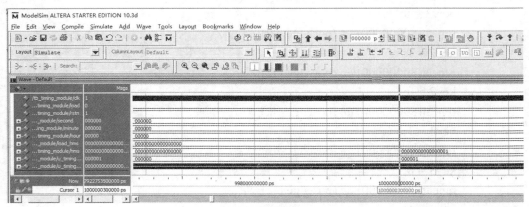

图8-7　计时模块仿真波形图

仿真结果在1s处，输出秒按照时钟规律计数变为1。控制台每2s打印一个时间数值，如图8-8所示。

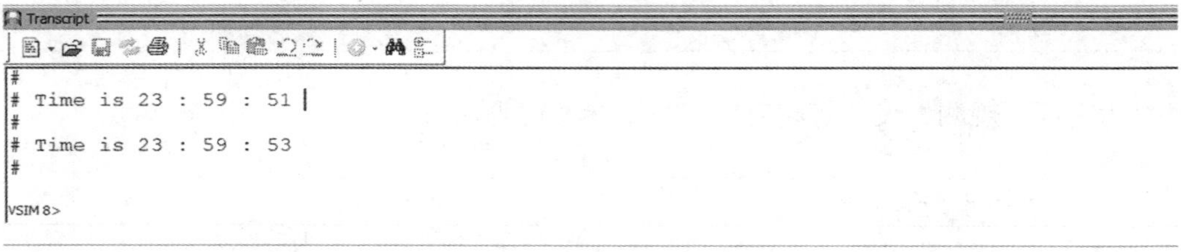

```
#
# Time is 23 : 59 : 51 |
#
# Time is 23 : 59 : 53
#
VSIM 8>
```

图8-8　计时时间打印示意图

将i_load置高电平可更新计时时间，模块从输入的load_hms开始计时，对应的仿真模型如图8-9所示。

i_load置高电平后，输出时间更新为23：59：50，与仿真设计的预期一致。

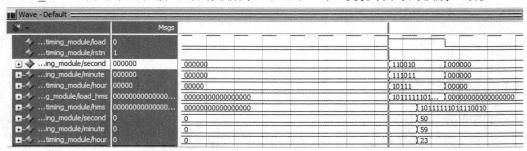

图8-9　更新时间任务的仿真波形示意图

2. timeset_module模块仿真结果

图8-10所示为仿真波形图的放大图形。

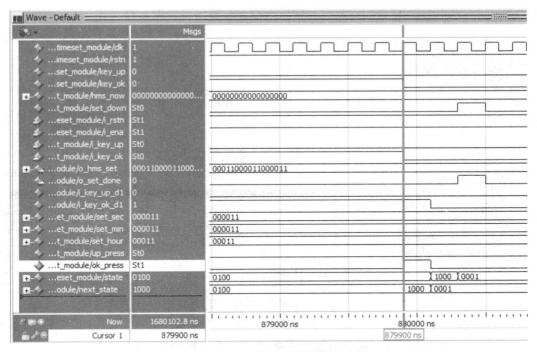

图 8-10　时间设置完毕时刻的仿真波形图

图 8-10 中 879900 ns 处，key_ok 已按下 3 次，表示时间设置完毕，随后 set_down 信号置高电平。

i_key_up 可用于校时，每按下一次可将对应时间增加 1，如图 8-11 所示。

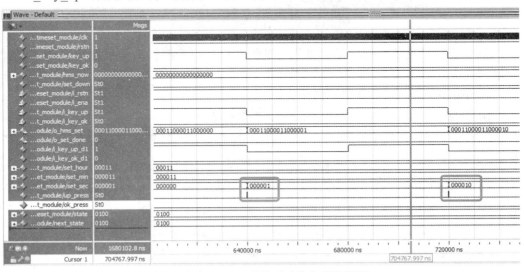

图 8-11　i_key_up 的校时功能仿真波形图

i_key_ok用于切换校时对象，每按下一次就切换一次，图8-12为按下后，模块从"时"切换至"分"。

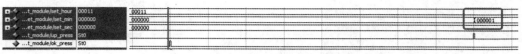

图8-12 i_key_ok的切换功能仿真波形图

3. keyboard_module模块仿真结果

该模块可保证一定时间的长脉冲输入，延迟后的输出结果如图8-13所示。

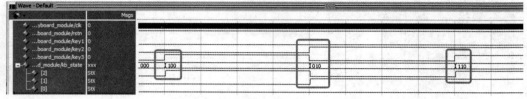

图8-13 按键模块的仿真波形图

由图8-13可以看出，输出随着输入按键值的变化而变化，且非常稳定。

放大图8-13，看到的仿真波形如图8-14所示。

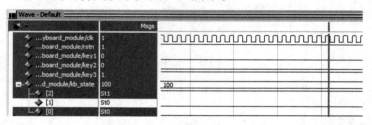

图8-14 放大后的按键仿真波形图

图中模拟了机械按键抖动生成的毛刺信号，可以看到抖动干扰都被滤除，输出稳定的按键值。

4. display_module模块仿真结果

仿真运行100 ms后查看控制台，结果如图8-15所示。

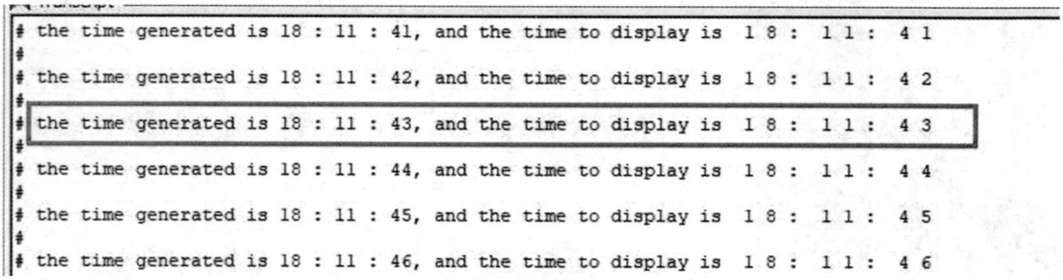

```
# the time generated is 18 : 11 : 41, and the time to display is  1 8 :  1 1 :  4 1
# the time generated is 18 : 11 : 42, and the time to display is  1 8 :  1 1 :  4 2
#
# the time generated is 18 : 11 : 43, and the time to display is  1 8 :  1 1 :  4 3
#
# the time generated is 18 : 11 : 44, and the time to display is  1 8 :  1 1 :  4 4
#
# the time generated is 18 : 11 : 45, and the time to display is  1 8 :  1 1 :  4 5
#
# the time generated is 18 : 11 : 46, and the time to display is  1 8 :  1 1 :  4 6
```

图8-15 显示模块的仿真结果

可以看到，生成的时间与实际显示的时间一致。

5. dital_clock_top测试结果

复位后生成正常计时的波形。由于仿真波形跨度太长，不便于观察计时规律，可通过检查控制台查看输出是否符合规律。控制台的显示结果如图8-16所示。

```
Time is 10 0 :   0 0 :   1 4, beep = 0

Time is 10 0 :   0 0 :   1 5, beep = 0

run: Time (s): cpu = 00:21:16 : elapsed = 00:18:45 . Memory (MB): peak = 3928.383 : gain = 0.000
run 10 s
Time is 10 0 :   0 0 :   2 1, beep = 0

Time is 10 0 :   0 0 :   2 2, beep = 0

Time is 10 0 :   0 0 :   2 4, beep = 0

run: Time (s): cpu = 00:06:36 : elapsed = 00:06:46 . Memory (MB): peak = 3928.383 : gain = 0.000
```

图 8-16　数字钟计时仿真的控制台截图

图8-16中计时模块按规律进行计时。部分时刻不会打印，修改 task_display_time 中触发条件即可。

测试整个模块的时间设置，按键输入后的波形如图8-17所示。

图 8-17　数字钟时间设置功能仿真波形图

图8-17中，key3每按下一次则在当前时段上加1，按下key2后转换时段，此时再按下key3则基于当前时段加1。

8.2.4　下板验证

下板前需要考虑引脚配置方案。i_clk绑定至开发板的50 MHz时钟，i_rstn绑定至滑动开关，i_key1、i_key2和i_key3可绑定至按键，输出的6个七段数码管绑定至数码管，整点报时绑定至LED灯。参照开发板的数字时引脚配置如图8-18所示。

i_clk	Input	PIN_AF14 3B	B3B_N0	PIN_AF14	3.3...MOS
i_key1	Input	PIN_AA14 3B	B3B_N0	PIN_AA14	3.3...MOS
i_key2	Input	PIN_AA15 3B	B3B_N0	PIN_AA15	3.3...MOS
i_key3	Input	PIN_W15 3B	B3B_N0	PIN_W15	3.3...MOS
i_rstn	Input	PIN_AE12 3A	B3A_N0	PIN_AE12	3.3...MOS
o_beep	Output	PIN_Y21 5A	B5A_N0	PIN_Y21	3.3...MOS
o_seg_0[6]	Output	PIN_AH28 5A	B5A_N0	PIN_AH28	3.3...MOS
o_seg_0[5]	Output	PIN_AG28 5A	B5A_N0	PIN_AG28	3.3...MOS
o_seg_0[4]	Output	PIN_AF28 5A	B5A_N0	PIN_AF28	3.3...MOS
o_seg_0[3]	Output	PIN_AG27 5A	B5A_N0	PIN_AG27	3.3...MOS
o_seg_0[2]	Output	PIN_AE28 5A	B5A_N0	PIN_AE28	3.3...MOS
o_seg_0[1]	Output	PIN_AE27 5A	B5A_N0	PIN_AE27	3.3...MOS
o_seg_0[0]	Output	PIN_AE26 5A	B5A_N0	PIN_AE26	3.3...MOS
o_seg_1[6]	Output	PIN_AD27 5A	B5A_N0	PIN_AD27	3.3...MOS
o_seg_1[5]	Output	PIN_AF30 5A	B5A_N0	PIN_AF30	3.3...MOS
o_seg_1[4]	Output	PIN_AF29 5A	B5A_N0	PIN_AF29	3.3...MOS
o_seg_1[3]	Output	PIN_AG30 5A	B5A_N0	PIN_AG30	3.3...MOS
o_seg_1[2]	Output	PIN_AH30 5A	B5A_N0	PIN_AH30	3.3...MOS
o_seg_1[1]	Output	PIN_AH29 5A	B5A_N0	PIN_AH29	3.3...MOS
o_seg_1[0]	Output	PIN_AJ29 5A	B5A_N0	PIN_AJ29	3.3...MOS
o_seg_2[6]	Output	PIN_AC30 5B	B5B_N0	PIN_AC30	3.3...MOS
o_seg_2[5]	Output	PIN_AC29 5B	B5B_N0	PIN_AC29	3.3...MOS
o_seg_2[4]	Output	PIN_AD30 5B	B5B_N0	PIN_AD30	3.3...MOS
o_seg_2[3]	Output	PIN_AC28 5B	B5B_N0	PIN_AC28	3.3...MOS
o_seg_2[2]	Output	PIN_AD29 5B	B5B_N0	PIN_AD29	3.3...MOS
o_seg_2[1]	Output	PIN_AE29 5B	B5B_N0	PIN_AE29	3.3...MOS
o_seg_2[0]	Output	PIN_AB23 5A	B5A_N0	PIN_AB23	3.3...MOS
o_seg_3[6]	Output	PIN_AB22 5A	B5A_N0	PIN_AB22	3.3...MOS
o_seg_3[5]	Output	PIN_AB25 5A	B5A_N0	PIN_AB25	3.3...MOS
o_seg_3[4]	Output	PIN_AB28 5B	B5B_N0	PIN_AB28	3.3...MOS
o_seg_3[3]	Output	PIN_AC25 5A	B5A_N0	PIN_AC25	3.3...MOS
o_seg_3[2]	Output	PIN_AD25 5A	B5A_N0	PIN_AD25	3.3...MOS
o_seg_3[1]	Output	PIN_AC27 5A	B5A_N0	PIN_AC27	3.3...MOS
o_seg_3[0]	Output	PIN_AD26 5A	B5A_N0	PIN_AD26	3.3...MOS
o_seg_4[6]	Output	PIN_W25 5B	B5B_N0	PIN_W25	3.3...MOS
o_seg_4[5]	Output	PIN_V23 5A	B5A_N0	PIN_V23	3.3...MOS
o_seg_4[4]	Output	PIN_W24 5A	B5A_N0	PIN_W24	3.3...MOS
o_seg_4[3]	Output	PIN_W22 5A	B5A_N0	PIN_W22	3.3...MOS
o_seg_4[2]	Output	PIN_Y24 5A	B5A_N0	PIN_Y24	3.3...MOS
o_seg_4[1]	Output	PIN_Y23 5A	B5A_N0	PIN_Y23	3.3...MOS
o_seg_4[0]	Output	PIN_AA24 5A	B5A_N0	PIN_AA24	3.3...MOS
o_seg_5[6]	Output	PIN_AA25 5A	B5A_N0	PIN_AA25	3.3...MOS
o_seg_5[5]	Output	PIN_AA26 5B	B5B_N0	PIN_AA26	3.3...MOS
o_seg_5[4]	Output	PIN_AB26 5A	B5A_N0	PIN_AB26	3.3...MOS
o_seg_5[3]	Output	PIN_AB27 5B	B5B_N0	PIN_AB27	3.3...MOS

图8-18　数字时钟引脚配置

连接开发板后，进行复位操作，进入自动计时模式。最右边2个七段数码管开始跳动，每过一秒上面显示的数字加1。按下KEY1后进入时间设置模式，初始状态所有的七段数码管显示为0。先设置时信号，每按一次KEY3，时信号加1，当时信号为23时，再次按下KEY3后，时信号显示为0。完成时信号的设置后，按下KEY2开始设置分信号。此时每按一次KEY3，分信号加1。当分信号计数到59时，再次按下KEY3，分信号归零。完成分信号的设置后，按下KEY2开始设置秒信号。当秒信号计数到59后，再次按下KEY3，秒信号归零。此时按下KEY2完成时间设置，按照新设置的时间开始计时。此外，当数字时钟时间大于7小时后，每到整点时刻LED灯就点亮报时。下板后的开发板如图8-19所示。

图 8-19　数字时钟下板示意图

8.3　简化 CPU 设计与实现

本节以冯·诺依曼结构的简化 CPU 为例，讲解数字系统的硬件设计、实现、测试和验证。硬件设计部分基于指令集讲解该 CPU 的构造原理和设计方法。设计过程中，要考虑该 CPU 的性能指标和功能完整，以及如何通过分析逐步完成一个数字系统内部的模块、子系统、系统设计与整合。功能实现部分应保证每个模块都是可仿真并且可综合为门级网表的电路。测试部分主要展示数字系统的功能仿真分析方法和过程，以及在复杂数字系统中进行电路问题定位的调试思路。设计一个包含该 CPU 的最小系统，并将该数字系统下载至 FPGA 中进行验证。

8.3.1　CPU 的简介

中央处理单元（central processing unit，CPU）是计算机的核心部件。计算机信息处理可分为两个步骤：第一，将数据和程序（即指令序列）输入计算机的存储器中；第二，从第一条指令的地址起开始执行该程序，得到结果后结束运行。CPU 的根本任务就是执行指令，这些指令对计算机来说最终都是一串由 0 和 1 组成的序列，而这些 0 和 1 组成的序列存储在计算机内部的存储单元中。CPU 的作用是协调并控制计算机的各个部件执行程序的指令序列，使其有条不紊地进行。

根据处理器体系结构的不同，可分为冯·诺依曼结构和哈佛结构两种。冯·诺依曼结构的处理器将程序和数据混合存放在单一存储器中，并使用单一处理部件按"取指—分析—执行"的步骤顺序执行指令，因此该结构中指令宽度和数据宽度相同。串行性作为冯·诺依曼结构处理器的本质特点，主要表现在两个方面：执行指令的串行性和存储器读取的串行性。具体结构特点如图 8-20 所示。

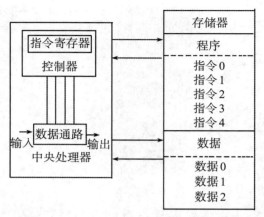

图8-20 冯·诺依曼结构处理器的内部结构框图

哈佛结构处理器是一种将程序指令储存和数据储存分开的存储器结构。中央处理器首先到程序指令储存器中读取程序指令内容，解码后得到数据地址，再到相应的数据储存器中读取数据，并进行下一步的操作（通常是执行）。程序指令储存和数据储存分开，数据和指令的储存可以同时进行，因此指令和数据有不同的数据宽度。具体结构特点如图8-21所示。

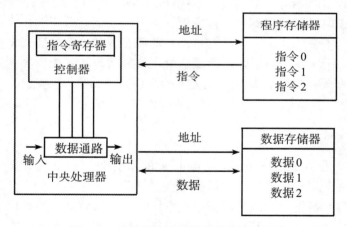

图8-21 哈佛结构处理器的内部结构框图

与冯·诺曼结构处理器相比，哈佛结构处理器有两个明显的特点：

（1）使用两个独立的存储器模块，分别存储指令和数据，每个存储模块都不允许指令和数据并存。

（2）使用两套独立的地址和数据总线，满足CPU对程序存储器和数据存储器的并行读/写需求。

由于指令结构不同，CPU可分为精简指令集（reduced instruction set computer，RISC）和复杂指令集（complex instruction set computer，CISC）两种。RISC是一种20世纪80年代才出现的CPU，与一般的CPU相比，它不仅简化了指令系统，而且通过简化指令系统使计算机的结构更加简单合理，从而提高了运算速度。从实现的途径看，RISC 的不同处在于：它的时序控制信号形成部件是用硬布线逻辑实现的而不是采用微程序控制的方式。所谓硬布线逻辑也就是用触发器和逻辑门直接连线所构成的状态机和组合逻辑，故产生控制序列的速度比用微程序控制方式快得多，从而省去了读取微指令的时间。

RISC 和 CISC 是目前设计制造微处理器的两种典型技术，虽然都是试图在体系结构、操作运行、软件、硬件、编译时间以及运行时间等诸多因素中达到某种平衡，以达到高效的目的，但是采用的方法不同，在很多方面也存在较大差异。

本章设计选用基于冯·诺依曼结构的 RISC，主要原因如下：

（1）指令系统简单高效。RISC 专注于常用指令的设计，使得常用指令具有简单高效的特点，在处理日常任务时较 CISC 更优秀。

（2）设计周期更短。RISC 微处理器结构较 CISC 结构更简单，基于冯·诺依曼结构的处理器指令宽度和数据宽度相同，对应的电路结构也更简单，因此设计周期更短。

（3）结构简单便于理解。RISC 的指令规整，性能容易把握，易学易用，冯·诺依曼结构的处理器内部电路相对更精简，便于初学者理解和掌握。

综上所述，基于冯·诺依曼结构的 RISC_CPU 指令简单且电路结构精简，便于介绍由数据通路和控制通路组成的系统设计全过程。

本节设计简化的基于冯·诺依曼结构的精简指令集 CPU。处理器指令宽度和数据宽度都为 16 位，包含对存储器进行数据和指令存取的机制。该简化 CPU 内含 4 个通用寄存器。处理器将变量分配给通用寄存器，不但能减少存储器的通信量，加快程序的执行速度，还可以用更少的地址位来寻址寄存器，从而有效改进程序的目标代码大小。通用寄存器型指令集结构的一个主要优点就是能够使编译器有效地使用寄存器。本节将以自上而下的形式，将该 CPU 的数据和控制分开，设计数据通路和控制通路，再将两个子系统整合。具体的电路结构根据指令集进行划分和设计。希望读者通过简化的基于冯·诺依曼结构的 RISC_CPU 设计，达到以下目的：

（1）掌握基于冯·诺依曼结构的 RISC_CPU 的结构组成、模块划分和工作原理。

（2）掌握精简指令集的概念，设计服务于指令集系统的 CPU 电路。

（3）掌握利用 Verilog 语言对小型的数字系统进行软/硬件联合设计和验证的方法。

8.3.2　指令集

指令集的重要作用是反映计算机的基本功能，是软件设计与硬件设计的主要分界，它会影响程序执行的时间和效率。设计时要满足正交性、规整性、可扩充性和对称性等准则。

本节设计的 RISC_CPU 指令长度为 16 位，能够处理 16 位数据，指令的编码格式如图 8-22 所示。指令中包含操作符、寄存器地址和立即数等字段。

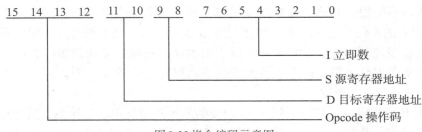

图8-22指令编码示意图

高位15～12位标记为Opcode，代表操作码，用于区分指令。由于该指令编码中的操作码有4位，因此可以用操作码定义16条不同的指令。11～10位标记为D，代表目的寄存器地址。9～8位标记为S，代表源寄存器地址。指令中的目的寄存器字段和源寄存器字段都是2位，可指代4个寄存器。因此本实验共使用4个通用寄存器，编码格式如图8-23所示。

寄存器地址	00	01	10	11
助记符	R0	R1	R2	R3

图8-23　寄存器编码示意图

编码00、01、10、11代表4个寄存器的地址。助记符用于更直观的区分4个寄存器，例如指令中如果目的寄存器字段为00，源寄存器字段为01，则可以简称该指令的目的寄存器为R0，源寄存器为R1。通用寄存器组中每个寄存器都可以存储16位数据。指令中的源寄存器字段和目的寄存器字段皆指代图8-23中的寄存器，两者可以指代同一寄存器，也可以分别指代两个不同的寄存器，取决于具体的指令功能。7～0位标记为I，代表8位的立即数，在mil、mih指令中作为一个8位的数参与运算，在jpr、jnz、jpa指令中代表外部存储器的低8位地址，在inp、oup指令中代表外部输入、输出的端口地址。

基于上述指令编码的指令集见表8-10，共包含22条指令。

表8-10　指令集系统

助记符	指令编码	指令功能
Nop	0000-00-00-00000000	空操作,不做任何操作
Scf	0000-00-01-XXXXXXXX	进位标志位设置为1
Ccf	0000-00-10-XXXXXXXX	进位标志位设置为0
Jpr	0000-0011-I	跳转到与当前指令所在地址相隔I的位置执行。由于I只有8位,地址为16位,因此立即数前补8个0,即PC=PC+$(00000000I)_2$
Jnz	0000-0100-I	当零标志位为0时,跳转到立即数I指定的地址处执行指令。由于I只有8位,地址为16位,因此立即数前补8个0,即PC=$(00000000I)_2$
Mvr	0001-D-S-XXXXXXXX	将源寄存器S中存储的数据转移至目的寄存器D中

助记符	指令编码	指令功能
Lda	0010-D-S-XXXXXXXX	根据源寄存器S中存储的地址,将外部存储器中该地址对应的数据搬移至目的寄存器D中
Sta	0011-D-S-XXXXXXXX	将源寄存器S内的数据搬移至目的寄存器D指代的外部存储器对应地址的存储单元中
Inp	0100-D-XX-I	将端口地址为I的端口输入数据(8位)写入目的寄存器D中
Oup	0101-XX-S-I	将源寄存器S内数据的低8位送至端口地址I的端口输出(8位数据)
And	0110-D-S-XXXXXXXX	将源寄存器S与目的寄存器D内的数据相与,结果送入目的寄存器D存放
Orr	0111-D-S-XXXXXXXX	将源寄存器S与目的寄存器D内的数据相或,结果送入目的寄存器D存放
Not	1000-D-S-XXXXXXXX	将源寄存器S内的数据取反,结果送入目的寄存器D中存放
Shl	1001-D-S-XXXXXXXX	将源寄存器S内的数据逻辑左移,结果送入目的寄存器D中存放
Shr	1010-D-S-XXXXXXXX	将源寄存器S内的数据逻辑右移,结果送入目的寄存器D中存放
Add	1011-D-S-XXXXXXXX	将进位标志位、源寄存器S的数据、目的寄存器D的数据三者相加,结果送入目的寄存器D中存放
Sub	1100-D-S-XXXXXXXX	目的寄存器D内的数据减源寄存器S内的数据,得到的结果再减进位标志位,然后将最终结果送入目的寄存器D中存放
Mul	1101-D-S-XXXXXXXX	将源寄存器S内数据的低8位与目的寄存器D内数据的低8位相乘,结果送入目的寄存器D
Cmp	1110-D-S-XXXXXXXX	如果源寄存器S内的数据小于目的寄存器D内的数据,则进位标志位设置为1
Mil	1111-D-00-I	用立即数I替换目的寄存器D内数据的低8位,高8位保持原来的数据不变。
Mih	1111-D-01-I	用立即数I替换目的寄存器D内数据的高8位,低8位保持原来的数据不变。
Jpa	1111-XX-10-I	跳转到立即数I指定的地址处执行指令。由于I只有8位,地址为16位,因此立即数前补8个0,即PC=$(00000000I)_2$

表中X代表可将该位设置为任意值，指令集中的指令按功能大致可分为以下几类。

1. 算术逻辑运算指令

指令集中的 Add、Sub、Mul、And、Orr、Not、Shl、Shr 指令都属于算术逻辑运算。CPU 执行对应指令时都做具体的算术逻辑运算操作。算术逻辑运算操作主要关注运算对象和运算结果。对于该类指令，运算对象由目的寄存器D、源寄存器S和进位标志位寄存器提供，执行对应运算完毕后的运算结果存放至目的寄存器D中。下面以 Add 指令具体说明算术逻辑运算指令的执行过程。

假设CPU接收16位指令1011-00-10-00000000。通过比对表8-10中指令的高4位Opcode可以明确这是一条Add指令，执行的是加法操作。指令中D字段为00，表示目的寄存器D为R0；S字段为10，表示源寄存器S为R2。因此该指令执行时需要先提取寄存器R0、R2的数据和进位标志位的数据，然后将三者相加，最后将相加得到的结果传输到R0中存放。此外，由于该指令未用到立即数I，因此指令中的I字段可以为任意值，不影响指令的执行结果。

2. 数据传送指令

指令集中的Mvr、Mil、Mih都是将数据传送至通用寄存器，因此将他们归类为数据传送指令。Mvr、Mil、Mih可改变通用寄存器组的寄存器R0、R1、R2、R3内存储的数据。Mvr将源寄存器S内的数据搬移到目的寄存器D中，且该指令未用到立即数I，因此指令中的I字段可以为任意值，不影响指令的执行结果。Mil和Mih则是将立即数I存放到目的寄存器D的低8位和高8位。Mil执行时仅改变低8位，不改变高8位。Mih执行时仅改变高8位，不改变低8位。这两条指令未用到源寄存器S字段，因此S字段可以为任意值，不影响指令的执行结果。

以Mvr为例讲解数据传送指令的执行过程。假设CPU接收16位指令0001-01-11-00000000，指令的高4位Opcode为0001，通过比对表8-10可以明确这是一条Mvr指令。指令中D字段为01，表示目的寄存器D为R1；S字段为11，表示源寄存器S为R3。该指令将通用寄存器组中R3内存储的数据取出，存入R1中。

3. 数据加载/存储指令

指令集中的Lda、Sda用于与外部存储器交换数据。Lda指令读取外部存储器某个地址中存储的数据，然后存储到目的寄存器中。具体读取的地址存于源寄存器S内。例如指令0010-01-10-00000000为Lda指令，需要读取的外部存储器的地址存储于源寄存器R2中。执行该条指令时，首先读取源寄存器R2内存储的数据，然后将该数据作为外部存储器的地址寻找对应的存储位置，将该地址内的数据取出存放至目的寄存器R1中。在Lda指令中，源寄存器S内存放的数据只是外部存储器的某个地址，需存储至目的寄存器D内的数据存放于该外部存储器地址处。同理，Sda指令用于将源寄存器S内的数据存放至外部存储器某地址处，该地址信息存放于目的寄存器D中。因此，在Sda指令中，目的寄存器内存放的数据仅为外部存储器的某个地址信息。

4. 跳转指令

指令集中的Jpa、Jpr、Jnz用于CPU跳转执行指令。CPU执行的指令通常存储于外部存储器中。CPU依照存储地址按顺序执行指令，例如图8-24为该CPU的外部存储器储存指令的情况。

PC寄存器	0000000000000001

外部存储器	
地址	数据
0000000000000000	0000000000000100
0000000000000001	0000000000000000
0000000000000010	1000100010001000
0000000000000011	0000000000000000
……	……

图8-24 外部存储器的指令存储示意图

图8-24中PC（program counter）寄存器的全称为程序计数寄存器，用于存储下一条指令的地址，即下一条即将执行的指令在外部存储器的位置。例如图中PC寄存器内存储的值为 $(0000000000000001)_2$，代表即将执行的指令如图中箭头所指，具体指令为 $(0000000000000000)_2$。因此，改变程序计数寄存器内存储的数据，可实现CPU的指令跳转。指令Jpa是一条无条件跳转指令，它的指令编码为1111-XX-10-I，执行该条指令时处理器无条件将PC寄存器的值改为立即数I。由于PC寄存器为16位，I为8位，因此I在最高位补8个0，存入PC寄存器的值为 $(00000000I)_2$，即改变处理器下一条即将执行的指令存储的位置。例如，指令1111-00-10-00000110为Jpa指令，需要根据立即数 $(00000110)_2$的值改变即将执行的指令存储的位置。执行该条指令时，首先将立即数I的高8位补0，将PC寄存器值改为 $(0000000000000110)_2$，然后在外部存储器寻找地址 $(0000000000000110)_2$存储的数据，并将该数据取出，传输到处理器作为下一条即将执行的指令进行分析。同理，Jnz也是通过将PC寄存器的值改变为 $(00000000I)_2$完成跳转操作的指令，区别在于Jpa是无条件跳转，Jnz是有条件跳转，即当零标志位为0时，改变PC寄存器的值为 $(00000000I)_2$。Jpr也是一条无条件跳转指令，但与Jpa相比，PC寄存器的值不是简单地改变为 $(00000000I)_2$，而是在PC寄存器的原值基础上加 $(00000000I)_2$。假设PC寄存器原值为PC，则Jpr指令执行后，PC寄存器值变为PC+$(00000000I)_2$。

5. 程序状态寄存器访问指令

Scf、Ccf改变进位标志位寄存器存储的进位标志位，目标对象相对简单。Scf将进位标志位寄存器中存储的值置1；Ccf则相反，将进位标志位寄存器中存储的值置0。

6. 比较指令

Cmp根据比较数据的大小选择是否将进位标志位寄存器中存储的值置1。

7. 空指令

执行Nop指令时CPU虽然处于忙碌状态，但不执行任何操作。

8. Inp和Oup

Inp和Oup操作的对象为输入、输出端口。Inp读端口地址I接收的数据，并将其写入目的寄存器D。Oup将源寄存器S读到的数据通过端口地址I输出。由于端口数据是8位，而源寄存器S和目的寄存器D的数据都是16位，因此通过Oup指令输出时，仅将源寄存器S内的数据低8位输出。通过Inp指令输入时，将$(00000000)_2$与端口接收到的8位数据拼接为16位数据。$(00000000)_2$为高8位，然后将该16位数据存储至目的寄存器D。

8.3.3 系统整体设计与模块划分

日常教学中，初学者往往很难理解上述指令集与CPU电路结构之间的关系。本小节根据表8-10指令集中的指令类型与功能，分析实现该指令集的CPU需要具备的不同电路模块，最后再通过指令在CPU内部的执行过程讲解不同电路模块如何协同工作，实现指令的功能。为了便于初学者理解，本小节暂不介绍每个电路模块的内部细节和外部接口，仅从系统的角度介绍在指令执行过程中每个模块的作用。最后，在理解指令集与CPU内部电路关系的基础上，描述系统的整体设计与模块划分。

在跳转指令部分已介绍指令的存取过程。指令通常存储于外部存储器，CPU依据PC定位指令存储的位置，取出指令放入指令寄存器待解析和执行。CPU要实现指令的存取过程，至少需要以下几个部件。

（1）PC计算单元。PC计算单元生成即将执行的指令的地址。由于指令集中包含跳转指令，因此该CPU的PC值并不总是简单的执行加1操作，还须执行置位、偏移跳转等操作。

（2）PC寄存器。PC寄存器存储计算完毕的PC值，与外部寄存器的读地址线相连，指定读取外部寄存器的位置。

（3）指令寄存器。指令寄存器存储外部存储器返回的指令数据。

（4）通用寄存器阵列。指令编码中包含2位源寄存器S和2位目的寄存器D，因此该CPU至少需要4个通用寄存器用于存取数据，以下将该电路简称为通用寄存器阵列。

（5）算术逻辑单元。实现指令集中的算术逻辑运算指令，需要设计可用于加、减、与、或等算术逻辑运算的电路模块，以下将该电路简称为算术逻辑单元。

（6）状态寄存器。运算过程中Add、Sub、Cmp等指令都涉及进位标志位，因此须设计一个状态寄存器存储运算产生的进位标志位。

（7）控制单元。CPU需要一个"大脑"控制内部各部件的协调工作，按顺序完成取指令、分析指令和执行指令操作，并保证将存储于外部存储器的所有指令都执行完毕，实现预定功能，以下将该电路简称为控制单元。图8-25为CPU工作流程示意图，将上述电路模块进行了简单的组合。

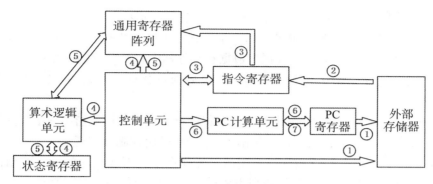

图 8-25　CPU 工作流程示意图

图 8-25 中通过序号标注 Add 指令在 CPU 内部的执行过程，并用箭头表示数据传递的方向。下面按取指令、分析指令和执行指令的顺序进行分析。PC 寄存器的输出与外部存储器的读地址输入相连。

取指令阶段，序号①标示 PC 寄存器将 PC 值输出至外部存储器。控制单元向外部存储器发送读数据请求。外部存储器根据地址端口输入的数据定位读数据的位置，取出指令数据。

序号②标示指令数据输出至指令寄存器暂存。

序号③标示控制单元从指令寄存器中读取指令，分析具体指令的类型，生成对应的控制信号，为下一阶段的指令执行做准备。同时，指令寄存器将指令中的 2 位源寄存器 S 和 2 位目的寄存器 D 输出至寄存器阵列中，为读取对应的通用寄存器数据做准备。

序号④表示控制单元向通用寄存器阵列发送读取数据控制命令，然后将源寄存器 S 和目的寄存器 D 中读取的数据送入算术逻辑单元待运算。同时，控制单元向算术逻辑单元发送全加运算操作的控制命令。全加运算涉及进位标志位，算术逻辑单元执行全加运算前，需从状态寄存器中提取进位标志位。

序号⑤表示执行全加运算完毕后，算术逻辑单元将进位标志位存储至状态寄存器中。同时，算术逻辑单元将运算结果输出至通用寄存器阵列存储。该过程需要控制单元向通用寄存器阵列发送存储数据的控制命令。

序号⑥标示控制单元向 PC 计算单元发送控制信号，PC 计算单元根据控制信号和现有的 PC 寄存器值生成新的 PC 值。

序号⑦表示新的 PC 值存储至 PC 寄存器内。

至此，当前指令执行结束，重新由序号①开启下一条指令的执行。不同类型的指令箭头和序号标注可能与图中标示有细微差别，应根据具体指令进行分析。

图 8-25 已对指令集对应的 CPU 电路结构做了初步描述，电路结构服务于指令的功能实现。从数字逻辑硬件设计的角度，可将 CPU 划分为数据通路和控制单元两大部分。其中，数据通路包括前述微处理器简化模型中的寄存器阵列、ALU、片上总线等具体部件，用于实现数据的传递及加工。控制单元用于向数据通路发送具体的控制命令。

CPU具备取指令、分析指令、执行指令三项基本功能。

➤ 取指令：当指令已在存储器中时，根据程序入口地址取出一条程序。具体操作为将PC寄存器中的数据取出，根据该数据在存储器中找到对应的内存地址，CPU发读指令取出该地址中储存的内容，读出指令后通过数据通路把数据送到指令寄存器中。

➤ 分析指令：即译码指令。是对当前取得的指令进行分析，指出该指令具体需要执行什么操作，并产生相应的操作控制命令。该步骤由控制器实现。

➤ 执行指令：根据分析指令时产生的"操作命令"形成相应的操作控制信号序列，通过运算器、存储器及输入/输出设备的执行，实现每条指令的功能，其中包括对运算结果的处理以及下条指令地址的形成。该步骤在数据通路中执行。

宏观上，CPU的运行原理为：控制单元在时序脉冲的作用下，将指令计数器里指向的指令地址（这个地址是在内存里的）送至地址总线，然后CPU将这个地址里的指令读到指令寄存器进行译码。对于执行指令过程中需要用到的数据，将数据地址也送至地址总线，然后CPU把数据读到CPU的内部存储单元（寄存器组）暂存起来，最后命令运算单元对数据进行处理加工。周而复始，一直这样执行下去。

根据上述分析，可将该CPU划分为数据通路、控制通路两个子系统，然后再进一步将子系统细分为具体的功能模块，具体划分如图8-26所示。

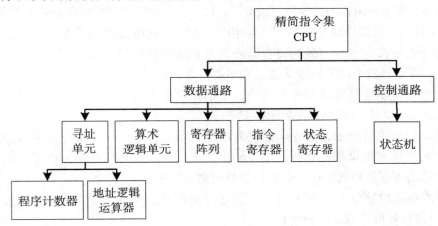

图8-26　CPU模块划分

图8-26中控制通路对应CPU工作流程示意图中的控制单元，通过时序状态机管理数据通路中的电路完成取指令、分析指令、执行指令等操作。数据通路具体划分为寻址单元、算术逻辑单元、寄存器阵列、指令寄存器和状态寄存器。其中，寻址单元又进一步细分为程序计数器和地址逻辑运算器，对应CPU工作流程示意图中的PC寄存器和PC计算单元。进一步将电路细化后的内部结构如图8-27所示。

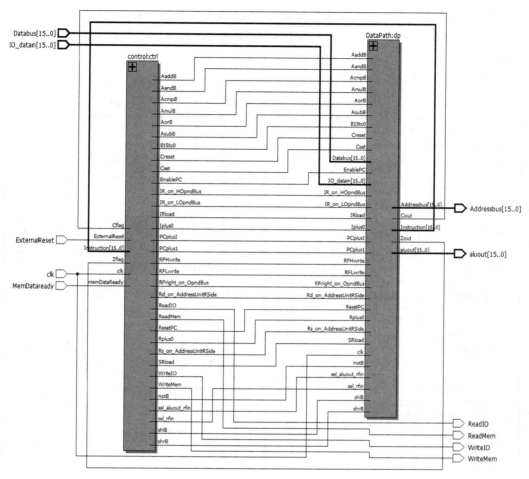

图 8-27　CPU 内部结构

图 8-27 中 Datapath 代表数据通路，control 代表控制通路。图中已标示数据通路与控制通路的连接关系，从端口的分布情况可知，控制通路与外部存储器进行交互，取出指令后对其进行分析，生成若干控制信号，然后将控制信号传递至数据通路。数据通路按控制通路的指示执行对应功能。CPU 除了复位和时钟信号外，端口主要分为三类。

第一类与外部存储器进行交互。CPU 向外部存储器读数据时输出待读取的地址端口 Addressbus 和读控制端口 ReadMem，然后等待外部存储器准备数据。外部存储器数据准备完成后通过端口 MemDataready 向 CPU 发送数据可读信号，然后 CPU 将端口 Databus 读出的数据保存。

第二类与输入/输出接口交互，通过 ReadIO 和 WriteIO 控制端口，读取 IO_datain 或写 IO_datain。

第三类为CPU指令执行后的结果输出。aluout为算术逻辑单元输出运算结果。当指令执行完成后，通常还有一个结果回存的过程，即将执行结果存至寄存器阵列中备用。

CPU的端口描述见表8-11。

表8-11　CPU端口介绍

接口名称	输入/输出	位宽/bit	功能描述	信号来源/去向
ExternalReset	Input	1	复位信号,高电平时CPU完成复位操作	按键
clk	Input	1	外部时钟输入	外部晶振
MemDataready	Input	1	外部存储器数据准备完毕后发送的数据可读信号	外部存储器
Addressbus	Output	16	读外部存储器的地址值	外部存储器
Databus	Input	16	外部存储器读出的数据	外部存储器
ReadMem	Output	1	读外部存储器控制信号	外部存储器
WriteMem	Output	1	写外部存储器控制信号	外部存储器
ReadIO	Output	1	读I/O接口控制信号	I/O接口
WriteIO	Output	1	写I/O接口控制信号	I/O接口
IO_datain	Input	16	外设数据输入	I/O接口
aluout	Output	16	算术逻辑单元的运算结果	寄存器阵列

8.3.4　数据通路设计

数据在功能部件之间传送的路径称为数据通路。上小节已分析执行指令集中，一条基本的运算指令需要的基本电路结构和电路模块之间的相互关系。不同的电路模块经过连线组合得到简化CPU的数据通路。本案例中的CPU数据通路包括算术逻辑单元、通用寄存器阵列、指令寄存器、状态寄存器、寻址单元几部分，用于实现数据的传递及加工。数据通路主要执行具体的算术运算、逻辑运算、存储器交互等各种数据处理搬移等操作，根据不同的控制状态信号，数据通路有序执行各项指令的具体操作。数据通路的电路结构如图8-28所示。

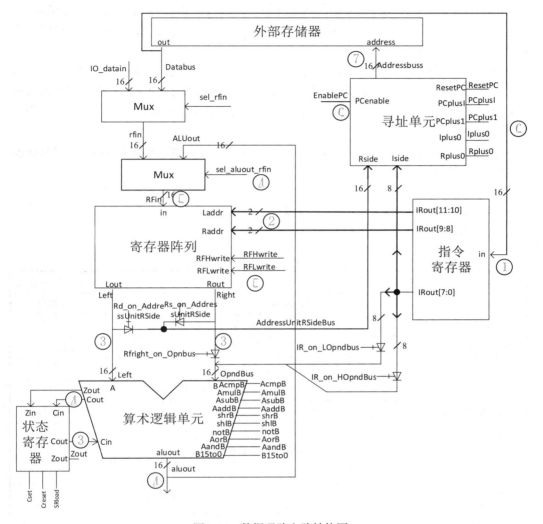

图8-28　数据通路电路结构图

图8-28将上节的电路结构进一步细化，展示了数据通路的内部细节和接口情况。同时，该图详细描述了数据通路包含的电路模块的输入、输出端口。因此，具体电路后续需要按照图中标示的输入、输出端口设计。下面以Add指令为例，讲解数据通路中数据在功能部件之间传送的路径。Add指令功能为：进位标志位、源寄存器S的数据、目的寄存器D的数据三者相加，结果送入目的寄存器D中存放。

标号①：指令寄存器收到由外部存储器发送的指令数据。

标号②：指令中的目的寄存器D字段和源寄存器S字段被指令寄存器输出至寄存器阵列。

标号③：目的寄存器D和源寄存器S内的数据被取出，从Lout和Rout输出至算术逻辑单元待运算。此处须注意，算术逻辑单元的输入口A的数据仅来自Lout的输出端口。因此Lout输出的数据直接传输至A口待运算。但是，B口并未连接

Rout，它还与右边的指令寄存器的低8位相连。因此，Rout输出的信号传输至B口，则需要将控制信号Rfright_on_Opnbus置高电平。同时，进位标志位向状态寄存器读取进位标志待运算。

标号④：算术逻辑单元执行加操作。运算得到的进位标志位由Cout输出。运算结果由aluout输出至寄存器阵列，准备存入目的寄存器D中。但寄存器阵列的输入也可能来自I/O接口和外部存储器，因此需要sel_aluout_rfin信号选取aluout输出作为寄存器阵列的输入。

标号⑤：运算结果存入寄存器阵列。此时需要寄存器阵列的控制信号RFHwrite与RFLwrite设置数据存入的方式。

标号⑥：寻址单元生成新的PC值。

标号⑦：新PC值输出至外部存储器。

数据通路的端口描述见表8-12。

表8-12 数据通路的端口描述

接口名称	输入/输出	位宽/bit	功能描述	信号来源/去向
clk	Input	1	系统时钟	分频器
Databus	Input	16	存储器数据输出	存储器
IO_datain	Input	16	I/O接口数据	I/O接口
ResetPC	Input	1	复位信号,高电平有效	控制器
PCplusI	Input	1	将PC与Iside的和送至输出ALout	控制器
PCplus1	Input	1	将PC与1的和送给输出ALout	控制器
Iplus0	Input	1	将Iside送至输出ALout,此时Iside为8位,需要高8位补0补齐为16位	控制器
Rplus0	Input	1	将Rside的值送给输出	控制器
PCenable	Input	1	PC使能,当PCenable=1时Program Counter输出为in,否则不改变输出	控制器
sel_rfin	Input	1	多路选择信号,为1时MUX1选择IO_datain	控制器
sel_aluout_rfin	Input	1	多路选择信号,为1时MUX2选择aluout	控制器
RFLwrite	Input	1	低8位写有效,为1时地址为Laddr的寄存器的低8位数据=输入数据in的低8位	控制器
RFHwrite	Input	1	高8位写有效,为1时地址为Laddr的寄存器的高8位数据=输入数据in的高8位	控制器
B15to0	Input	1	将B直接送至输出	控制器
AandB	Input	1	将A和B相与的结果送至输出	控制器
AorB	Input	1	将A和B相或的结果送至输出	控制器
notB	Input	1	对B取反后的结果送至输出	控制器
shlB	Input	1	将B循环左移一位的结果送至输出	控制器

续表

接口名称	输入/输出	位宽/bit	功能描述	信号来源/去向
shrB	Input	1	将B循环右移一位的结果送至输出	控制器
AaddB	Input	1	将A+B+cin的结果送至aluout和cout	控制器
AsubB	Input	1	将A−B−cin的结果送至aluout和cout	控制器
AmulB	Input	1	为防止溢出，将A[7:0]×B[7:0]的结果送至输出	控制器
AcmpB	Input	1	将A送至输出，如果A>B，则cout=1，否则cout=0	控制器
Creset	Input	1	进位标志置位0	控制器
Cset	Input	1	进位标志置位1	控制器
SRload	Input	1	输入有效，允许载入状态寄存器	控制器
IRload	Input	1	输入有效，允许载入指令寄存器	控制器
Rs_on_Address UnitRSide	Input	1	多路选择信号，为1时AddressUnitRSide-Bus选择寄存器阵列输出Right	控制器
Rd_on_Address UnitRSide	Input	1	多路选择信号，为1时AddressUnitRSide-Bus选择寄存器阵列输出Left	控制器
IR_on_LOpnd Bus	Input	1	多路选择信号，为1时OpndBus的低8位选择指令寄存器输出IRout的低8位	控制器
IR_on_HOpnd Bus	Input	1	多路选择信号，为1时OpndBus的高8位选择指令寄存器输出IRout的高8位	控制器
RFright_on _OpndBus	Input	1	多路选择信号，为1时OpndBus选择寄存器阵列输出Right	控制器
Addressbus	Output	16	寻址单元输出为存储器地址	存储器
aluout	Output	16	算术逻辑单元输出	存储器、I/O接口
Instruction	Output	16	指令寄存器输出	控制器
Cout	Output	1	进位标志位输出	控制器
Zout	Output	1	aluout为0时标志位输出	控制器

本小节将从实现指令功能的角度探讨数据通路中每个电路模块的内部细节和外部接口，最后将不同的电路整合为简化CPU的数据通路。探讨每个电路模块的内部细节和外部接口时，以实现算术逻辑运算类指令为切入点，引出初步的设计方案。在此基础上，不断增加对其他指令类型的支撑，探讨如何逐步改进设计方案得到最终的设计。

1. 算术逻辑单元

算术逻辑单元（arithmetic and logic unit，ALU）是CPU用于实现多组算术运算和逻辑运算的组合逻辑电路。ALU是CPU的核心组成部分，电路结构根据CPU的指令构建。例如，假设CPU的指令中涉及的算术运算只有加和减，ALU由一个全加器和求补码运算的模块共同组成。假设CPU的指令中不仅涉及加和减的算术运算，还有与、或、取反、移位等逻辑运算，电路结构将更为复杂。本设计中CPU指令涉及的算术逻辑运算包含加、减、乘、比较、与、或、取反、循环左移、循环右移。此外，Mvr、Mil等指令也需要借助算术逻辑单元形成完整的数据通路。以Mvr为例，该指令从寄存器阵列中读取某个寄存器中的数据，从Lout或Rout输出（本设计中默认从Rout输出），然后需要传回寄存器阵列的in端输入。从数据通路电路结构图中观察发现，只有ALU的输出aluout或外部输出（存储器或I/O）有可能传回寄存器阵列的in，因此本设计中只可能借助ALU将Rout输出的数据传回寄存器阵列存储，即将Rout输至ALU的输入口，然后不做任何操作，直接将其传输至aluout输出。根据上述分析得到ALU的电路结构如图8-29所示。

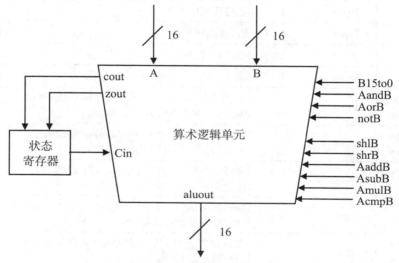

图8-29　ALU的电路结构图

对应的端口描述见表8-13。

表8-13　ALU端口描述

接口名称	输入/输出	位宽/bit	功能描述	信号来源/去向
A	Input	16	数据输入	通用寄存器阵列
B	Input	16	数据输入	通用寄存器阵列
B15to0	Input	1	将B直接送至输出	控制器
AandB	Input	1	将A和B相与的结果送至输出	控制器
AorB	Input	1	将A和B相或的结果送至输出	控制器
notB	Input	1	将B取反后的结果送至输出	控制器
shlB	Input	1	将B逻辑左移一位的结果送至输出	控制器
shrB	Input	1	将B逻辑右移一位的结果送至输出	控制器
AaddB	Input	1	将A+B+cin的结果送至aluout和cout	控制器

续表

接口名称	输入/输出	位宽/bit	功能描述	信号来源/去向
AsubB	Input	1	将A–B–cin的结果送至aluout和cout	控制器
AmulB	Input	1	为防止溢出,将A[7:0]×B[7:0]的结果送至输出	控制器
AcmpB	Input	1	输出为A,如果A≤B,则cout=0;如果A>B,则cout=1	控制器
cin	Input	1	进位标志位输入(数据来自上一次运算产生的C标志位)	状态寄存器
aluout	Output	16	数据输出	寄存器阵列或I/O
zout	Output	1	零标志位输出,当aluout值为0时,zout为高电平,否则低电平	状态寄存器
cout	Output	1	进位标志位输出	状态寄存器

　　A和B是待算术逻辑运算的两个输入端口。右侧的B15to0、AandB、AorB等端口用于选择ALU进行的操作。假设AandB为1,其他信号为0,则A和B进行与运算,运算得到的结果传至aluout输出。ALU每次仅进行一种运算,因此该控制信号同一时间段仅有一个为高电平,其余都应设置为低电平。此外,为了确保不生成无用的锁存器,在always语句的开头把ALU的所有输出设为它们的无效值。cin由状态寄存器提供,在加运算和减运算中提供进位标志位。cout是进位标志位的输出,在加运算、减运算和比较运算中会更新进位标志位的值,通过cout输至状态寄存器存储。zout是零标志位输出,当aluout值为0时,zout为高电平,否则低电平。Verilog代码中,可利用case语句进行模块的设计,根据输入控制信号选择ALU进行对应的操作,得到相应的aluout和输出标志位。电路的仿真波形如图8-30所示。

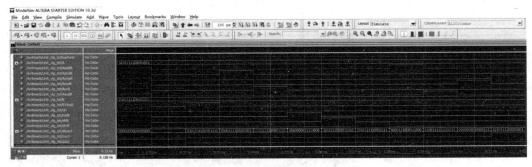

图8-30　　ALU仿真波形

　　仿真开始,为A和B赋初始值,依次测试B15to0、按位与运算、按位或运算、按位取反运算、左移、右移、加法运算、减法运算、乘法运算和除法运算。输出aluout与预期相符。

2. 状态寄存器
状态寄存器用于存储ALU运算时产生的进位标志位和零标志位。CPU每次执行

Add指令或者Sub指令时读取该寄存器存储的进位标志位参与运算，执行Jnz指令时读取该寄存器存储的零标志位用于判断是否跳转。此外，每次ALU运算结束后状态寄存器内的值都会被及时更新。本案例设计的状态寄存器的时钟信号是clk，在clk的下降沿触发。具体模块的示意如图8-31所示。

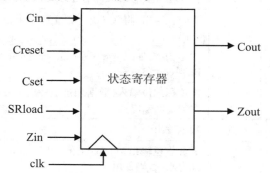

图8-31　状态寄存器结构示意图

状态寄存器的具体端口描述见表8-14。

表8-14　状态寄存器端口描述

接口名称	输入/输出	位宽(bit)	功能描述	信号来源/去向
Cin	Input	1	输入的进位标志位输入值	算术逻辑单元
Zin	Input	1	输入的零标志位输入值	算术逻辑单元
clk	Input	1	系统时钟	分频器
Creset	Input	1	高电平则进位标志位置0	控制器
Cset	Input	1	高电平则进位标志位置1	控制器
SRload	Input	1	高电平则输出等于输入	控制器
Zout	Output	1	输出零标志位的值	控制器
Cout	Output	1	输出进位标志位的值	算术逻辑单元

状态寄存器的输入Cin和Zin分别代表进位标志位和零标志位的输入信号，Cout和Zout分别代表进位标志位和零标志位的输出信号。Creset和Cset用于控制进位标志位的清零和置位。SRload用于控制输出是否有效，仅当SRload为高电平时，输出等于输入。状态寄存器的仿真波形如图8-32所示。

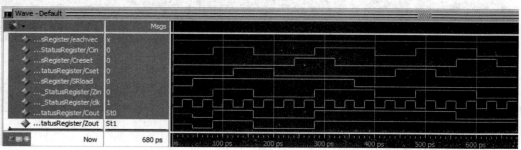

图8-32　状态寄存器仿真波形

仿真的第一阶段，SRload 为 1 时，输出 Cout 与 Zout 与对应的输入 Cin 和 Zin 相同。仿真的第二阶段，当 SRload 为 0 时，输出 Cout 与 Zout 不随输入 Cin 和 Zin 变化。仿真的第三阶段，Cset 为高电平时，输出 Cout 为高电平；Creset 为高电平时，输出 Cout 为低电平。

3. 指令寄存器

指令寄存器（instruction register，IR）用于暂存由外部存储器中取出的即将执行的指令。本案例设计的指令寄存器将外部存储器送来的指令由输入端口 in 存入 16 位的寄存器中。本案例中，IR 的时钟信号是 clk，在 clk 的下降沿触发，具体模块的示意如图 8-33 所示。

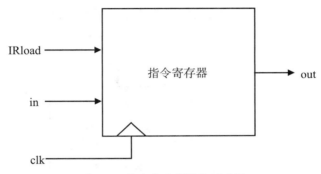

图 8-33　指令寄存器结构示意图

指令寄存器的具体端口描述见表 8-15。

表 8-15　指令寄存器端口描述

接口名称	输入/输出	位宽/bit	功能描述	信号来源/去向
IRload	Input	1	高电平暂存指令,低电平则保持上一时刻的输出值	控制器
in	Input	16	输入的 16 位指令	外部存储器
clk	Input	1	系统时钟	分频器
out	Output	16	输出的 16 位指令	控制器

IRload 用于控制指令是否暂存，当 IRload 为高电平时 out 为 in 输入的 16 位指令，仿真波形如图 8-34 所示。

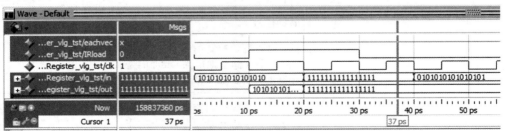

图 8-34　指令寄存器仿真波形

仿真开始时，IRload 为低电平，输出保持不变。当 IRload 为 1 时，在时钟下降沿处，输出等于输入。

4. 寄存器阵列

计算机工作时，需要处理大量的控制信息和数据信息，如对指令信息进行译码，以便产生相应的控制命令；对操作数进行算术或逻辑运算加工，并根据运算结果决定后续操作等。因此，在处理器中需要设置若干寄存器来暂时存放这些信息。常用寄存器按所存信息的类型可分为通用寄存器组、暂存器、指令寄存器、地址寄存器、当前程序状态寄存器、数据缓冲寄存器等。寄存器组也称为寄存器文件或寄存器堆，是一个寄存器集合。寄存器组是处理器内部的存储器，用于存放指令和数据，其中的寄存器都可通过制定相应的寄存器序号来进行读写。图 8-35 为本案例中的通用寄存器阵列的结构示意图。

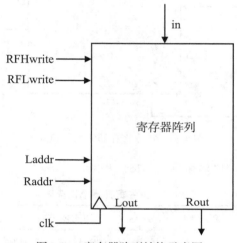

图 8-35　寄存器阵列结构示意图

该寄存器阵列内部包含 4 个通用寄存器，地址分别为 00、01、10 和 11。CPU 通过 Laddr 指定写寄存器的地址值。clk 为寄存器阵列的时钟信号，在 clk 的下降沿触发寄存器阵列。具体端口描述见表 8-16。

表 8-16　寄存器阵列端口描述

接口名称	输入/输出	位宽/bit	功能描述	信号来源/去向
in	Input	16	待存数据	外部存储器、数据总线
clk	Input	1	时钟信号	分频器
RFLwrite	Input	1	低 8 位写有效控制信号，将 in 的低 8 位数据存储至地址为 Laddr 的寄存器的低 8 位，高 8 位保持不变	控制器
RFHwrite	Input	1	高 8 位写有效控制信号，将 in 的高 8 位数据存储至地址为 Laddr 的寄存器的高 8 位，低 8 位保持不变	控制器

接口名称	输入/输出	位宽/bit	功能描述	信号来源/去向
Laddr	Input	2	目的寄存器地址	指令寄存器
Raddr	Input	2	源寄存器地址	指令寄存器
Lout	Output	16	输出目的寄存器地址 Laddr 代表的寄存器内存储的数据	算术逻辑单元
Rout	Output	16	输出源寄存器地址 Raddr 代表的寄存器内存储的数据	算术逻辑单元

存数据：存储数据由 in 输入，RFLwrite 和 RFHwrite 为写有效控制信号，分别代表写入 in 的低 8 位还是高 8 位。Laddr 是目的寄存器地址，同时也代表数据写入的通用寄存器地址。Raddr 为源寄存器地址，不影响数据存储。假设地址为 00 的通用寄存器内原来存储的数据为 $(0000111100001111)_2$，且 (in=1111111111111111)$_2$, RFLwrite=1, RFHwrite=0, Laddr=$(00)_2$, Raddr=$(11)_2$。当 clk 的下降沿到来时，地址为 $(00)_2$ 的通用寄存器内存储的数据变为 $(0000111111111111)_2$，即只改变地址 Laddr 内数据的低 8 位，保持高 8 位不变。

读取数据：读取数据无需任何控制信号，地址 Laddr 指代的数据直接由 Lout 输出，地址 Raddr 指代的数据直接由 Rout 输出。电路的仿真波形如图 8-36 所示。

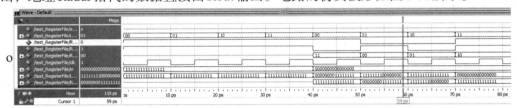

图 8-36　寄存器阵列仿真波形

仿真开始时，RFHwrite=1 和 RFLwrite=1，对 4 个寄存器进行全 16 位的写入，写入值为 16 位二进制数 $(1111111111111111)_2$。Lout 输出为对应储存器的内容。由于 Raddr 未给定输入，因此 Rout 输出不确定值。随后，RFHwrite=1 且 RFLwrite=0，进行高 8 位写入。Laddr 为 $(00)_2$ 且 in 为 $(0000000000000000)_2$。因此，改变 $(00)_2$ 指向的寄存器的值，Lout 输出 $(0000000011111111)_2$。由于 Raddr=$(11)_2$，因此 Rout 输出 $(11)_2$ 指向的寄存器的值 $(1111111111111111)_2$。此后，依次测试 RFHwrite=0 且 RFLwrite=1（低 8 位写入），RFHwrite=0 且 RFLwrite=0（保持不变）和 RFHwrite=1 且 RFLwrite=1（全 16 位写）的情况，寄存器阵列的输出与预期相符。

5. 寻址单元

寻址单元用于运算即将执行的下一条指令的地址值。我们通常将 CPU 即将执行的下一条指令的地址值称为程序计数器（program counter，PC）。本案例中即将执行的指令都预存于外部存储器中，并且按顺序依次存放。正常情况下，CPU 从首条指令开始依次执行，寻址单元在每条指令执行完毕后，在取下一条指令前都会对 PC 执行加 1 操作，代表按次序取下一条指令。但如果执行的是跳转指令，则按跳转逻辑改变 PC 值，因此需要寻址单元针对不同情况进行对应处理。本案例中 CPU 的寻址单元包括程序寄存器（program register，PR）和地址逻辑运算模块（address logic，AL）两部分。程序寄存器用于暂存PC的值，是带使能和复位功能的简单寄存器。地址逻辑运算模块是一个小型的算术单元，根据不同情况计算对应的PC值。寻址单元的模块示意图如图8-37所示。

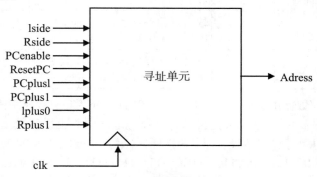

图8-37 寻址单元模块示意图

寻址单元内部结构示意图如图8-38所示。

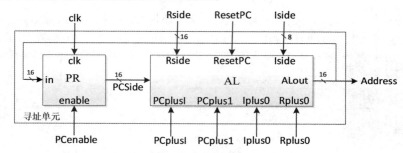

图8-38 寻址单元的内部结构示意图

寻址单元具体端口描述见表8-17。

表8-17 寻址单元端口描述

接口名称	输入/输出	位宽/bit	功能描述	信号来源/去向
ResetPC	Input	1	ResetPC=1时复位寻址单元，ALout=0	控制器
PCplusI	Input	1	ALout输出PC与Iside的和	控制器
PCplus1	Input	1	ALout输出PR与1的和	控制器
Iplus0	Input	1	将Iside送给输出ALout，此时Iside为8位，需要高位补0，补齐为16位再输出	控制器
Rplus0	Input	1	ALout输出Rside的值	控制器
PCenable	Input	1	当PCenable=1时PR输出为in，否则不改变输出	控制器
Rside	Input	16	通用寄存器阵列的输出作为输入值	通用寄存器阵列
Iside	Input	8	指令的低8位作为输入值	指令寄存器
clk	Input	1	系统时钟	分频器
Address	Output	16	输出的最终PC值	存储器

ResetPC 用于寻址单元的复位，置高电平后寻址单元输出的 Address 为 0，即 PC 的初始值，后续新的 PC 值的运算都基于该值进行运算。寻址单元具体执行哪一种运算由 PCplusI、PCplus1、Iplus0、Rplus0 决定。每次运算得到的新 PC 值通过 Address 端口连接外部存储器的地址端口，同时回传至寻址单元作为 PCSide 的输入，生成新的 PC 值，即每次的生成的 PC 值都在上一次生成的 PC 值基础上，根据指令要求，按一定的逻辑重新生成。

寻址单元由 PR、AL 两部分组成，首先分别设计两个电路模块，然后按照模块实例化的方式整合电路。PR 是时序电路，当时钟沿到来时，如果 PCenable=1，则将 in 传输至 PCSide。AL 是纯组合逻辑电路，对 PCSide 做逻辑运算，具体的运算规则取决于控制端口 PCplusI、PCplus1、Iplus0、Rplus0 的值，运算完成的地址数据通过 Address 输出。寻址单元的仿真波形如图 8-39 所示。

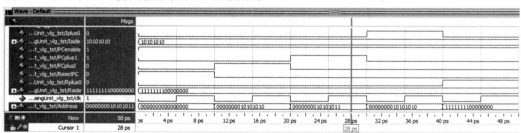

图 8-39　寻址单元仿真波形

仿真开始时，ResetPC 为高电平，寻址单元复位，输出 Address 为 $(0000000000000000)_2$。一个时钟周期后，PCplusI 为高电平，执行 Address 加 Iside 操作，输出 Address 为 $(0000000010101010)_2$。一个时钟周期后，PCplus1 为高电平，执行 Address 加 1 操作，输出 Address 为 $(0000000010101011)_2$。一个时钟周期后，Iplus0 为高电平，执行输出 Iside 的操作，输出 Address 为 $(0000000010101010)_2$。最后，Rplus0 为高电平，执行输出 Rside 的操作，输出 Address 为 $(1111111100000000)_2$。

6. 整合数据通路

（1）电路设计

数据通路的层次结构如图 8-40 所示，数据通路由寻址单元、算术逻辑单元、寄存器阵列、指令寄存器和状态寄存器组成。其中，寻址单元包括程序计数器和地址逻辑运算器。

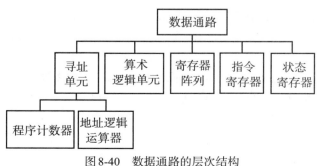

图 8-40　数据通路的层次结构

数据通路的内部电路结构如图8-41所示。

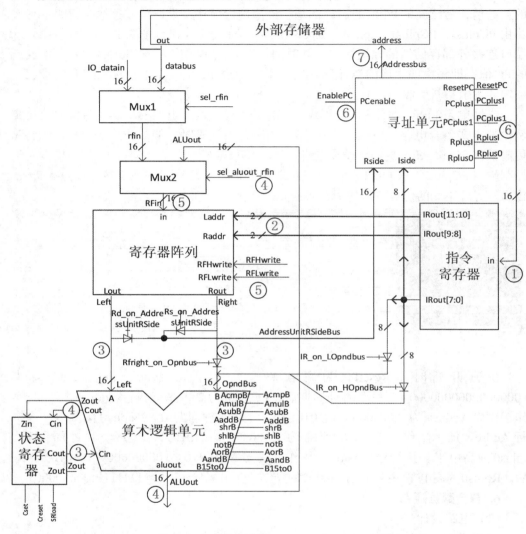

图8-41 数据通路的电路结构图

各个模块之间的数据流向如下。

Mux1：两个输入分别来自IO的数据IO_datain和存储器的数据databus。输出为rfin。sel_rfin来自控制通路。当sel_rfin为1时，输出IO_datain；当sel_rfin为0时，输出databus。

Mux2：两个输入分别来自Mux1的输出rfin和算术逻辑单元的输出aluout，输出为RFin。sel_aluout_rfin来自控制通路。当sel_aluout_rfin为1时，输出aluout；当sel_aluout_rfin为0时，输出rfin。Mux1和Mux2通过上述连接实现三选一的功能。

寄存器阵列：寄存器阵列的输入in来自Mux2的输出RFin。寄存器阵列的输出Lout和Rout分别连接算术逻辑单元的输入A与B。Laddr和Raddr来自指令的8～11

位。RFHwrite和RFLwrite连接控制通路。

算术逻辑单元：输入A来自寄存器阵列的输入Lout。输入B来自寄存器阵列的输入Rout或指令寄存器。输出为aluout，连接至Mux2的输入。

状态寄存器：状态寄存器的输入来自算术逻辑单元的Cout和Zout，输出为Cout和Zout。

指令寄存器：输入来自外部存储器，输出至寄存器阵列、控制通路和算术逻辑单元。

寻址单元：两个输入分别来自指令的后8位和寄存器阵列的输出AddressUnitRSideBus。AddressUnitRSideBus的值取决于Rs_on_AddressUnitRSide和Rd_on_AddressUnitRSide。输出为Addressbus，连接至存储器。

按照前序章节中模块实例化的方法在DataPath.v中实例化AddressingUnit、ArithmeticUnit、InstrunctionRegister、RegisterFile和StatusRegister模块。将DataPath设置为顶层模块后，得到如图8-42所示的层次结构，数据通路实例化完成。

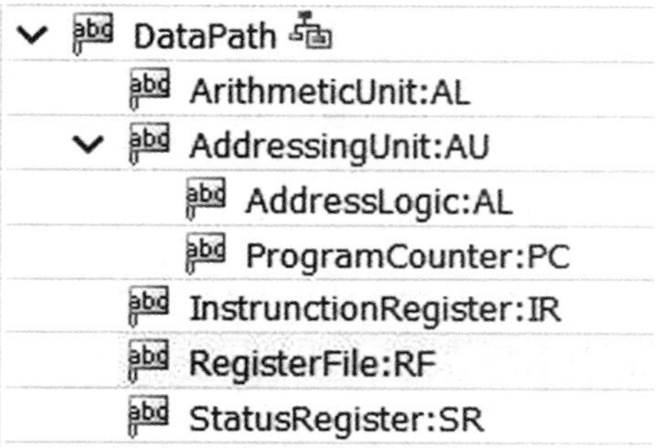

图8-42　数据通路实例化

综合后得到的数据通路RTL图如图8-43所示。

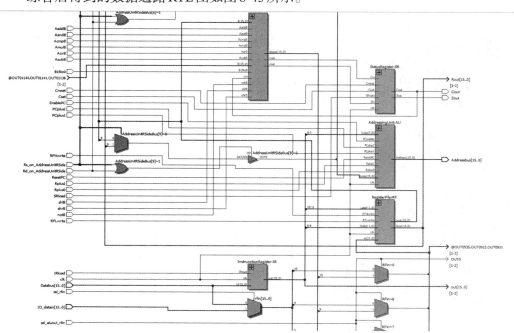

图8-43　数据通路RTL图

数据通路涉及的端口较多，图8-44所示的仿真波形图实现了A–B–cin操作，其中A = 16'h5555，B= 16'h5555，cin = 1，仿真共分为四个阶段完成。

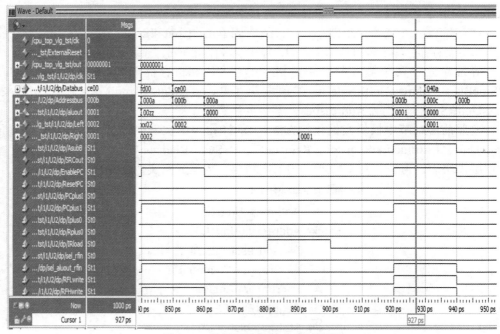

图8-44　数据通路整体仿真波形图

阶段1如图8-45所示，在时钟周期①，存储器的地址为0，读出存储器中的指令16'b0000_0001_0000_0000，此指令表示的操作是将进位输出置高电平。在时钟周期②，该指令使Cset = 1'b1，PCplus1 = 1'b1，EnablePC = 1'b1，cin由0变成1。

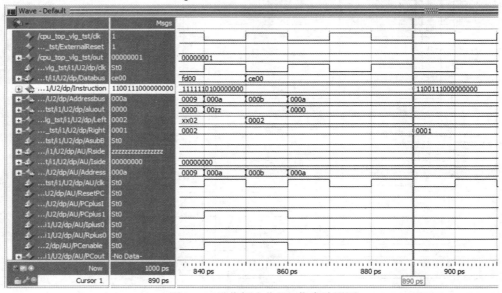

图8-45　进位标志位置1仿真波形图

阶段 2 如图 8-46 所示。在时钟周期①，读出存储器中的指令 16'b0100_0100_0000_0000，此指令表示将 IO_datain 的数据写入寄存器 R1 中。在时钟周期②，PC-plus1 = 1，EnablePC = 1，RFLwrite = 1 和 RFHwrite = 1。在时钟周期③，IO_datain 数据 16'h5555 被载入寄存器，且 Lout = 16'h5555。这是由于 Lout 与地址为 Laddr 的寄存器相连，而此时 Laddr 为 1。Rout 为 x，因为此时地址为 0 的寄存器并没有被写入数据。

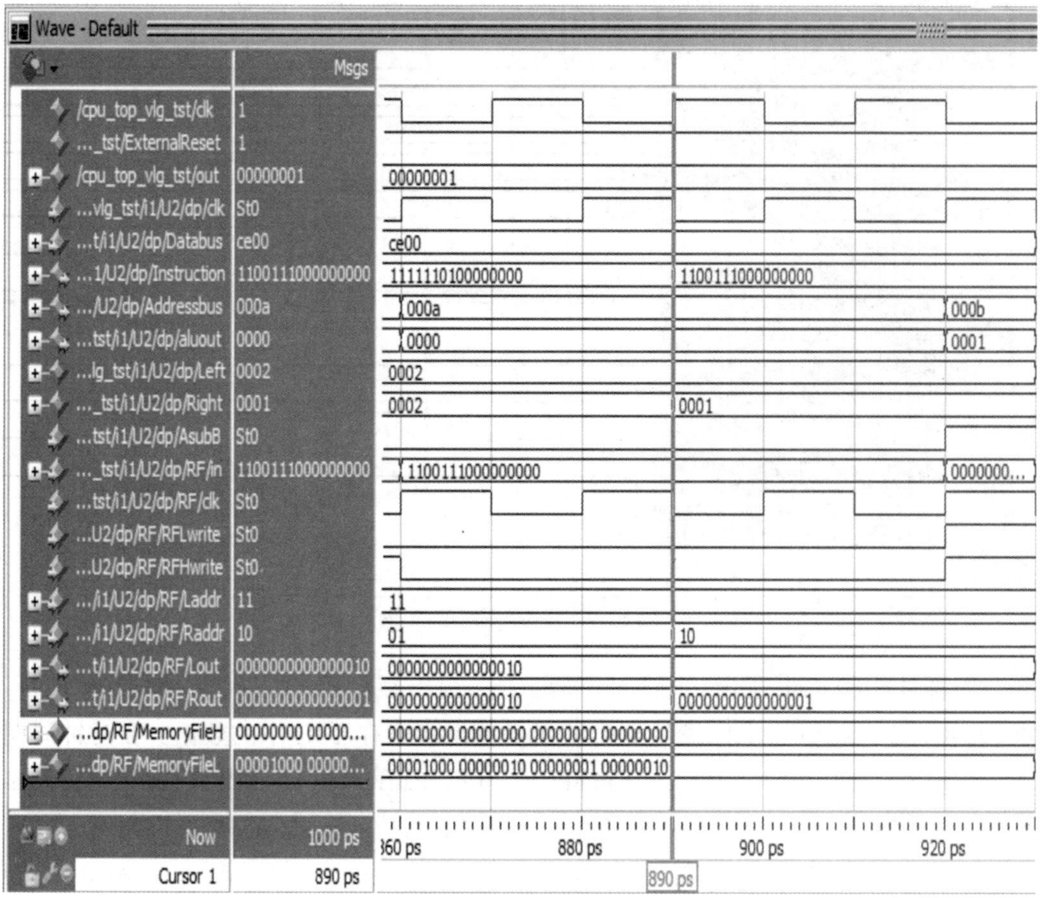

图 8-46　载入数据 A 波形图

阶段 3 如图 8-47 所示。在时钟周期①，读出存储器中的指令 16'b0100_1100_0000_0000，此指令表示将 IO_datain 的数据写入寄存器 R3 中。在时钟周期②，该指令使 PCplus1 = 1'b1，EnablePC = 1'b1，RFLwrite = 1 和 RFHwrite = 1。在时钟周期③，IO_datain 数据 16'h5555 被载入寄存器，且 Lout = 16'h5555，Rout 仍为 x。

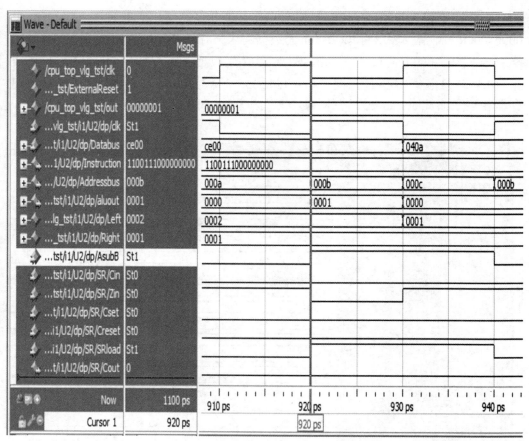

图8-47　载入数据B波形图

阶段4如图8-48所示。在时钟周期①，读出存储器中的指令16'b1100_0111_0000_0000，此指令表示将寄存器R3中的数据减去寄存器R1中的数据。在时钟周期②，该指令使PCplus1 = 1'b1、EnablePC = 1'b1、RFLwrite = 1，RFHwrite = 1，AsubB = 1和SRload = 1。此时Laddr=2'b01,Raddr=2'b11,故Lout=16'h5555,Rout=16'h5555。算术逻辑单元的输入 A 和 B 分别与 Lout 和 Rout 相连，故 aluout = A−B−cin = 16'h5555−16'h5555−1 = 16'hFFFF，仿真结果与理论结果相符。

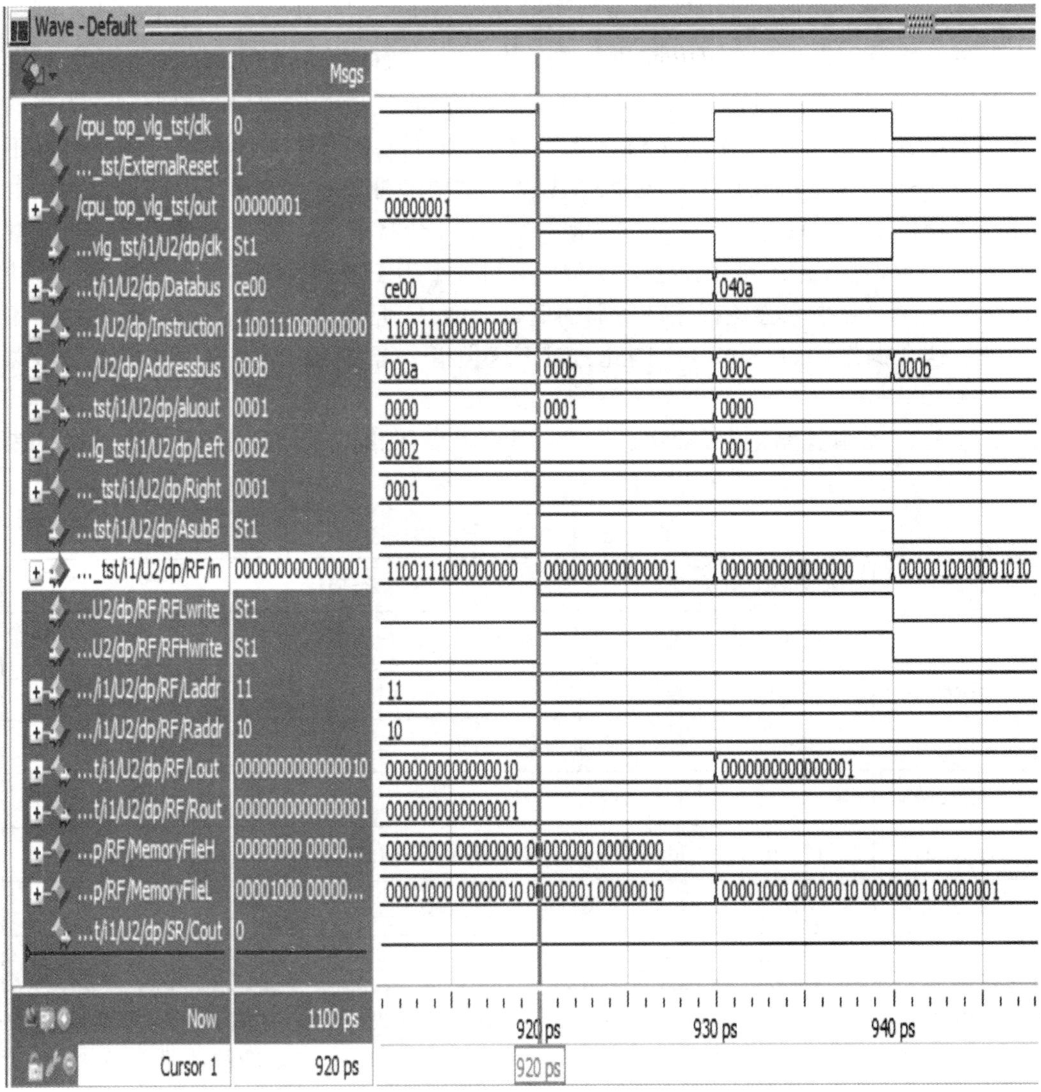

图 8-48　计算 A–B–cin 波形图

8.3.5　控制通路设计

CPU 控制通路按照指令集对当前执行的指令进行译码和分析，生成不同指令对应操作所需的控制信号，指挥整个系统的工作。

1. 状态转移图

状态机用于描述发生有先后顺序或者有逻辑规律的电路，故采用状态机描述控制通路。

首先，分析控制通路可能涉及的状态。根据控制通路的功能，控制通路和数据通路相互配合，读取指令、产生执行指令的控制信号。因此控制通路可能涉及 4 种状态：初始状态、读取指令状态、等待数据状态、执行指令状态。根据不同指令的特点做进一步分析，大部分指令在执行指令状态下完成即可。指令lda完成读取外部存储器中指定地址的数据并载入目的寄存器，指令inp完成读取端口的数据并写入目的寄存器，这两条指令需要从外部存储器或IO端口读取数据。与访问内部寄存器不同，当从外部存储器或IO端口读取数据时，需要额外等待1个时钟周期。因此，处理来自存储器或IO的数据，比一般指令多花费1个状态。指令lda和指令inp执行共需2个时钟周期，一个用于发送读取命令，另一个用于处理读到的数据。此外，在执行状态，大部分指令会让程序计数器的值自动加1，但是使用地址总线的某些指令不会进行这个操作，如sta指令。因此，对于这类指令需要一个状态来完成程序计数器加1。

综上，控制通路定义7种状态，采用哈夫曼风格的编码，各状态的描述见表8-18。

表8-18 控制通路状态描述表

状态名	状态编码	状态描述
reset	$(0000)_2$	初始状态/复位状态
fetch	$(0001)_2$	读取16 bit指令
memread	$(0010)_2$	等待存储器准备好数据
execl	$(0011)_2$	执行指令
execllda	$(0100)_2$	lda指令执行后会跳转到该状态作为过渡状态
excelinp	$(0101)_2$	inp指令执行后会跳转到该状态作为过渡状态
incpc	$(0110)_2$	程序计数器加1

其次，分析状态之间的转移。电路最初处于初始状态reset，当外部复位有效时，保持初始状态不变；当外部复位无效时，跳转至fetch状态读取指令。在fetch状态，当外部复位有效时，跳转到reset状态。当外部复位无效时，跳转至memread状态等待存储器准备数据。在memread状态，当外部复位有效时，跳转到reset状态；当外部复位无效时，若存储器没有准备好数据，则保持在该状态，若存储器已经准备好数据，则跳转至exec1状态执行指令。在exec1状态，当外部复位有效时，跳转到reset状态；当外部复位无效时，根据指令集产生执行相应指令所需的控制信号。其中，对于lda指令仅发出对存储器进行读取的控制，并跳转至exec1lda状态，发出执行该指令所需的完整的控制信号。inp指令仅发出对IO端口读取的控制，并跳转至exec1inp状态发出执行该指令所需的完整的控制信号。对于sta指令，跳转至incpc状态使PC加1。对于其余指令，该状态下都跳转至fetch状态进行新一次的指令读取。

根据分析画出状态转移图，如图 8-49 所示。图中只画出了关键的状态转移，如外部复位有效时跳转到 reset 状态等没有全部画出。此外，由于输出信号较多，各状态下的输出情况也未在图中列出。

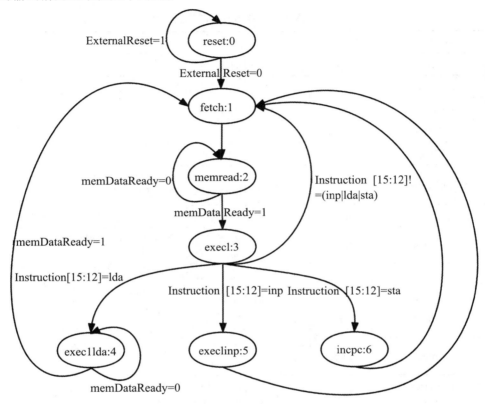

图 8-49　控制通路的状态转移图

2. 电路建模

根据设计需求，梳理控制通路的接口。输入接口包括时钟 clk、复位 ExternalReset 和待译码的指令 Instruction 等。memDataReady 用于判断 memread 状态的下一状态和 exec1lda 状态的下一状态。状态寄存器的两个标志位 Cflag 和 Zflag 用于控制指令的跳转。例如 jnz 需要根据零标志位判断是否跳转。

输出接口按照模块进行梳理。EnablePC、ResetPC、PCplusI、PCplus1、Iplus0、Rplus0 用于控制寻址单元；B15to0、AandB、AorB、notB、shlB、shrB、AaddB、AsubB、AmulB、AcmpB 用于控制算术逻辑单元 ALU 执行相应的指令；RFLwrite、RFHwrite 用于控制通用寄存器阵列，控制数据是写入低 8 位还是高 8 位；IRload 用于控制指令寄存器；SRload、Cset、Creset 用于控制状态寄存器；ReadMem、WriteMem 和 ReadIO、WriteIO 分别用于控制存储器和 I/O 端口的读、写操作。此外，还有一些输出接口用于数据通路中的逻辑判断，可以理解成用于数据通路模块之间的连接逻辑，如 Rs_on_AddressUnitRSide、Rd_on_AddressUnitRSide 用于控制写入到寻址单元的是源寄存器的数据还是目的寄存器的数据，Address_on_Databus、ALU_on_Databus

控制送至数据总线的是地址还是ALU的输出数据。

电路中共6个输入和35个输出，具体接口说明见表8-19。依照接口说明，进行模块声明和端口定义。

表8-19 控制通路接口说明表

接口名称	输入/输出	位宽/bit	功能描述	信号来源/去向
clk	Input	1	时钟信号	分频器
ExternalReset	Input	1	复位信号,高电平有效	外部复位按键
Instruction	Input	16	指令	指令寄存器
Cflag	Input	1	C标志位	状态寄存器
Zflag	Input	1	Z标志位	状态寄存器
memDataReady	Input	1	高电平有效,表示存储器已准备好要传递给CPU的数据	存储器
ResetPC	Output	1	寻址单元复位信号,高电平有效	寻址单元
PCplusI	Output	1	控制寻址单元将PC与Iside相加,高电平有效	寻址单元
PCplus1	Output	1	控制寻址单元将PC加1,高电平有效	寻址单元
Iplus0	Output	1	控制寻址单元将Rside与Iside相加,高电平有效	寻址单元
Rplus0	Output	1	寻址单元将Rside直接送至输出作为地址,高电平有效	寻址单元
Rs_on_AddressUnitRSide	Output	1	将源寄存器数据输入到寻址单元Rside,高电平有效	数据通路
Rd_on_AddressUnitRSide	Output	1	将目的寄存器数据输入到寻址单元Rside,高电平有效	数据通路
EnablePC	Output	1	PC使能,高电平有效	寻址单元
B15to0	Output	1	将B送至输出的控制信号,高电平有效	算术逻辑单元
AandB	Output	1	指令And的控制信号,高电平有效	算术逻辑单元
AorB	Output	1	指令Or的控制信号,高电平有效	算术逻辑单元
notB	Output	1	指令Not的控制信号,高电平有效	算术逻辑单元
shlB	Output	1	指令Shl的控制信号,高电平有效	算术逻辑单元
shrB	Output	1	指令Shr的控制信号,高电平有效	算术逻辑单元
AaddB	Output	1	指令Add的控制信号,高电平有效	算术逻辑单元
AsubB	Output	1	指令Sub的控制信号,高电平有效	算术逻辑单元
AmulB	Output	1	指令Mul的控制信号,高电平有效	算术逻辑单元
AcmpB	Output	1	指令Cmp的控制信号,高电平有效	算术逻辑单元

接口名称	输入/输出	位宽/bit	功能描述	信号来源/去向
sel_aluout_rfin	Output	1	写入寄存器的数据来源选择信号。 0:选择写入 rfin 的数据; 1:选择写入算术逻辑单元 aluout 的数据选择写入 rfin 的数据	数据通路
sel_rfin	Output	1	数据 rfin 来源选择信号。 0:从存储器的数据总线读入数据; 1:从 IO 端口读入数据	数据通路
RFLwrite	Output	1	控制数据写入寄存器阵列的低 8 位,高电平有效	通用寄存器阵列
RFHwrite	Output	1	控制数据写入寄存器阵列的高 8 位,高电平有效	通用寄存器阵列
IRload	Output	1	控制指令寄存器读取指令,高电平有效	指令寄存器
SRload	Output	1	控制状态寄存器存储标志位,高电平有效	状态寄存器
Address_on_Databus	Output	1	将寻址单元的输出 Address 写到数据总线,高电平有效	数据通路
ALU_on_Databus	Output	1	将算数逻辑单元的输出 aluout 写到数据总线,高电平有效	数据通路
IR_on_LOpndBus	Output	1	指令 Mil 的控制信号,控制将立即数放到低 8 位,高电平有效	数据通路
IR_on_HOpndBus	Output	1	指令 Mih 的控制信号,控制将立即数放到高 8 位,高电平有效	数据通路
RFright_on_OpndBus	Output	1	将源寄存器的数据作为算术逻辑单元的操作数 B 进行运算,高电平有效	数据通路
ReadMem	Output	1	读存储器数据,高电平有效。有效时表示 CPU 准备向存储器读数据	存储器
WriteMem	Output	1	写存储器数据,高电平有效。有效时表示 CPU 准备好向存储器写数据	存储器
ReadIO	Output	1	读 I/O,高电平有效。有效时表示 CPU 准备好向 I/O 设备读数据	I/O
WriteIO	Output	1	写 I/O,高电平有效。有效时表示 CPU 准备好向 I/O 设备写数据	I/O
Cset	Output	1	控制 C 标志位置 1,高电平有效	状态寄存器
Creset	Output	1	控制 C 标志位置 0,高电平有效	状态寄存器

状态机的设计思路大体上为：第一段时序逻辑描述状态转移；第二段使用组合逻辑判断状态转移条件，描述状态转移；第三段描述状态输出（可以使用组合逻辑，也可以用时序逻辑）。在本设计中，第一段时序逻辑描述当前状态 Pstate 和下一状态 Nstate 的转移，将第二段和第三段合并在一起，用组合逻辑描述。根据当前状态和输入情况，判断状态转移条件，描述状态转移和输出。

第一个 always 块用时序逻辑描述状态转移，且状态转移发生在时钟下降沿。

第二个 always 块用组合逻辑描述下一状态以及输出。以 add 和 lda 指令为例，add 指令相关代码如下。

```
add : begin
    RFright_on_OpndBus = 1'b1;
    AaddB = 1'b1;
    sel_aluout_rfin=1'b1;
    RFLwrite = 1'b1;
    RFHwrite = 1'b1;
    SRload = 1'b1;

    PCplus1 = 1'b1;
    EnablePC=1'b1;
    Nstate = fetch;
end
```

首先选择寄存器阵列的目的寄存器 Rd 和源寄存器 Rs 分别作为 ALU 模块 A 和 B 的输入，然后将控制信号 AaddB 置位。ALU 模块收到控制信号后，运算相应的结果 aluout。根据指令定义（Rd<=Rd+Rs+C），需要将运算结果存储至寄存器阵列的 Rd 中，因此将控制信号 sel_aluout_rfin 置位，把 aluout 写入寄存器阵列。通过置位 RFLwrite、RFHwrite 分别存储低 8 位和高 8 位的结果。置位 SRload，控制状态寄存器存储当前 C、Z 标志位的状态。通过将控制信号 PCplus1 和 EnablePC 置位，使得 PC 加 1 指向下一条指令的地址。add 指令的执行是在 exec1 状态，下一状态是 fetch 状态，准备取下一条指令。

lda 指令是载入指定地址的数据，将 Rs 中的数据作为地址，读取存储器中对应地址的数据，写入 Rd。该指令的执行在 exec1 和 exec1lda 两个状态下完成。exec1 状态下的代码如下。

```
lda : begin
    Rplus0 = 1'b1;
    Rs_on_AddressUnitRSide = 1'b1;
    ReadMem = 1'b1;
    Nstate = exec1lda;
end
```

置位控制信号 Rs_on_AddressUnitRSide，控制将源寄存器 Rs 中的数据输入至寻址单元 Rside。置位控制信号 Rplus0，控制寻址单元将 Rside 直接送至输出作为地址。置位控制信号 ReadMem，有效时 CPU 准备读取存储器中相应地址的数据。下一状态是 exec1lda，代码如下。

```
exec1lda :
    if （ExternalReset == 1'b1）
        Nstate = reset；
    else begin
        if （memDataReady == 1'b0） begin
            Rplus0 = 1'b1；
            Rs_on_AddressUnitRSide = 1'b1；
            ReadMem = 1'b1；
            Nstate = exec1lda；
        end
        else begin
            RFLwrite = 1'b1；
            RFHwrite = 1'b1；
        sel_aluout_rfin = 1'b0；

            PCplus1 = 1'b1；
            EnablePC=1'b1；
            Nstate = fetch；

        end
    end
```

如果 ExternalReset == 1'b1，即外部复位有效，那么下一状态是 reset 状态；无效时，判断存储器是否准备好数据。如果 memDataReady == 1'b0，即存储器没有准备好数据，则控制信号 Rs_on_AddressUnitRSide、Rplus0、ReadMem 保持置位，下一状态保持在 exec1lda 状态，等待存储器准备好数据。如果 memDataReady == 1'b1，那么继续执行 lda 指令。控制信号 sel_aluout_rfin 置 0，控制从存储器读入数据，而不是从 aluout 读入。RFLwrite、RFHwrite 置 1，分别将低 8 位和高 8 位数据写入寄存器 Rd 中。PCplus1、EnablePC 置 1，控制 PC 加 1。下一状态是 fetch，准备读取下一条指令。

3. 功能仿真

控制通路的设计须保证指令译码的正确性，即根据不同的指令产生正确的控制信号。为了验证设计是否符合要求，Test Bench 文件需要覆盖所有可能的输入情况，即复位、指令、标志位、存储器数据准备情况。这里简单选某个指令某个时刻的情况做输入，查看输出，判断是否按要求产生相应的控制信号。首先对控制通路的输入信号进行初始化，然后复位并等待存储器准备数据，最后调用instruction任务进行指令输入。参考代码如下。

```
initial begin
    ExternalReset = 1'b1;
    Instruction = 16'd0;
    Cflag = 1'b0;
    Zflag = 1'b0;
    memDataReady = 1'b0;

    #（`CLK_PERIOD*5 + 1）  ExternalReset = 1'b0;
    memDataReady = 1'b1;

    instruction;

    #（`CLK_PERIOD*5）
    $stop;
end
```

在instruction任务中输入指令，这里每隔4个时钟周期分别输入add、lda、inp、sta四条指令进行测试，也可自行修改想要测试的指令进行仿真。生成的仿真波形图如图8-50所示。

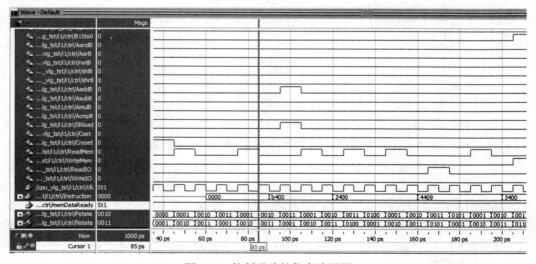

图8-50　控制通路的仿真波形图

以Add指令为例，额外将模块中表示当前状态的Pstate和下一状态的Nstate信号添加到波形并仿真，放大并分析波形，如图8-51所示。

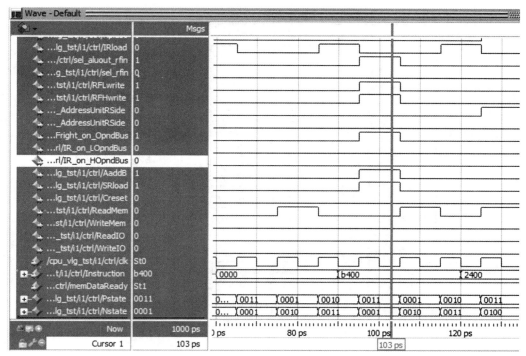

图8-51 Add指令波形图

初始化复位信号 ExternalReset 为高电平时，Pstate 为 Reset 状态（4'h0）。该状态下输出的控制信号 ResetPC、EnablePC、Creset 为高电平，且 Nstate 也是 Reset 状态（4'h0）。此后，ExternalReset 保持低电平，因此 Nstate 为 fetch 状态（4'h1），并且后续状态转移不会跳转回 Reset（4'h0）。

在 fetch 状态（4'h1）下，发出控制信号 ReadMem 准备从存储器读取数据，进入 memread 状态（4'h2）。

在 memread 状态（4'h2）下，由于此时来自存储器的表示数据准备状态的信号 memDataReady 为高电平，因此发出控制信号 IRload 从指令寄存器中读取指令，进入指令执行状态 exec1（4'h3）。

在 exec1 状态（4'h3）下，根据 Instruction 判断出当前指令是 add，于是发出控制信号 RFright_on_OpndBus、AaddB、ALU_on_Databus、sel_aluout_rfin、RFLwrite、RFHwrite、SRload、PCplus1、EnablePC。至此，add 指令译码完成。Nstate 为 fetch（4'h1），开始新一条指令的读取和译码。

8.3.6 简化CPU整合与调试

1. 电路设计

CPU 整体上可以分为控制通路和数据通路两个部分，如图8-52所示。分别完成对控制通路和数据通路的代码编写和仿真，且结果准确无误后，将两个模块整合并进行功能性验证。

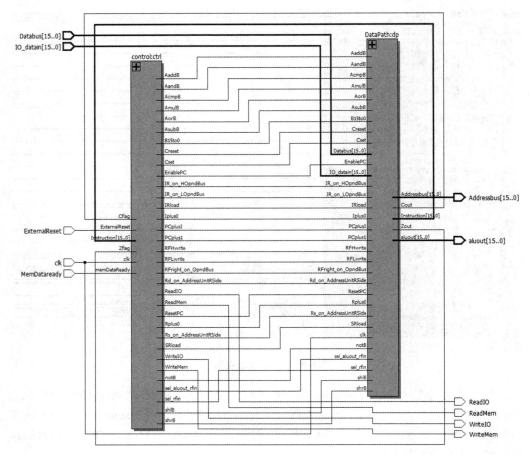

图 8-52　CPU 整体架构模型

　　图 8-52 中左边的控制通路不断输出命令,右侧的数据通路接收这些命令并进行相应的数据运算和处理。控制通路通过 instruction 的值决定输出至数据通路的控制命令值。表 8-20 为 CPU 各输入、输出端口的具体信息。

表 8-20　CPU 端口描述

端口名称	输入/ 输出	位宽/ bit	功能描述	信号 来源	信号 去向
ExternalReset	Input	1	复位输入,高电平有效,CPU 完成复位操作	按键	CPU
MemDa-taready	Input	1	高电平有效,表示存储器已准备好传给 CPU 的数据	存储器	CPU
Clk	Input	1	时钟信号	分频器	CPU
Databus	Input	16	从存储器读出对应数据(ReadMem),高电平有效。也有提供指令的作用	存储器	CPU

续表

端口名称	输入/输出	位宽/bit	功能描述	信号来源	信号去向
Addressbus	Ouput	16	地址总线,表示要读取或写入的存储器里数据的地址	CPU	存储器
ReadMem	Ouput	1	读存储器数据,高电平有效,表示CPU准备读出存储器中的数据	CPU	存储器
WriteMem	Ouput	1	写存储器数据,高电平有效,表示CPU已准备好向存储器写入数据	CPU	存储器
ReadIO	Ouput	1	读I/O,高电平有效,表示CPU已准备好从I/O设备读取数据	CPU	I/O
WriteIO	Ouput	1	写I/O,高电平有效,表示CPU已准备好向I/O设备写入数据	CPU	I/O
aluout	Ouput	16	写入I/O或存储器的数据	CPU	I/O或存储器
IO_datain	Input	16	从I/O设备读出对应数据	I/O设备	CPU

表 8-20 中所述端口主要用于描述 CPU 与外部设备的关系。以 CPU 和存储器的双向传输为例,当 CPU 需要从存储器读取数据时,首先 CPU 通过 ReadMem 告知存储器是否要进行读取数据的操作,通过 Addressbus 输出地址码告知存储器读取数据的位置。存储器接收来自 CPU 的 ReadMem,如果 ReadMem 值为 0 则保持之前的状态不变,值为 1 则查看 Addressbus 传输过来的地址对应位置的数据,并准备将其传输至 CPU。存储器发出 MemDataready,CPU 接收此信号,如果其值为 0 说明存储器还未准备充分,为 1 则表明存储器可通过 Databus 传输数据至 CPU。

当需要向存储器写入数据时,CPU 首先通过 WriteMem 输出控制信号。该信号为 0 则不写入数据,为 1 则写入。通过 Addressbus 的值决定数据写入存储器的位置。当 WriteMem 端口输出信号为 1 时,只要存储器正常工作,CPU 则通过 aluout 将数据传输至存储器 Addressbus 指向的位置。

对于 CPU 和 I/O 设备的双向交流也有同存储器类似的过程。

CPU 包含控制通路和数据通路两部分,因此可通过模块实例化实现。首先定义一个顶层模块,该顶层模块的输入和输出端口为 CPU 的输入和输出端口;接着实例化数据通路和控制通路,实例化的具体设计思路可参考前序相关章节。下面从建立 CPU 的顶层模块开始一步一步详细介绍如何实例化 CPU。

（1）新建工程。如图 8-53 所示,注意工程名字的一致性,之后把与控制通路和数据通路相关的一系列 .v 文件全部放入工程项目文件夹内（建议新建一个文件夹,注意此软件不支持中文路径和文件名）。

图 8-53　工程文件示例

（2）根据端口描述表定义 CPU 的输入和输出端口。

（3）在顶层文件中定义例化用到的信号。

（4）例化数据通路和控制通路。

（5）检查例化结果。

完成控制通路和数据通路的例化后，点击 Compilation。报错的话需要按提示修改，如果未报错也不代表该 CPU 的整合已顺利完成。对于例化未分配的端口，Quartus 不会报错，仅生成警告。因此，还须特别关注编译后的警告提示，可打开 RTL 图检查模块之间的连线是否有端口断连或连至错误位置的情况。

2. 功能仿真

完成对 CPU 的例化后，需要对 CPU 进行仿真以检验其功能的正确性。理论上，CPU 的功能仿真应该针对 CPU 内包含的所有指令，但篇幅有限，下面以 Add 指令为例，检验加法操作在 CPU 中能否顺利完成。读者可根据该方法检查其他指令。

Add 指令执行的是 Rs 加 Rd 的操作，通过 aluout 输出 Rs 加 Rd 的结果并将其回存至 Rd 中。由于 CPU 刚上电时寄存器阵列内没有值，直接执行 Add 指令无法得到确定的结果。因此先使用 Mil 和 Mih 指令将 Rs 和 Rd 的值送入寄存器阵列。假设本节验证的 Add 指令二进制表示为（1011000111111111）$_2$。此时，Rs 指代 R1，Rd 指代 R0。在执行该 Add 指令前，需要将待运算的值存入寄存器阵列的 R0 与 R1。利用 Mil 指令将（10000001）$_2$ 存入 R0 的低 8 位，该指令的二进制表示为（1111000010000001）$_2$。利用 Mih 指令将（10101010）$_2$ 存入 R0 的高 8 位，该指令的二进制表示为（1111000110101010）$_2$。同理，可利用 Mil 和 Mih 指令将待运算值存入 R1。

利用前文所述的架构编写 Test Bench，对于 CPU 中 Add 指令的功能测试主要有三个任务：

（1）按要求进行复位。

（2）执行加运算的输入值 A 和 B 的赋值。

（3）执行加法指令。

每个任务在编写时都需要考虑：输入端口是什么？输入端口的值应该是什么？该值在何时发生怎样的变化？Test Bench 的核心代码如下。

```
initial
begin
task1;//task1 任务负责 cpu 复位和恢复
task2;//task2 任务负责对 A,B 赋值
task3;//task3 任务负责计算
end

task task1;
begin
ExternalReset=1'b1;
repeat(1)@(posedge clk);
ExternalReset=1'b0;MemDataready=1'b1;
end
endtask

task task2;
begin
Databus=16'b1111000010000001;//先把 10000001 送入寄存器阵列第一个单元
低 8 位，此处的存储器是指寄存器阵列里面的 rom
//命令的第 12~11 位指定了数据写入存储器的位置
repeat(5)@(posedge clk);
Databus=16'b1111000110101010;//再把 10101010 送入寄存器阵列第一个单元
高 8 位,寄存器阵列第一个单元存储的 16 位数据已经写入
//命令的第 10~9 位承担了数据送入存储器对应位置高 8 位还是低 8 位的任务
repeat(5)@(posedge clk);
Databus=16'b1111010011111111;//把 11111111 送入寄存器阵列第二个单元低 8 位
repeat(5)@(posedge clk);
Databus=16'b1111010100000001;//把 00000001 送入寄存器阵列第二个单元高 8
位，寄存器阵列第二个单元存储的 16 位数据已经写入
repeat(5)@(posedge clk);
end
endtask

task task3;
```

```
begin
Databus=16'b1011000111111111;//计算的 patabus 只用考虑高 8 位即可，其中最
高四位对应计算方法，第 12~9 位对应存储器写入数据的位置
//因此实际上不是计算 A+B 的实时值，而是计算存储器中的两个位置的数的和
//此处是计算过程，需要用指令第 12~9 位指定存储器的两个不同位置了
end
endtask
```

task1用于CPU的复位和一些关键控制信号的赋值。task2用于R0和R1的赋值。task3用于Add运算。在Test Bench中，任务划分是非常清晰的。读者在编写仿真运算类指令时可参照该Test Bench结构，更改task3即可。仿真其他指令可能需要同时更改task2和task3。仿真得到的波形如图8-54所示。

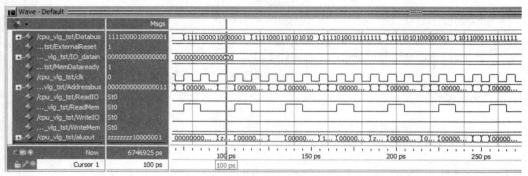

图8-54　CPU整体仿真图像

放大查看上述 CPU 仿真波形。CPU 正常工作后，aluout 输出第一个非零值 $(zzzzzzzz10000001)_2$。这是由于 Mil 指令的执行，改变了 R0 的低 8 位存储值。然后 aluout 输出 $(10101010zzzzzzzz)_2$，这是由于 Mih 指令的执行，改变了 R0 的高 8 位存储值。此处 aluout 输出了两次 $(10101010zzzzzzzz)_2$，这是因为 Mih 的指令持续时间稍长，因此执行了两次相同的 Mih 指令。后继续执行 Mil 与 Mih 指令分别改变 R1 的低 8 位和高 8 位存储值，aluout 分别输出 $(zzzzzzzz11111111)_2$ 及 $(00000001zzzzzzzz)_2$。此时 R0 与 R1 的值已存入寄存器阵列，可执行 Add 指令。Add 指令执行后，aluout 输出的第一个非零值为 $(1010110010000000)_2$，与 R0+R1 的结果相符，初步验证了 Add 指令。尽管如此，仍然无法确定 Add 指令执行成功，因为无法判断最终的相加结果是否已存入寄存器阵列中。因此，以指令在数据通路中的路径为主线，分析指令的执行过程，以此辅助判断指令执行是否符合预期。下面以 Add 指令为例分析指令的执行过程。

指令经Databus输入，先到达指令寄存器，查看指令寄存器的波形如图8-55所示。

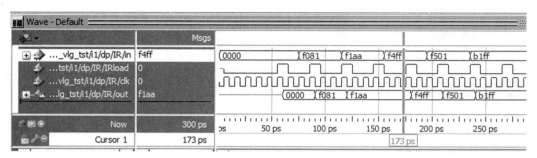

图8-55　指令寄存器相关波形

指令寄存器的输入、输出都等于Databus数据值，指令寄存器的运行符合预期。指令下一步进入寄存器阵列读取R0和R1的值。添加寄存器阵列的相关信号波形如图8-56所示。

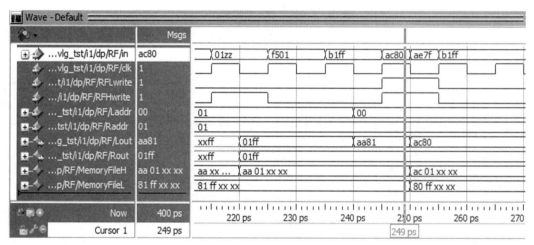

图8-56　寄存器阵列相应波形图

图8-56中光标处，寄存器阵列输出Lout=R0=（1010101010000001）$_2$，Rout=R1=（0000000111111111）$_2$，寄存器阵列按预期正确输出了运算模块需要的A和B的值。

添加ALU模块的相关信号，查看是否正确接收数据并用于加法运算，仿真波形如图8-57所示。

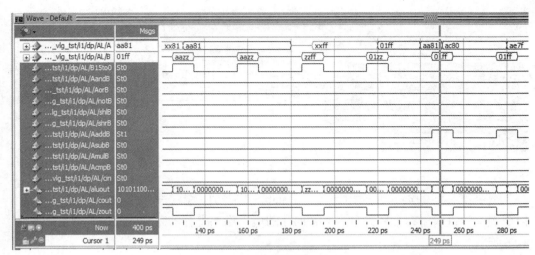

图8-57　ALU模块信号波形

图中A端口和B端口的值与寄存器阵列对应输出相等，当AaddB端口为高电平时，aluout输出的结果也与A+B一致。

验证最后一步，即A+B的结果是否回存至寄存器阵列的R0中。再次查看寄存器阵列相关信号，仿真波形如图8-58所示。

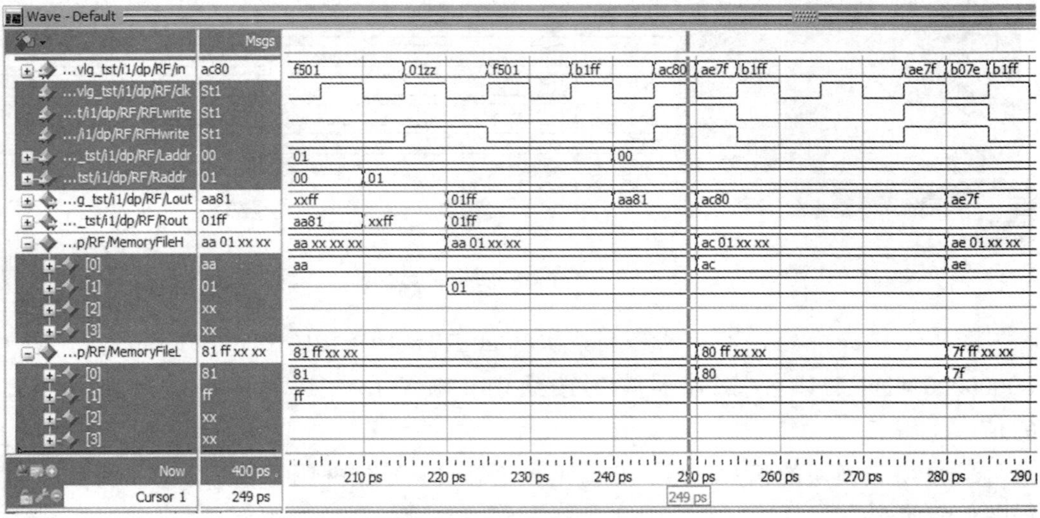

图8-58　寄存器阵列相关信号

Lout此时的输出值等于上一步运算模块输出的结果，说明回存成功。此后Lout即R0的值一直不断变化，因为加法指令没有停止，因此累加后的计算结果不停回存至R0。

8.3.7　下板验证

1. 下板电路构建

虽然完成了 CPU 模块的设计，但仅将 CPU 电路下板至 FPGA 中无法直接运行。CPU 至少还需要时钟分频模块和外部存储器才能正常工作。图 8-59 为本实验搭建的下板电路结构图。

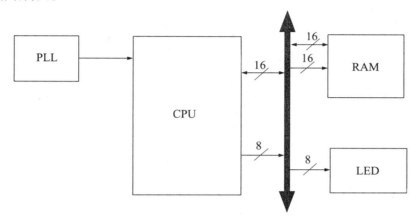

图 8-59　CPU 下板电路结构图

PLL（phase locked loop，时钟分频模块）为 CPU 提供适用的时钟频率，RAM（random access memory，随机存取存储器）用于存储待 CPU 执行的程序，CPU 的 I/O 接口接外部 LED 灯。本案例通过 IP 核例化 PLL 和 RAM 实现时钟分频模块和外部存储器。

2. 待运行程序的设计

为了便于在 FPGA 开发板上观测 CPU 是否正常运行，需要编写一段程序供 CPU 执行。本案例利用自定义指令集中的指令，编写一段程序控制开发板上的 LED 流水运行，验证 CPU 的性能。设计流水灯程序需要用到的指令。

Mil：将立即数放在低 8 位。

Mih：将立即数放在高 8 位。

Oup：输出到端口。

Shl：左移。

Sub：寄存器数据相减。

Jnz：以零标志位为条件的分支。

Jpa：跳转到指定位置。

具体的程序流程图如图 8-60 所示。

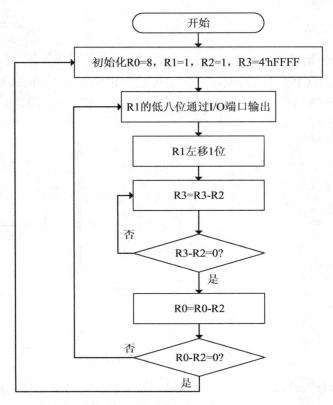

图8-60　流水灯程序流水图

根据程序流程图，利用已有的指令编写该流水灯程序，得到的程序代码及说明如图8-61所示。

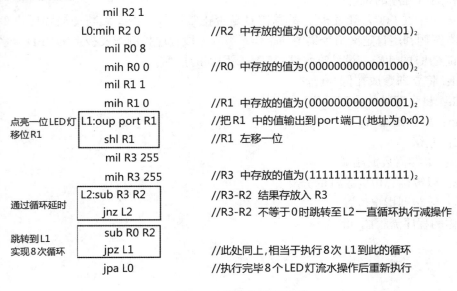

```
         mil R2 1
L0:      mih R2 0              //R2 中存放的值为(0000000000000001)₂
         mil R0 8
         mih R0 0              //R0 中存放的值为(0000000000001000)₂
         mil R1 1
         mih R1 0              //R1 中存放的值为(0000000000000001)₂
点亮一位LED灯 L1:oup port R1   //把R1 中的值输出到port端口(地址为0x02)
移位R1      shl R1             //R1 左移一位
         mil R3 255
         mih R3 255           //R3 中存放的值为(1111111111111111)₂
通过循环延时 L2:sub R3 R2      //R3-R2 结果存放入 R3
         jnz L2               //R3-R2 不等于0时跳转至L2一直循环执行减操作
跳转到L1   sub R0 R2
实现8次循环  jpz L1            //此处同上,相当于执行8次 L1到此的循环
         jpa L0               //执行完毕8个LED灯流水操作后重新执行
```

图8-61　程序代码及说明

通过 mil 和 mih 指令向寄存器中装入初始值。该程序中用到了寄存器R0、R1、R2、R3。R2中存入1充当循环时的减数；R0存入8代表有8个LED灯点亮（循环的计数位）；R1中装入的值代表8位输出，控制LED亮灭；R3装入的值决定了延时部分的循环次数。

L1处通过 oup 指令将R1的值输出到port端口点亮一个LED灯，然后R1左移一位。接下来进入延时部分，不断执行L2处的R3−R2操作，直至R3=R2=1。重复次数越多延时越长。然后执行R0=R0−R2，结果不为0，则程序跳转至L1，通过oup点亮下一个LED灯。重复8次实现一轮流水灯，最后程序又回到L0处重新开始循环。完成汇编代码的编写后，下一步准备将其转换成CPU能够识别的机器码。

通常情况下，用高级语言编写的程序会通过指定的编译器自动转换成为对应处理器能读懂的机器码。例如用keil编写一段C语言的流水灯程序，然后点击keil软件中的编译按钮，keil会调用ARM架构的工具链将C语言转换为HEX文件（十六进制机器码），然后就可以烧录至ARM处理器中执行。但是本实验设计的CPU是自定义指令集，因此编写出来的代码没有对应的编译器进行机器码的转换工作。为了将机器码存入CPU中运行，此处人工将汇编程序翻译成机器码。大家可自行根据指令集，将上述程序代码翻译为二进制的机器码。

CPU运行的程序指令都预先存储于外部存储器中，因此本案例需要自行将二进制机器码存入存储器中。以下将介绍如何将二进制机器码存入mif文件中，后续采用IP核的方式例化存储器时，将该mif文件例化至存储器的IP核中，便可得到预先存入流水灯程序的外部存储器。

单击 file→New 新建 mif 文件，选中 Memory Initialization File，单击 OK，如图8-62所示。

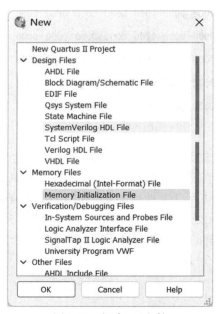

图8-62　新建mif文件

因为地址和数据都是 16 位，所以修改数据 Word size 为 16，Number of words 为 65536，单击OK，如图 8-63 所示。

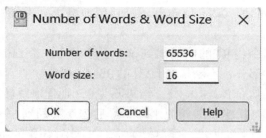

图 8-63　输入 mif 文件参数

此时的 mif 文件中数据格式默认为十六进制，为了方便我们输入二进制文件，在地址栏上右键，点击 Memory Radix，选择 Binary，如图 8-64 所示。

Addr	+0	+1					+6	+7	ASCII
			Address Radix ▸						
0	0000	0000	Memory Radix ▸				0000	0000	....
8	0000	0000	0000	0000	0000	0000	0000	0000	....
16	0000	0000	0000	0000	0000	0000	0000	0000	....
24	0000	0000	0000	0000	0000	0000	0000	0000	....
32	0000	0000	0000	0000	0000	0000	0000	0000	....
40	0000	0000	0000	0000	0000	0000	0000	0000	....
48	0000	0000	0000	0000	0000	0000	0000	0000	....
56	0000	0000	0000	0000	0000	0000	0000	0000	....
64	0000	0000	0000	0000	0000	0000	0000	0000	....
72	0000	0000	0000	0000	0000	0000	0000	0000	....
80	0000	0000	0000	0000	0000	0000	0000	0000	....
88	0000	0000	0000	0000	0000	0000	0000	0000	....

图 8-64　mif 文件

将翻译好的二进制机器码写入 mif 文件中。mif 文件竖轴上的值指代每行数据的基地址，横轴上的 Addr 指代每个数据地址对于基地址的偏移值，如图 8-65 所示。深色背景的存储单元处于第 1 行（基地址为 0）的第 1 列（偏移地址为 0），因此它的地址为 0。浅色框的存储单元处于第 1 行（基地址为 0）的第 5 列（偏移地址为 4），因此它的地址为 4+0=4，深色框的存储单元处于第 2 行（基地址为 8）的第 3 列（偏移地址为 2），因此它的地址为 8+2=10。

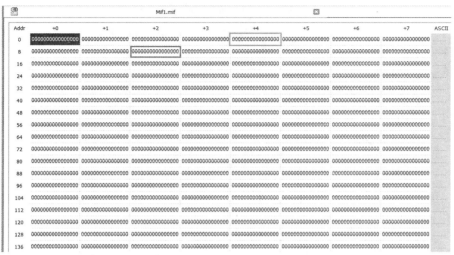

图8-65　mif中的二进制机器码

将上述流水灯程序的第1行机器码填入地址0处，第2行机器码填入地址1处，依次从左到右，再从上到下的规则填充指令机器码。将指令机器码写入完成后，单击 file→save，将文件命名为test.mif，保存在工程所在文件夹。

3. IP核的例化

（1）时钟分频器设计

单击Tools，在下拉菜单中单击MegaWizard Plug-In Manager（宏模块管理器，新版本已经更改为IP Catalog），出现如图8-66所示的对话框。

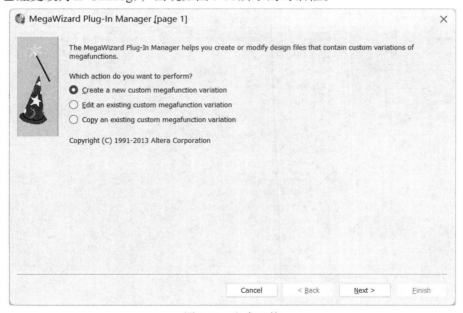

图8-66　生成IP核

单击 Next，出现如图 8-67 所示的对话框，在左侧窗口内单击 PLL，选中下拉选项中的 Altera PLL v13.1，在右侧 What name do you want for the output file? 下窗口的默认地址后输入 PLL。

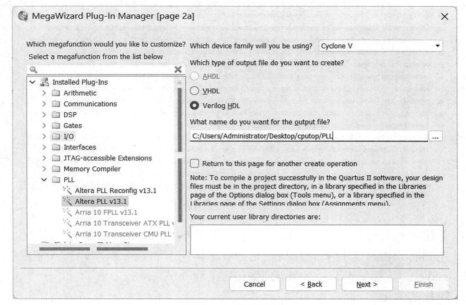

图 8-67 选择路径

单击 Next，出现如图 8-68 所示的对话框。

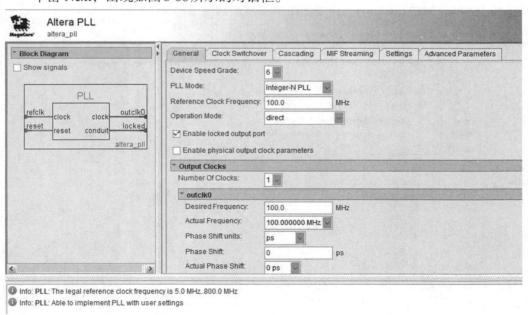

图 8-68 设置参数（1）

将 Reference Clock Frequency 参数改为 50 MHz，去掉勾选的 Enable locked output port，Desired Frequency 和 Actual Frequency 参数改为 5 MHz，如图 8-69 所示。

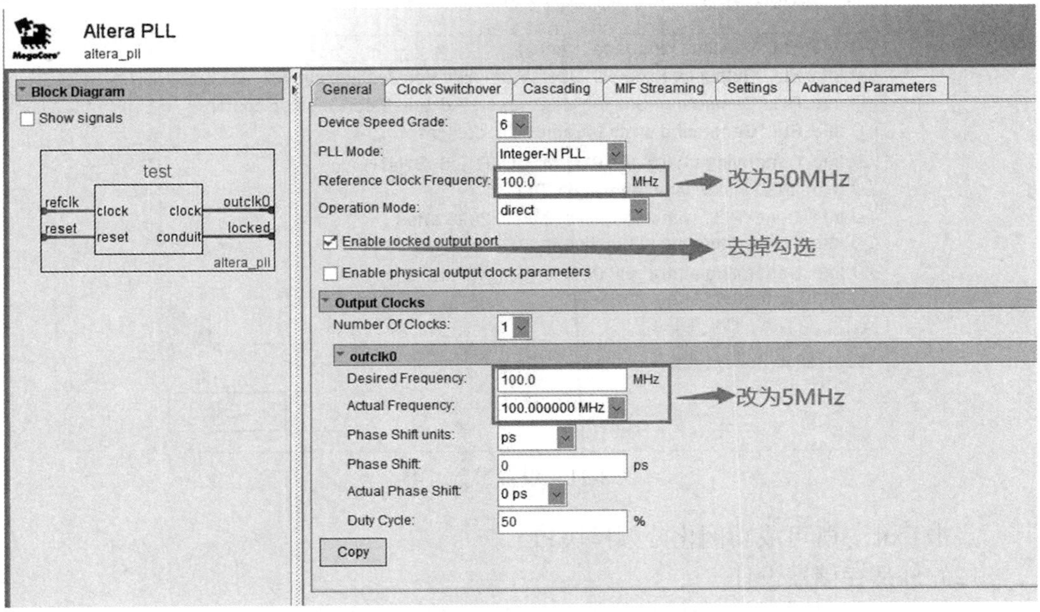

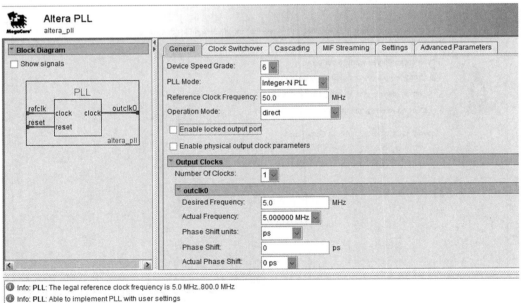

图 8-69　　设置参数（2）

更改后参数如图 8-70 所示。

图 8-70　设置参数（3）

点击 Finish，出现如图 8-71 所示的对话框。

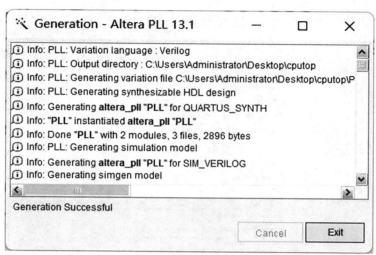

图 8-71　设置参数（4）

点击 Exit，既可成功例化分频模块 PLL。

（2）外部存储器设计

单击 Tools，在下拉菜单中选中 MegaWizard Plug-In Manager，出现如图 8-72 所示的对话框。

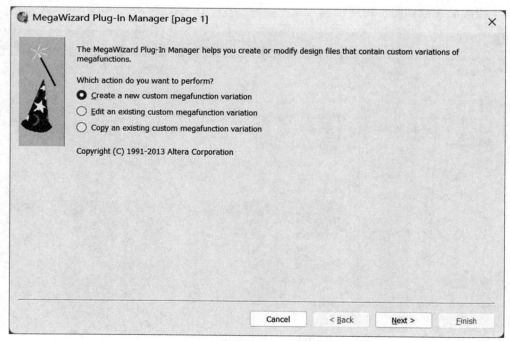

图 8-72　生成 IP

单击 Next，在左侧窗口中单击 Memory Compiler，在下拉框选中 RAM：1-PORT，按图 8-73 配置相关设置。

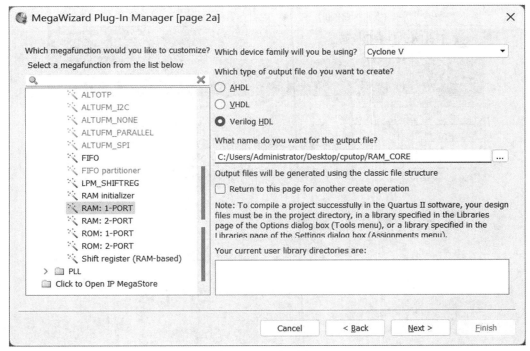

图 8-73　选择路径

单击 Next，再单击 YES，如图 8-74 所示。

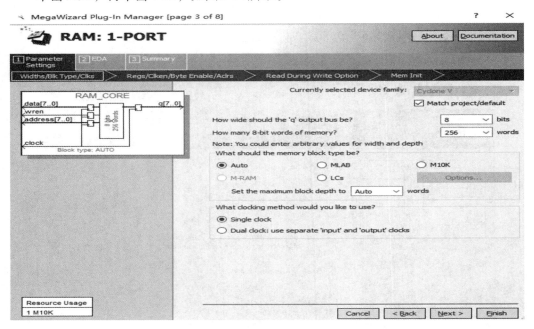

图 8-74　设置参数（1）

单击 Next，按图 8-75 所示修改参数宽度为 16 位，word 为 65536 。

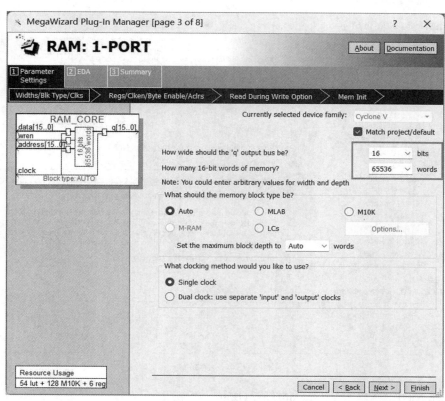

图8-75　设置参数（2）

单击Next，如图8-76所示，取消'q'output port处的勾选。

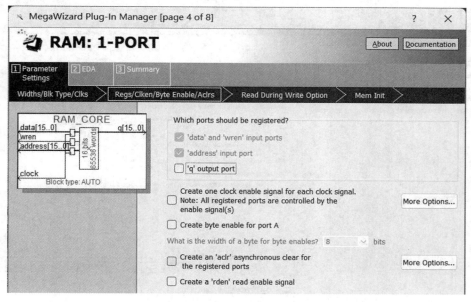

图8-76　设置参数（3）

单击两次Next，选中yes，use this file for the memory content data，如图8-77所示。

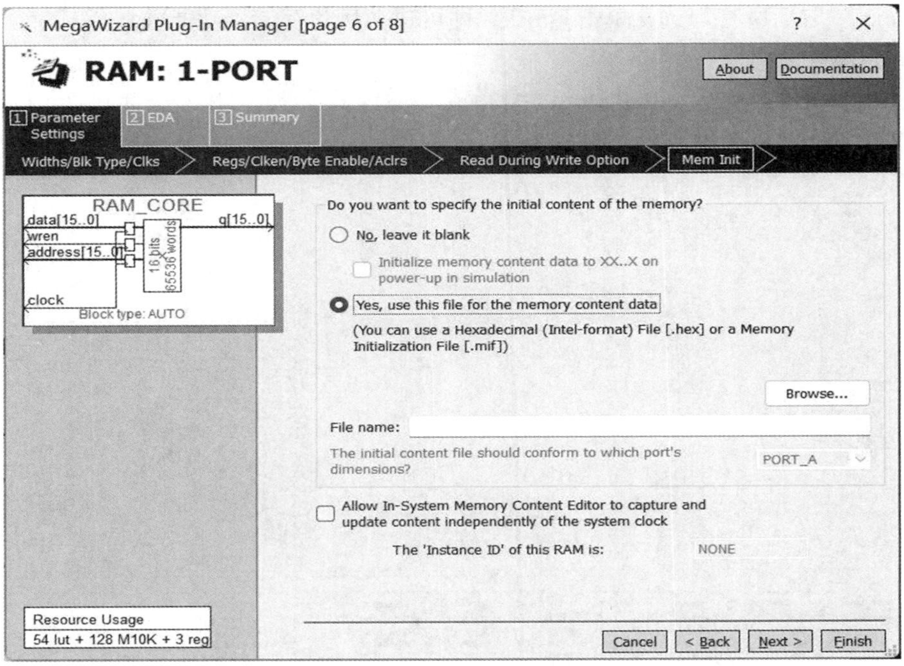

图8-77　选择初始化文件

单击Browse，选择需要初始化的mif文件，依据路径找到刚才配置完成的test. mif，如图8-78所示。

图8-78　加载mif文件

Files of type 选 mif 文件格式，选中上一节写好的 mif 文件，单击 Open，再单击 2 次 Next，取消所有勾选，单击 Finish，即可成功例化存储器功能模块。

4. 引脚配置

单击快捷栏 Start Compilation，编译成功后配置管脚，单击快捷栏 Pin Planner，出现配置界面，按图 8-79 所示配置引脚。

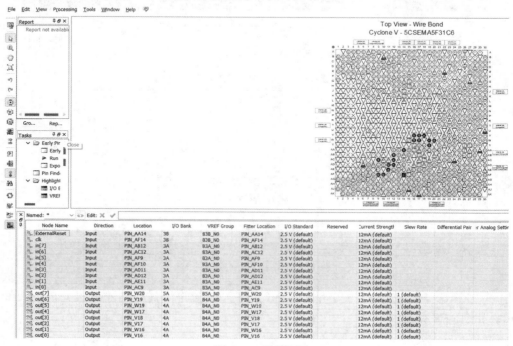

图 8-79　引脚配置

再次编译，生成可下板的比特流文件。正确连接平台硬件各部件后，单击快捷栏 Programmer 下载文件至 FPGA 中。观察 FPGA 实验板上的 LED 灯，如果此时 8 个 LED 灯呈现依次交替闪烁的现象（图 8-80），则说明 CPU 能够正常工作。

图 8-80　实验现象